高职高专电气自动化技术专业规划教材
GAOZHI GAOZHUAN DIANQI ZIDONGHUA JISHU ZHUANYE GUIHUA JIAOCAI

电力电子技术

主　编　牛广文
编　写　李双科　边玉国　王　岩
主　审　刘雨棣

中国电力出版社
CHINA ELECTRIC POWER PRESS

内 容 提 要

本书为高职高专电气自动化技术专业规划教材。

本书共分9章，主要介绍电力电子器件、单相可控整流电路、三相可控整流电路、晶闸管的正确使用及保护、晶闸管触发电路、有源逆变电路、交流开关与交流调压电路、变频电路和直流斩波电路。

本书突出了高职高专电类专业的特点，强化基本概念的掌握，没有繁杂公式的推导，增加了一些实用电路分析，并在书后附了6个实验，强化了实践环节，更加满足高职高专技术应用性的需要。

本书可作为高职高专电气自动化技术、供用电技术、电力系统自动化等相关专业教材，也可作为电力电子技术应用领域内工程技术人员的参考用书。

图书在版编目（CIP）数据

电力电子技术/牛广文主编．—北京：中国电力出版社，2015.8

高职高专电气自动化技术专业规划教材

ISBN 978-7-5123-1753-6

Ⅰ.①电… Ⅱ.①牛… Ⅲ.①电力电子技术—高等职业教育—教材 Ⅳ.①TM1

中国版本图书馆CIP数据核字（2011）第101824号

中国电力出版社出版、发行

（北京市东城区北京站西街19号 100005 http://www.cepp.sgcc.com.cn）

北京丰源印刷厂印刷

各地新华书店经售

*

2011年8月第一版 2015年8月北京第二次印刷

787毫米×1092毫米 16开本 12印张 282千字

定价 **20.50** 元

高职高专电气自动化技术专业规划教材

编 委 会

前言

电力电子技术是20世纪发展起来的新兴技术，是高新技术产业发展的主要方向之一，也是传统产业改造的重要手段之一。随着各种新型电力电子器件的不断涌现，电力电子技术在国民经济发展中将发挥越来越重要的作用。为适应当前高职高专人才培养的需求，编者结合多年的教学经验，参考相关教材和文献资料，编写了本书。

本书是基于高职高专电气自动化、供用电技术、电力系统自动化等专业教学大纲对电力电子技术课程的教学要求，结合多年高职高专的教学经验，融入近年电力电子新技术、新器件编写而成。教材内容注重理论与实际相结合，加强了工程技术相关内容的讲解，各章节内容既有联系，又相对独立，在实际教学使用时，讲授内容可根据不同专业及教学需要进行合理选择与组织。

本书突出了高职高专电类专业的特点，遵循“理解概念、注重实践，培养能力、提高素质”的原则，强化基本概念的掌握，没有繁杂公式的推导，增加了一些实用电路分析，并在附录中给出了6个实验，强化了实践环节，更加适应高职高专技术应用性的需要。

本书可作为高职高专电气自动化、供用电技术、电力系统自动化和相关专业的教材，也可作为从事电力电子技术应用领域的工程技术人员的参考用书。

本书由兰州工业高等专科学校的牛广文主编，李双科、边玉国、王岩参与编写。其中，牛广文编写了绪论和第1、3、4章，王岩编写了第2、5、6章，边玉国编写了第7～9章，李双科编写了实验部分并负责统稿。本书承西安航空技术高等专科学校刘雨棣教授主审，在此表示衷心感谢。

限于编者水平，书中的缺点和不足在所难免，恳请广大同行和读者批评指正。

编　者

2011年6月

目 录

绪论

电力电子技术是应用于电力领域的电子技术。具体地说，就是使用电力电子器件对电能进行变换和控制的技术。目前所用的电力电子器件均用半导体制成，故也称为电力半导体器件。

20 世纪 60 年代发展起来的晶闸管，因其工作可靠、寿命长、体积小、开关速度快，在电力电子电路中得到了广泛的应用。随着电子技术和半导体材料及工艺水平的迅速发展，电力电子器件的性能和参数均有很大的提高，目前单只普通晶闸管的容量已达 8000V、6000A。

自 1957 年第一只晶闸管（Thyristor）出现之后，陆续衍生了快速晶闸管（FST）、逆导晶闸管（RCT）、双向晶闸管（TRIAC）、光控晶闸管（LTT）等器件。20 世纪 80 年代以来，微电子技术与电力电子技术在各自发展的基础上相结合而产生了新一代高频化、全控型的功率集成器件，主要有可关断晶闸管（GTO）、电力晶体管（GTR）、绝缘栅双极晶体管（IGBT）、大功率场效应晶体管（MOSFET）等。当代电力电子器件的发展趋势是大容量、高频化、模块化、功率集成化，从而使电力电子技术也由传统的电力电子技术跨入了现代电力电子技术的新时代。

将电子技术与控制技术应用到电力领域，通过电力电子器件组成各种电力变换电路，实现电能的转换与控制，称为电力电子技术，或电力电子学。

电力电子技术包括电力电子器件、变流电路和控制电路三个部分，其中电力电子器件是基础，变流技术是电力电子技术的核心。电力电子技术是电力、电子、控制三大电气工程技术领域的交叉学科。它是以电力为对象，利用电力电子器件，采用适当的控制方法对电能进行控制和转换的综合性技术，突出了对“电力”的变换与控制。这种对电能进行变换的装置称为变流电路，其基本功能是使交流（AC）和直流（DC）电能互相转换。变流电路主要有以下五种类型：

(1) 可控整流（AC—DC）。把交流电压变换成为固定或可调的直流电压，如应用于直流电动机的调压、调速，用于电解、电镀设备等。

(2) 有源逆变（DC—AC）。把直流电压变换成为频率固定或可调的交流电压，如应用于直流输电、牵引机车制动时的电能回馈等。

(3) 交流调压（AC—AC）。把固定或变化的交流电压变换成为可调或固定的交流电压，如应用于灯光控制、温度控制等。

(4) 无源逆变（AC—DC—AC）。把固定或变化频率的交流电变换成频率可调或恒定的交流电，如应用于变频电源、不间断电源（UPS）、变频调速等。

(5) 直流斩波（DC—DC）。把固定或变化的直流电压变换成为可调或固定的直流电压，如应用于电气机车、城市电车牵引等。

在电能变换过程中，无论采用半控型还是全控型电力电子器件，其基本控制方式都相同，主要有相位控制、通断控制和脉冲宽度调制（PWM）。不论是相位控制技术还是脉冲宽度调制技术，都在实际应用过程中不断地完善、改进，并涌现出许多专用集成触发（驱动）电路。这些电路具有使用简便、电路工作稳定和体积小等优点。变流电路的控制技术正朝着数字化的方向发展。

采用电力电子器件构成的变流装置具有以下优点：

（1）响应快（毫秒级或微秒级）、动态时间短。

（2）功率增益高、控制灵活。

（3）体积小、重量轻、无磨损、无噪声，维修方便。

（4）效率高、节约能源等。

主要缺点是：

（1）过载能力低，必须有保护措施。

（2）移相控制在控制角较大时，功率因数低。

（3）采用移相触发时，会出现高次谐波，引起电网电压、电流波形畸变。

随着电力电子技术的不断发展和保护措施的不断完善，这些问题必将被逐渐解决。

“电力电子技术”是供用电技术、电力系统自动化、电气技术等高职高专电气工程类专业的主干课程之一。本课程的基本要求是：

（1）了解电力电子技术的应用范围和发展动向。

（2）熟悉和掌握晶闸管、功率 MOSFET、IGBT 等电力电子器件的结构、工作原理、特性和使用方法。

（3）熟练掌握单相、三相整流电路的基本原理、波形分析和各种负载对电路工作的影响，并能进行电路设计计算。

（4）熟练掌握逆变电路的工作原理、波形分析和参数计算。

（5）掌握交流调压器、直流斩波器电路的工作原理。

本课程的重点在于讨论各类器件所构成的各种变流电路。本教材首先系统地讲解各种电力电子器件的基本原理、工作特性，在此基础上分析不同的变流电路，以不同电力电子器件的应用为中心进行讨论，如可控整流电路以普通型晶闸管为主，交流调压变换电路以反并联普通晶闸管和双向晶闸管器件为主，而无源逆变与变频器电路目前主要采用 IGBT。

“电力电子技术”既是一门技术基础课程，也是一门实用性很强的课程。本教材正文后附有“实验”部分，通过这些实验，使学生对电力电子装置有一定的感性认识，并锻炼学生的动手能力。

在学习本课程前，要求学生已经学过“电工基础”、“电子技术基础”两门课程，并已熟练掌握示波器等电子仪器的使用方法。

本课程的目的和任务是使学生通过学习后，掌握电力电子技术必要的基本理论、基本分析方法，培养和训练学生的基本技能，为学习后续课程及从事相关专业有关的技术工作和科学研究打下一定的基础。

第1章

电力电子器件

电力电子器件是构成电力电子设备的基本元件，是电力电子技术的基础，其原理、特性、应用方法及典型电路决定着电力电子电路及控制系统的性能和可靠性。

电力电子器件（Power Electronic Device）是指在电能变换与控制电路中，实现电能的变换或控制的电子器件。电力电子器件有电真空器件和半导体器件两大类。自晶闸管等新型半导体电力电子器件问世以来，除了在频率很高的大功率高频电源中还使用真空管外，其他电能变换和控制领域中几乎全部使用基于半导体材料的各种电力电子器件，这类器件已成为电能变换和控制领域的绝对主力。

各种电力电子器件均具有导通和阻断两种工作特性。根据对导通与阻断的可控性，电力电子器件可分为三类。功率二极管（又称电力二极管）是二端（阴极和阳极）器件，器件电流由伏安特性决定。除了改变加在两端间的电压外，无法控制阳极电流，故称为不可控型器件。普通晶闸管是三端器件，其门极信号能控制元件的导通，但不能控制其关断，所以称之为半控型器件。可关断晶闸管、绝缘栅双极晶体管等器件，其控制极的信号既能控制器件的导通，又能控制其关断，所以称之为全控型器件。

由于半控型电力电子器件中普通晶闸管的应用最为广泛，本章先对其作重点介绍，然后再简单介绍其他类型的晶闸管。

1.1 晶 闸 管

晶闸管（Thyristor）是晶体闸流管的简称，早期称作可控硅整流器（Silicon Controlled Rectifier，SCR），简称为可控硅。它是一种较理想的大功率变流器件，主要应用在可控整流、交流调压、无触点交直流开关、逆变和直流斩波等方面。晶闸管的种类很多，包括普通晶闸管、双向晶闸管、快速晶闸管、可关断晶闸管、光控晶闸管和逆导晶闸管等。本节主要介绍普通晶闸管的工作原理、基本特性和主要参数。

1.1.1 晶闸管的结构

目前国内外生产的晶闸管，根据额定电流或功率的不同，其外形封装形式可分为小电流塑封式、小电流螺栓式、大电流螺栓式和大电流平板式（额定电流在200A以上），如图1-1所示。

晶闸管主要有螺栓型和平板型两种封装结构，均引出阳极A、阴极K和门极（控制端）G三个连接端。对于螺栓型封装，通常螺栓是其阳极，做成螺栓状是为了能与散热器紧密连接且安装方便。另一侧较粗的引线为阴极，细的引线为门极。功率更大的晶闸管多采用平板型封装，可用两个散热器将晶闸管夹在中间，更利于散热。其两个平面分别是阳极和阴极，由中间金属环引出的细长端子为门极，靠门极引线金属环较近的平面是阴极。

晶闸管是一种四层三端结构的大功率半导体器件，是用N型单晶硅片，按一定的工艺

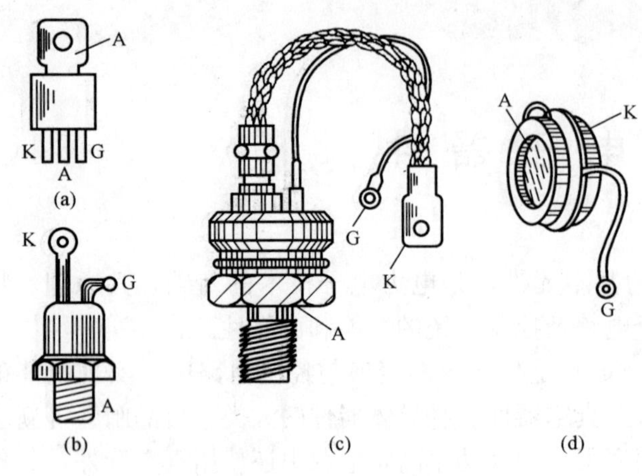

图 1-1　晶闸管的外形及电极表示

(a) 小电流塑封式；(b) 小电流螺栓式；(c) 大电流螺栓式；(d) 大电流平板式

要求，分别进行扩散及烧结处理后，形成的 PNPN 四层结构。其内部结构、示意图和电气图形符号如图 1-2 所示。其内部 PNPN 四层结构形成 3 个 PN 结，分别从 P1、P2 和 N2 这 3 个区引出 3 个电极 A、K、G，分别称为阳极（A）或正极、阴极（K）或负极、门极（G）或控制极。

1.1.2　晶闸管的工作原理

为了理解晶闸管的工作条件，可按图 1-3 做实验。主电源 E_A（为 3～6V）和门极电源 E_G（一般为 1.5～3V）通过双刀双掷开关 S1 和 S2 正向或反向作用于晶闸管的有关电极，主电路的通断由灯泡显示。通过实验可得出下述晶闸管导通和阻断的规律。

(1) 当晶闸管承受反向阳极电压时，不论门极承受何种电压，晶闸管都处于关断状态。

(2) 当晶闸管承受正向阳极电压时，仅在门极承受正向电压的情况下晶闸管才能导通，正向阳极电压和正向门极电压两者缺一不可。晶闸管导通后的管压降为 1V 左右，电源电压 E_A 几乎全加到灯泡上，灯泡燃亮。

(3) 晶闸管一旦导通，门极就失去了控制作用，之后不论门极电压是正还是负，晶闸管都保持导通，故导通的控制信号只需短暂的正向脉冲电压，称为触发脉冲。

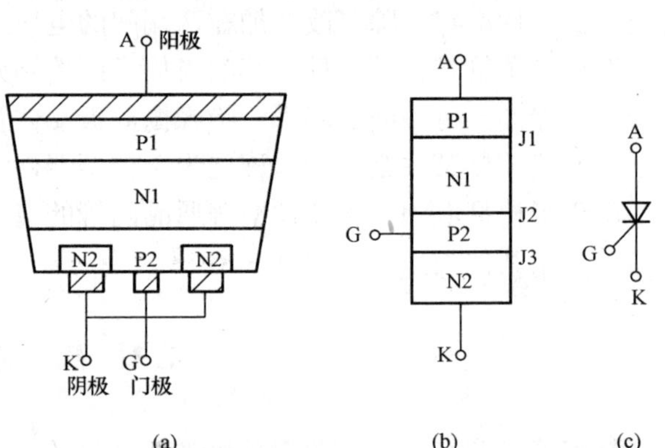

图 1-2　晶闸管内部结构、示意图与电气图形符号

(a) 内部结构；(b) 示意图；(c) 电气图形符号

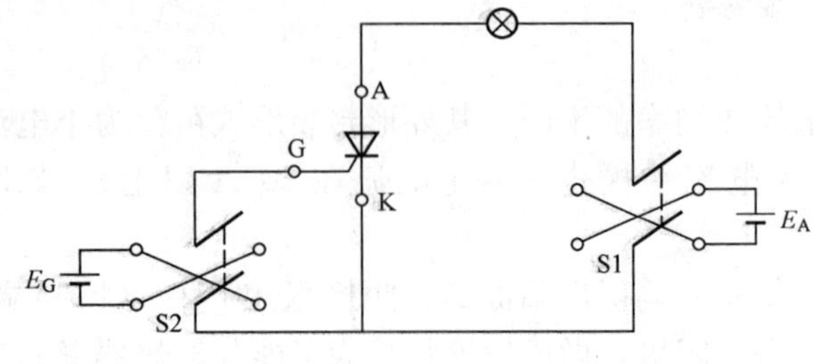

图 1-3　晶闸管工作条件的实验电路

(4) 要使晶闸管关断，必须去掉阳极正向电压，或者给阳极加反压，或者降低正向阳极电压，使通过晶闸管的电流降低到一定数值以下。使晶闸管保持导通的最小电流，称为维持电流 I_H。

(5) 当门极未加触发电压时，晶闸管具有正向阻断能力，这是一般二极管不具备的。

通过上面的实验可以看出，如果要使晶闸管由阻断状态进入导通状态，必须同时具备下面两个条件：

(1) 晶闸管的阳极与阴极间加正向电压，即阳极接电源正极、阴极接电源负极，形成主电路。

(2) 门极加适当的正向电压，即门极接电源正极、阴极接电源负极，形成控制回路。在实际工作中，门极加正触发脉冲信号。

同样，从上述过程可以看出，如果要使晶闸管由导通状态进入阻断状态，必须具备下面两个条件之一：

(1) 减小阳极电流，使之小于晶闸管的维持电流 I_H，这一般称为不可靠关断条件。

(2) 在晶闸管上加反向阳极电压，这称为可靠关断条件。

为了说明上述实验中的现象，我们可以把晶闸管等效成由一个 NPN 型三极管和一个 PNP 型三极管组成的组合器件，中间的 PN 结两管共用，如图 1-4 所示。

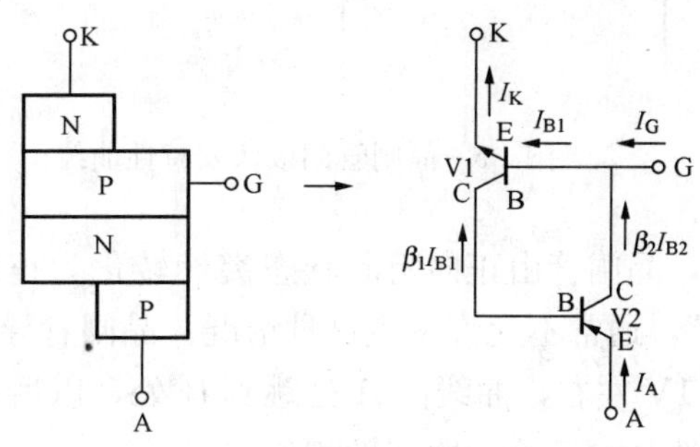

图 1-4　晶闸管等效电路图

晶闸管加正向电压 U_{AK} 时，通过 V2 管发射结的正向导通作用使 V1 管集电极上有正的电压。在门极没有加正向电压时，$I_{B1}=0$，V1 管不导通，晶闸管处于关断状态，这时两管共用的 PN 结承受反向电压。

如果门极 G 加上一个正向电压，相当于 V1 管基极有了一个基极电流 I_{B1}，V1 管导通。由于 V1 管的放大作用，产生集电极电流 $I_{C1}=\beta_1 I_{B1}$，这就是 V2 管的基极电流 I_{B2}，通过 V2 管的放大作用，V2 管的集电极电流 $I_{C2}=\beta_2 I_{B2}=\beta_1\beta_2 I_{B1}$。$I_{C2}$ 电流再次注入 V1 管的基极，又一次得到放大，这样循环下去，形成了强烈的正反馈，使两只三极管都快速进入饱和状态，最终使晶闸管完全导通。上述过程称为触发导通过程，门极上所加的使晶闸管触发导通的正向电压称为触发电压。

晶闸管触发导通后，V1 管基极始终有 V2 管的集电极电流流过，因此，即使失去触发电压，晶闸管仍保持导通，此时门极失去了控制作用。

若减小阳极电压，当阳极电流 I_A 减小到使之不能维持正反馈过程时，晶闸管便转为关断。当阳极和阴极间加反向电压时，V1 和 V2 管都处于反向电压下，它们都没有放大作用，所以门极不论加什么样的控制电压，V1 和 V2 管都不能导通，晶闸管处于关断状态。

综上所述，我们可以得到如下结论：

(1) 晶闸管与硅二极管相似，都具有单向导通特性，相当于单向导电开关。所不同的是，晶闸管还具有正向阻断能力，而且正向导电受门极控制，具有单相可控导通特性。

(2) 晶闸管一旦导通，门极即失去控制作用。要重新关断晶闸管，必须将阳极电流减小到使之不能维持正反馈过程，或者将阳极电源断开，或者在晶闸管的阳极和阴极间加一个反向电压。

另须注意：晶闸管除了在门极电压触发下可以导通外，在以下几种情况下也可能出现导通：阳极电压升高至相当高的数值造成雪崩效应；阳极电压上升率 du/dt 过高；结温过高等。这些情况都属于不正常的导通方式，工作时应当尽量避免。

1.1.3　晶闸管的基本特性

1.1.3.1　晶闸管的静态伏安特性

一、晶闸管的阳极伏安特性

图 1-5 所示为在静态运行情况下晶闸管的阳极伏安特性。位于第Ⅰ象限的是正向特性，

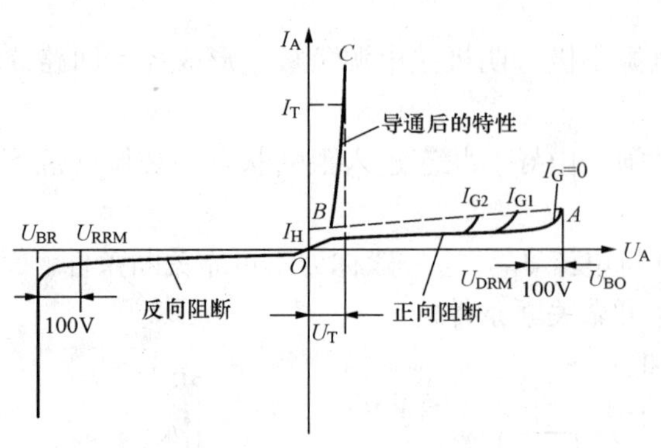

图 1-5 晶闸管阳极伏安特性曲线

位于第Ⅲ象限的是反向特性。

（1）正向伏安特性。由于晶闸管具有正向可控导通的特性，所以其正向伏安特性与二极管不同。晶闸管在门极开路（$I_G=0$）的情况下，在阳极与阴极间施加一定的正向阳极电压，器件也仍处于正向阻断状态，只有很小的正向漏电流流过。随着正向阳极电压的升高，正向漏电流随之加大。当正向阳极电压升高到器件允许的最高临界极限电压，即正向转折电压 U_{BO} 时，内部 J2 结被击穿，导致电流急剧增大，晶闸管由正向阻断状态突然转化为正向导通状态。这是一种非正常状态，称为“硬开通”，通常不允许发生这种情况。晶闸管导通后，就可以通过很大的电流，它本身的压降只有 1V 左右，曲线由 A 处跳到 B 处，以后的特性曲线靠近纵轴，I_A 沿 BC 段曲线变化，其特性与二极管正向特性相似。

当门极加有正向电压，即 $I_G>0$ 时，晶闸管仍有一定的正向阻断能力，但此时使它从正向阻断状态转化为正向导通状态所需的阳极电压值比 U_{BO} 要低，且 I_G 越大相应的阳极电压比 U_{BO} 降低得越多。晶闸管导通后，如果减小阳极上的正向电压，正向电流 I_A 就逐渐减小，当 I_A 小到某一数值时，晶闸管从导通状态转变为阻断状态，这时所对应的最小电流为维持电流 I_H。

（2）反向伏安特性。晶闸管承受反向阳极电压时，由于 J1、J3 结（见图 1-2）处于反向偏置状态，晶闸管流过的电流仅由各区少数载流子形成，只有极小的反向漏电流通过，这就是器件的反向阻断状态。随着反向电压的增加，穿过 J2 结的少数载流子稍有增加，反向漏电流逐渐增大。一般情况下，反向偏置电压主要由 J1 结承担，一旦阳极反向电压超过允许值时，J1 结将被反向击穿，反向漏电流增加较快，外电路如无限制措施，则反向漏电流急剧增大，造成晶闸管的永久性损坏。

当阳极施加反向电压时，门极一般不起作用，其反向特性与二极管反向特性相似。但此时若在门极施加足够高的正向电压，将使 J3 结由反向偏置变为正向偏置，引起内部载流子浓度增加，反向电流增加，从而造成器件功耗增大，结温上升，阻断能力降低，对器件工作十分不利，必须避免。

综上所述，晶闸管从正向阻断转变为正向导通可以在两种情况下发生：①门极未加触发电压（$I_G=0$），但阳极电压超过正向转折电压 U_{BO}，造成晶闸管硬开通，这种导通方法很容易造成管子不可恢复性击穿而使管损坏，在正常工作时是不允许的；②阳极正向电压虽然低于正向转折电压 U_{BO}，但在门极上加有适当的触发电压，使晶闸管触发导通，这正是我们可以利用的晶闸管的可控单向导电性。一般规定，当晶闸管的阳极与阴极之间加上 6V 直流电压时，能使晶闸管导通的门极最小电流或电压称为触发电流或电压。由于制造工艺上的原因，同一型号晶闸管的触发电压和触发电流也不一定相同，一般只规定了在常温下各种规格的晶闸管的触发电压和触发电流的范围。

二、晶闸管的门极伏安特性

晶闸管在正向阳极电压作用下，当门极加入适当的电流或电压信号时，可使晶闸管由阻断变为导通。从内部结构可得知，晶闸管的门极和阴极间具有一个 PN 结 J3，这个 PN 结的伏安特性即为晶闸管的门极特性。图 1-6 所示是晶闸管门极伏安特性曲线，横轴表示门极电压，纵轴表示门极电流。

因为晶闸管实际产品的门极特性有较大分散性，故通常以门极伏安特性的区域来代表同类产品的门极特性。图中曲线 *OD* 为低阻极限伏安特性，曲线 *OG* 为高阻极限伏安特性，为使加于门极的信号不超过其允许功率，曲线 *EF* 为其最大功率曲线。而曲线中 *DE* 线及 *FG* 线则分别标明允许的正向门极峰值电流及峰值电压值。正常工作的晶闸管，门极所获得的触发电压与触发电流都应处于图中 *ADEFGCBA* 区域内，这个区域称为可靠触发区。

将门极伏安特性曲线中 *OABCO* 特性区域放大，如图 1-7 所示。图中 *OHIJO* 范围称为不触发区，任何合格的器件在额定结温时，此区域内的所有触发电压和电流值对晶闸管的导通均不起作用，故应把可能作用于门极的干扰信号限制在上述区域内。图中 *ABCJIHA* 的范围是触发的过渡区域，在该区域内，触发呈现出不可靠的性质。在设计晶闸管的触发电路时，应对上述特性给予充分的考虑。

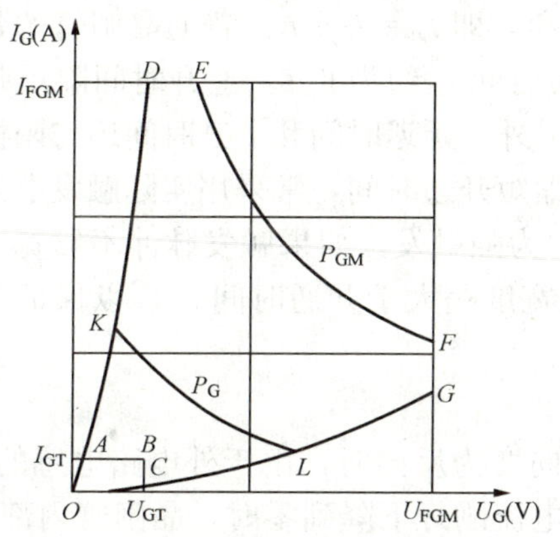

图 1-6 晶闸管门极伏安特性曲线

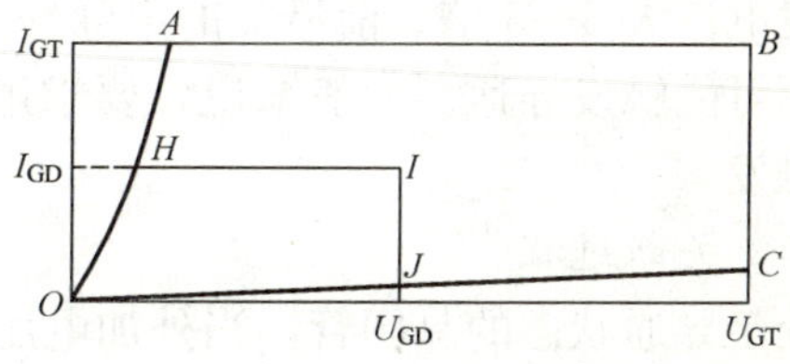

图 1-7 晶闸管门极特性曲线 *OABCO* 区域局部放大

在应用晶闸管时，为防止误触发干扰，人们往往在门极上预加一定的负电压。但晶闸管门极和阴极间的 PN 结 J3 的特性较软，正向和反向电阻值不像普通二极管差别较大，所以门极负电压值应小于 5V，否则将造成 PN 结 J3 的击穿，损坏晶闸管。

1.1.3.2 晶闸管的动态伏安特性

晶闸管的开通和关断的动态过程的物理机理是很复杂的，图 1-8 给出了晶闸管开通和关断过程的波形。其开通过程描述的是在坐标原点时刻，门极得到理想阶跃触发电流的情况；而关断过程描述的是对已导通的晶闸管的外电路所加电压在某一时刻突然由正向变为反向的情况。可见，晶闸管由导通状态到阻断状态和由阻断状态到导通状态都需要一定的时间。

一、开通过程

由于晶闸管内部的正反馈过程需要时间，再加上外电路电感的限制，晶闸管被触发后，其阳极电流的增长不可能是瞬时的。从门极电流阶跃时刻开始，到阳极电流上升到稳态值的10%，这段时间称为延迟时间 t_d。与此同时，晶闸管的正向压降也在减小。阳极电流从10%上升到稳态值的90%所需的时间称为上升时间 t_r。

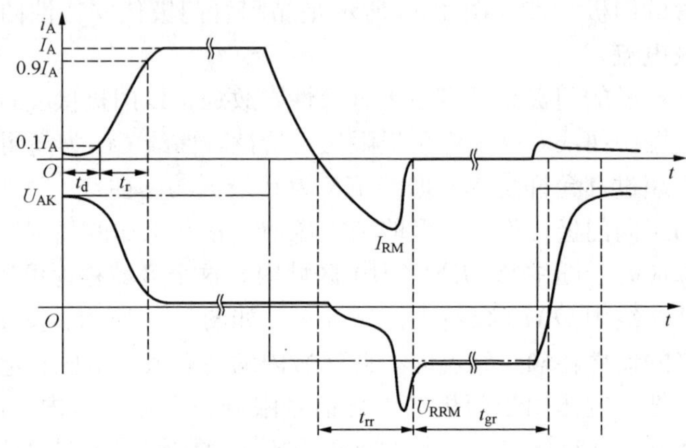

图 1-8　晶闸管的开通与关断过程

开通时间 t_{gt}定义为延迟时间和上升时间两者之和，即 $t_{gt}=t_d+t_r$。普通晶闸管的延迟时间为 0.5～1.5μs，上升时间为 0.5～3μs，总的开通时间 t_{gt}约为 6μs。上升时间除反映晶闸管本身特性外，还与主回路中的感性负载等有关。另外，延迟时间和上升时间还与阳极电压的大小有关，时间随门极电流的增大而减小。为了缩短开通时间，常采用实际触发电流比规定触发电流大 3～5 倍、前沿陡的窄脉冲来触发，称为强触发。如果触发脉冲不够宽，晶闸管就不可能触发导通。一般来说，要求触发脉冲的宽度稍大于开通时间 t_{gt}，以保证晶闸管可靠触发。

二、关断过程

处于导通状态的晶闸管，当外加电压突然由正向变为反向时，由于外电路电感的存在，同时晶闸管导通时内部存在大量的载流子，当阳极电流刚好下降到零时，晶闸管内部各 PN 结附近仍然有大量的载流子未消失，在反方向会流过反向恢复电流，到达最大值 I_{RM}后，再反方向衰减。同样，在恢复电流快速衰减时，由于外电路电感的作用，会在晶闸管两端引起反向的尖峰电压 U_{RRM}。最终反向恢复电流衰减至接近于零，晶闸管恢复其对反向电压的阻断能力。从正向电流降为零，到反向恢复电流衰减至接近于零的时间，就是晶闸管的反向阻断恢复时间 t_{rr}。反向恢复过程结束后，由于载流子的复合过程比较慢，晶闸管要恢复其阻断能力还需要一段时间，这段时间称为正向阻断恢复时间 t_{gr}。在正向阻断恢复时间内，如果重新对晶闸管施加正向电压，晶闸管会重新正向导通，而不是受门极电流控制而导通。所以实际应用中，应对晶闸管施加足够长时间的反向电压，使晶闸管充分恢复对正向电压的阻断能力，电路才能可靠工作。

晶闸管的电路换向关断时间 t_q 定义为 t_{rr}与 t_{gr}之和，即 $t_q=t_{rr}+t_{gr}$。晶闸管的关断时间与元件结温、关断前阳极电流的大小及所加反向电压的大小有关。普通晶闸管的 t_q 约为几十微秒到几百微秒。

1.1.4　晶闸管的主要参数

为了更好地使用晶闸管，不仅要定性地了解晶闸管的伏安特性，还要定量地掌握晶闸管的主要参数。

1.1.4.1 晶闸管的电压参数

（1）断态重复峰值电压 U_{DRM}。断态重复峰值电压是在额定结温、门极断路和晶闸管正向阻断的条件下，允许重复加在阳极和阴极间的最大正向峰值电压，一般取正向转折电压 U_{BO} 的 80%。它反映了晶闸管在正向阻断状态下能够承受的正向电压。

（2）反向重复峰值电压 U_{RRM}。反向重复峰值电压是在额定结温和门极断路的情况下，允许重复加在阳极和阴极间的反向峰值电压，一般取反向转折电压 U_{BR} 的 80%。它反映了晶闸管在反向阻断状态下能承受的反向电压。通常 U_{DRM} 和 U_{RRM} 数值大致相等，习惯上统称为峰值电压。

通常，将晶闸管断态重复峰值电压和反向重复峰值电压 U_{RRM} 实测值中较小的一个值，作为晶闸管铭牌标出的额定电压 U_{Te}。

（3）通态平均电压 $U_{T(AV)}$。通态平均电压为晶闸管正向通过正弦半波额定平均电流且结温稳定时的阳极和阴极间的电压平均值，习惯上称为导通时的管压降。这个电压当然越小越好，出厂时规定的上限值即为该型合格产品的最大管压降。

（4）门极触发电压 U_{GT}。门极触发电压为在室温下，阳极和阴极间加 6V 正向电压，使晶闸管从关断变为完全导通时所需的最小门极直流电压，一般为 1～5V。为保证可靠触发，U_{GT} 实际值应大于额定值。

1.1.4.2 晶闸管的电流参数

一、通态平均电流 $I_{T(AV)}$

通态平均电流也称为晶闸管的额定电流。国际上规定，通态平均电流为环境温度 40℃ 和标准散热条件下，结温稳定且不超过额定值时，晶闸管在电阻性负载时允许通过的工频正弦半波电流在一个周期内的最大平均值，简称正向电流。

根据晶闸管通态平均电流的定义，其通态平均电流是工频正弦半波电流波形的平均值。若电流峰值为 I_m，则通态平均电流为

$$I_{T(AV)} = \frac{1}{2\pi}\int_0^{\pi} I_m \sin\omega t \, d(\omega t) = \frac{I_m}{\pi} \tag{1-1}$$

相应情况下的通态平均电流有效值为

$$I_{Te} = \sqrt{\frac{1}{2\pi}\int_0^{\pi} (I_m \sin\omega t)^2 d(\omega t)} = \frac{I_m}{2} \tag{1-2}$$

由于晶闸管首先是在可控整流电路中应用，其额定电流自然就按电流的平均值来标定，但是晶闸管也和其他电气设备一样，决定其允许电流大小的标准是器件温度的高低。造成晶闸管发热的原因主要是晶闸管管芯中的 3 个 PN 结结温，如果认为其管芯通态时电阻不变，则其发热的多少就与通过的电流有效值有关。所以需要根据晶闸管通态平均电流 $I_{T(AV)}$ 求出其相应的电流有效值，根据有效值与热效应对等的原则合理地选择晶闸管的额定电流值。

为了表明各种不同波形电流的有效值与平均值之间的关系，一般定义某电流波形的有效值与平均值之比为这个电流的波形系数，用 K_f 来表示，即

$$K_f = \frac{I}{I_d} \tag{1-3}$$

式中：I 为某波形电流的有效值（均方根值）；I_d 为该波形电流相应的平均值。

对于工频正弦半波的情况，可知其波形系数 K_f 为

$$K_f = \frac{I_{Te}}{I_{T(AV)}} = \frac{\pi}{2} \tag{1-4}$$

可见，正弦半波工作时，电流有效值为 $I_m/2$，电流平均值为 I_m/π（I_m 为峰值），其电流有效值与平均值之比为 $\pi/2$。这就是说，对额定平均电流 $I_{T(AV)}$ 为100A 的晶闸管，在半波全导通时相当于 157A 的有效值电流的发热量。

这里需要指出，上述波形系数是对晶闸管正弦半波全导通情况下的分析，而由于晶闸管移相控制的关系，导通角总是小于180°。如果晶闸管导通时间短，则晶闸管实际允许的平均电流与通态平均电流不同。若仍然要使平均电流和通态平均电流一样，则必须使导通期内电流峰值增大才行，这样电流的有效值和发热量均随之增加。所以，当晶闸管的导通角变小时，其允许的平均电流值要降低。

实际工作中，晶闸管的波形系数随其所通过的电流的波形及导通角的不同而不同，表 1-1为通态平均电流 $I_{T(AV)}$ 为 100A 的晶闸管在 4 种典型情况下的波形系数及允许的电流平均值。

表 1-1　4 种波形的 K_f 值与 100A 晶闸管允许的电流平均值

波　形	平均值与有效值计算公式	波形系数 K_f	允许电流平均值
i, I_m, I_d, O, π, 2π, ωt	$I_d=\frac{I_m}{\pi}$ $I=\frac{I_m}{2}$	1.57	$I_{dn}=100A$
i, I_m, I_d, O, $\pi/2$, π, 2π, ωt	$I_d=\frac{I_m}{2\pi}$ $I=\frac{I_m}{2\sqrt{2}}$	2.22	$I_{dn}=70.7A$
i, I_m, I_d, O, π, 2π, 3π, ωt	$I_d=\frac{2}{\pi}I_m$ $I=\frac{I_m}{\sqrt{2}}$	1.11	$I_{dn}=141.4A$
i, I_m, I_d, O, $2\pi/3$, 2π, ωt	$I_d=\frac{I_m}{3}$ $I=\frac{I_m}{\sqrt{3}}$	1.73	$I_{dn}=90.7A$

二、维持电流 I_H 和擎住电流 I_L

在室温和门极断路的情况下，晶闸管触发导通时，从较大的通态电流降至维持通态所必需的最小电流称为维持电流 I_H。它是由通态到断态的临界电流，要使导通中的晶闸管关断，必须使管子的正向阳极电流低于 I_H。

给晶闸管的门极加上触发脉冲电压，当晶闸管刚刚从阻断状态转为导通状态后就撤除触发电压，此时晶闸管维持导通所需要的最小阳极电流，称为擎住电流 I_L。一般擎住电流是维持电流的 2～4 倍。

三、门极触发电流 I_{GT}

在室温下，阳极和阴极间加 6V 正向电压，使晶闸管从关断变为完全导通所需的最小门极直流电流为 I_{GT}，一般为几十毫安到几百毫安。为保证可靠触发，I_{GT} 实际值应大于额定值。

四、浪涌电流 I_{TSM}

结温为额定值时，在工频正弦半周内晶闸管能承受的短时最大过载峰值电流为浪涌电流 I_{TSM}。浪涌时，允许门极暂时失控，而反向应能承受 1/2 反向峰值电压。

我们在前面讨论阳极伏安特性时，知道在门极断路情况下，阳极电压超过转折电压 U_{BO} 时晶闸管会失控，导致硬开通，如果电流过大将对晶闸管造成损害，这就是一种浪涌。浪涌是故障状态，浪涌电流是不能重复的。在晶闸管寿命期内，忍受浪涌的次数有一定限制，一般为 20 次。浪涌电流大小约为 $6\pi I_{T(AV)}$。

1.1.4.3　晶闸管的动态参数

(1) 通态电流临界上升率 di/dt。在规定条件下，晶闸管能承受的最大通态电流上升率称为通态电流临界上升率。

门极流入触发电流后，晶闸管开始只在靠近门极附近的小区域内导通，随着时间的推移，导通区逐渐扩大到 PN 结的全部面积。如果阳极电流上升得太快，则会导致门极附近的 PN 结因电流密度过大而烧毁，使晶闸管损坏。

(2) 断态电压临界上升率 du/dt。晶闸管的 PN 结面积较大，结电容也较大，若突然加一正向阳极电压，就会有一个电容充电电流流过 PN 结。该充电电流流经靠近阴极的 PN 结时，产生相当于触发电流的作用。如果这个电流过大，将会使元件误触发导通。因此，对晶闸管还必须规定允许的最大断态电压上升率。在规定条件下，晶闸管直接从断态转换到通态的最大阳极电压上升率称为断态电压临界上升率 du/dt。

此外，还有开通时间 t_{gt} 和关断时间 t_q 等，在前面已有介绍，此处不再赘述。

1.1.5　晶闸管的型号

根据 JB1144《国产晶闸管的型号命名》规定，晶闸管的型号及其含义如下：

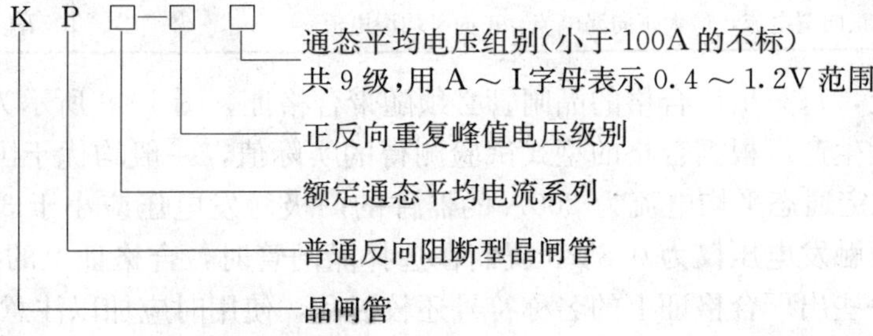

此表示法适用于工频 50Hz，额定通态平均电流为 1A 及 1A 以上的 KP 系列普通晶闸管。

例如 KP10Y1 - 20 型表示额定通态平均电流为 10A、正反向重复峰值电压为 2000V 的普通反向阻断型晶闸管；又如 KP300 - 10D 型表示额定通态平均电流为 300A、正反向重复峰值电压为 1000V、D 组通态平均电压是 0.7V 的普通反向阻断型晶闸管。

常见国产 KP 系列晶闸管的主要参数见表 1 - 2，晶闸管通态平均电压组别见表 1 - 3。现行 KP 系列晶闸管标准的名称、符号与其他名称、符号的对照见表 1 - 4。

表 1-2 **部分 KP 系列晶闸管主要参数**

参数 型号	通态正向平均电流（A） $I_{T(AV)}$	断态正反向重复峰值电压（V） U_{DRM}，U_{RRM}	门极触发电压（V） U_{GT}	门极触发电流（mA） I_{GT}
KP1	1	50～1600	≤2.5	≤20
KP5	5	100～2000	≤3.0	≤60
KP10	10	100～2000	≤3.0	≤100
KP20	20	100～2000	≤3.0	≤200
KP50	50	100～2400	≤3.0	≤250
KP100	100	100～3000	≤3.5	≤250
KP200	200	100～3000	≤3.5	≤350
KP500	500	100～3000	≤4.0	≤350
KP800	800	100～3000	≤4.0	≤450
KP1000	1000	100～3000	≤4.0	≤450

表 1-3 **KP 系列晶闸管通态平均电压组别**

组别	A	B	C	D	E	F	G	H	I
通态平均电压（V）	$U_{T(AV)} \leqslant 0.4$	$0.4 \leqslant U_{T(AV)} \leqslant 0.5$	$0.5 \leqslant U_{T(AV)} \leqslant 0.6$	$0.6 \leqslant U_{T(AV)} \leqslant 0.7$	$0.7 \leqslant U_{T(AV)} \leqslant 0.8$	$0.8 \leqslant U_{T(AV)} \leqslant 0.9$	$0.9 \leqslant U_{T(AV)} \leqslant 1.0$	$1.0 \leqslant U_{T(AV)} \leqslant 1.1$	$1.1 \leqslant U_{T(AV)} \leqslant 1.2$

表 1-4 **KP 系列晶闸管主要名称、符号对照表**

标准名称	其他名称	标准符号	其他符号
通态平均电流	额定通态平均电流，额定电流，额定正向平均电流，额定正向电流	$I_{T(AV)}$	I_F
通态平均电压	正向平均电压，正向压降，管压降，最大正向平均压降	$U_{T(AV)}$	U_F
断态重复峰值电压	断态阻断峰值电压，正向电压，耐压值	U_{DRM}	U_{DFM}，U_{PF}
反向重复峰值电压	反向峰值电压，反向电压	U_{RRM}	U_{DRM}，U_{SPR}
断态重复平均电流	正向漏电流，最大正向漏电流，正向平均漏电流	$I_{DR(AV)}$	I_f，I_{FL}

按照国家规定，每只出厂合格的晶闸管必须随带合格证。图 1-9 所示为晶闸管合格证。合格证上的项目是生产厂根据合格的型式试验测得的实际值，一般均优于国家标准的规定。如 KP 系列标准规定通态平均电流为 200A 的器件的门极触发电压应小于 3.5V，而图 1-9 中标注该产品门极触发电压仅为 0.8V。我们在选择晶闸管时，合格证上的参数可以作为依据。不过，目前一些出厂合格证上的名称符号还较混乱，使用时应加以注意。

KP200-10 合格证

通态平均电流 200A	通态平均电压 0.75V
正反向重复峰值电压 1000V	正反向重复平均电流 0.3mA
门极触发电流 20mA	门极触发电压 0.8V

图 1-9　晶闸管合格证

1.2　双向晶闸管

双向晶闸管是晶闸管系列中主要的派生元件，在交流电路中代替一组反并联的普通晶闸管，是一种比较理想的交流电力控制元件。

1.2.1　双向晶闸管的基本结构和伏安特性

双向晶闸管（Triode AC Switch，TRIACS）从外形上看与普通晶闸管一样，也有塑料封装型、螺栓型和平板压接型等几种不同的结构。塑料封装型元件的电流容量一般只有几安，目前台灯调光、家用风扇调速多用此种结构。螺栓型元件可做到几十安。大功率双向晶闸管元件都是平板压接型结构。

双向晶闸管元件的核心部分集成在一块硅单晶片上，相当于具有公共门极的一对反并联普通晶闸管，其结构示意图和电气图形符号如图 1-10 所示。其中 N4 区和 P1 区的表面用金属膜连通，构成双向晶闸管的一个主电极，此电极的引出线称主端子，用 T2 表示；N2 区和 P2 区也用金属膜连通后引出接线端子，也称主端子，用 T1 表示；N3 区和 P2 区的一部分用金属膜连通后引出的接线端子称为公共门极，用 G 表示。从外部看双向晶闸管有 3 个引出端，应注意的是，门极和 T1 是从元件的同一侧引出的，另一侧只有一个引出端 T2。

双向晶闸管的伏安特性如图 1-11 所示。与普通晶闸管伏安特性的不同点在于，双向晶闸管具有正反向对称的伏安特性曲线。正向部分定义为第一象限特性，反向部分定义为第三象限特性。

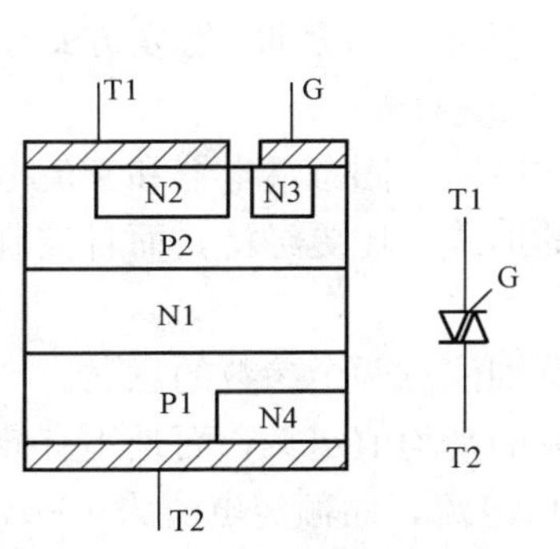

图 1-10　双向晶闸管结构示意图与电气图形符号

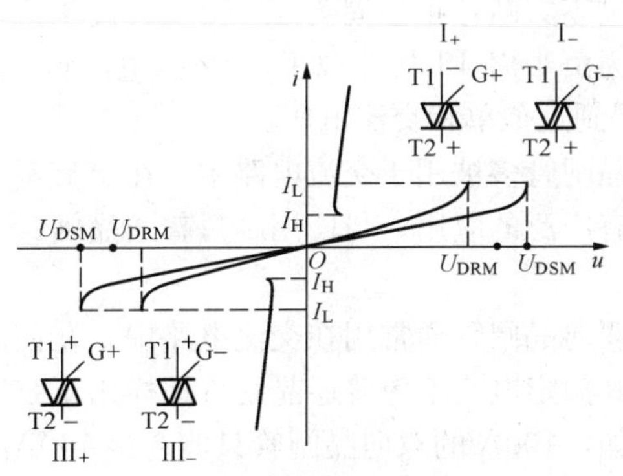

图 1-11　双向晶闸管伏安特性

双向晶闸管主端子在不同极性下都具有导通和阻断的能力。门极电压相对于主端子 T1 无论是正是负都有可能控制双向晶闸管导通，因而按门极极性和主端子的极性的组合可能有 4 种触发方式。

由于双向晶闸管内部结构的原因，4 种触发方式的灵敏度各不相同，表 1-5 所示为 4 种触发方式的特性。其中Ⅲ$_+$触发方式所需门极功率相当大，即触发灵敏度很低。在实际应用中，一般只选Ⅰ$_+$、Ⅰ$_-$、Ⅲ$_-$触发方式中的两个进行组合，即Ⅰ$_+$、Ⅲ$_-$或Ⅰ$_-$、Ⅲ$_-$两种组合方式。

表 1-5　　双向晶闸管 4 种触发方式的特性

触发方式		被触发的晶闸管	T2 端极性	门极极性	触发灵敏度（相对于Ⅰ$_{+}$触发方式）
第一象限	Ⅰ$_{+}$	P1—N1—P2—N2	+	+	1
	Ⅰ$_{-}$	P1—N1—P2—N2	+	−	近似 1/3
第三象限	Ⅲ$_{+}$	P2—N1—P1—N4	−	+	近似 1/4
	Ⅲ$_{-}$	P2—N1—P1—N4	−	−	近似 1/3

下面举例说明双向晶闸管的触发方式。

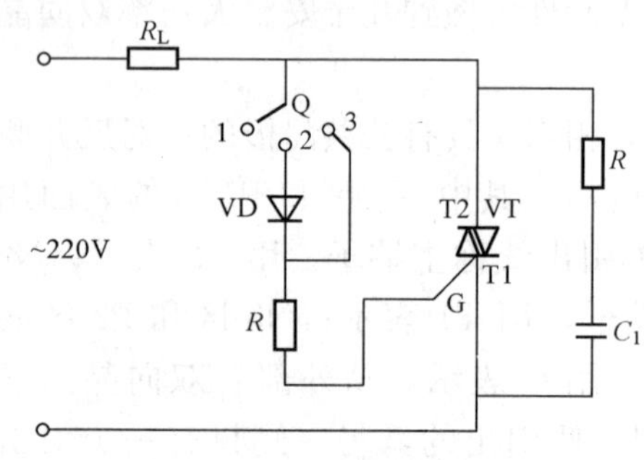

图 1-12　单相交流调压电路

图 1-12 为一单相交流调压电路。当开关 Q 置于位置 1，双向晶闸管在正负半周都得不到触发信号，双向晶闸管皆不能导通，负载 R_L 上得不到电压。

当将开关 Q 置于 2 位置时，在电源正半周（图中上正下负），双向晶闸管 T2 端子正，T1 负。门极 G 通过 R_L—Q—VD—R 得到触发电压，门极极性相对于 T1 为正，双向晶闸管 VT 导通。在负半周（下正上负），由于二极管 VD 反偏，VT 得不到触发电压不能导通，R_L 上得到半波整流电压，这是Ⅰ$_{+}$触发方式。

当开关 Q 置于 3 位置时，电源正半周，门极得到相对于 T1 为正的触发电压，VT 导通，电压过零关断，正半周为Ⅰ$_{+}$触发。负半周门极得到相对于 T1 为负的触发电压，VT 导通。因为负半周 T1 接电源正，T2 接电源负，故在第三象限，这是Ⅲ$_{-}$触发方式。此时负载 R_L 上得到近似单相交流电压。

双向晶闸管多被用于交流电路中，在交流调压、调功电路，固态继电器和交流电动机调速等领域有广泛的应用。与使用 2 只普通晶闸管反并联的形式相比更经济，而且控制电路比较简单。

由于双向晶闸管通常用在交流电路中，在使用时要特别注意两个参数的意义。

（1）其额定电流不像普通晶闸管那样用正弦半波电流的平均值定义，而是用有效值来定义的。例如，100A 的双向晶闸管只能通过 100A 的有效值电流，而额定电流为 100A 的普通晶闸管则可以通过 157A 的有效值电流。

（2）由于双向晶闸管工作的交流电路中大多是感性负载，其电流的变化落后于电压的变化。也就是说，当电流下降到零时电源电压早已反向，相当于给电流刚刚降为零的晶闸管两端瞬间施加一阶跃反压，因此其必须在电流为零的瞬间具有承受一定反向 $\mathrm{d}v/\mathrm{d}t$ 的能力，否则它可能在反方向触发脉冲还未到来之前就在反向电压的作用下误导通了。所以，若元件抗 $\mathrm{d}u/\mathrm{d}t$ 能力不足时，应在元件的 T1、T2 两端并联 RC 阻容吸收回路，抑制过大的 $\mathrm{d}u/\mathrm{d}t$。

1.2.2　双向晶闸管的主要参数

根据 JB1144 规定，双向晶闸管的型号表示如下：

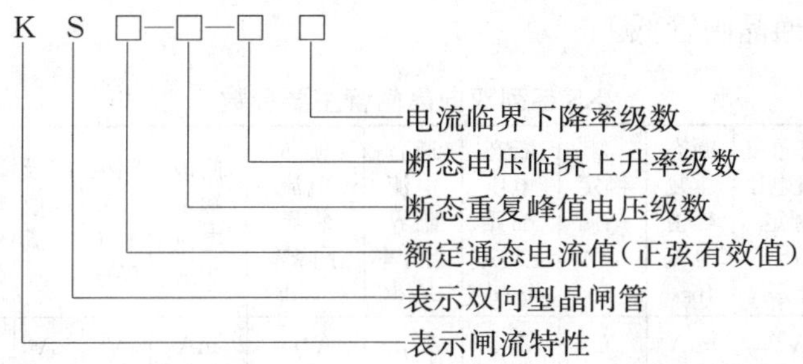

例如，型号KS100—8—21表示双向晶闸管，其额定通态电流为100A，断态重复峰值电压为8级（800V），断态电压临界上升率 du/dt 为2级（不小于200V/μs），换向电流临界下降率 di/dt 为1级（不小于 $I_{T(RMS)}=1A/\mu s$）。有关KS系列双向晶闸管元件的系列和分级规定分别如表1-6～表1-9所示。

表1-6　系列与额定通态电流（有效值）$I_{T(RMS)}$ 的规定

系列	KS1	KS10	KS20	KS50	KS100	KS200	KS400	KS500
$I_{T(RMS)}$（A）	1	10	20	50	100	200	400	500

表1-7　重复峰值电压 U_{DRM} 的分级规定

等级	1	2	3	4	5	6	7	8	9	10	12	14	16	18	20
U_{DRM}（A）	100	200	300	400	500	600	700	800	900	1000	1200	1400	1600	1800	2000

表1-8　断态电压临界上升率的分级规定

等级	0.2	0.5	2	5
du/dt（V/μs）	≥20	≥50	≥200	≥500

表1-9　换向电流临界下降率（di/dt）的分级规定

等级	0.2	0.5	1
（di/dt）（A/μs）	≥0.2%$I_{T(RMS)}$	≥0.5%$I_{T(RMS)}$	≥1%$I_{T(RMS)}$

由于双向晶闸管常用在交流电路中，故额定通态电流用交流有效值表示。以有效值为100A的双向晶闸管为例，其峰值为 $100\times\sqrt{2}=141A$，而普通晶闸管的额定电流以正弦半波平均值表示，一个峰值为141A的正弦半波，它的平均值为 $141/\pi=45A$。所以一个100A的双向晶闸管与两个45A的普通晶闸管反并联的电流容量相同，可以替代两个45A的普通晶闸管。KS系列双向晶闸管的主要参数列于表1-10中。

双向晶闸管有下列局限性，在选择使用时需要考虑：

（1）双向晶闸管重新施加 du/dt 的能力差，难以用于感性负载。双向晶闸管在交流电路中使用时，需承受正反两个半波电流和电压。它在一个方向上的导电虽已结束，但在管芯硅片各层中的载流子还没有回到阻断状态的位置时，就立即承受反向电压，这些载流子形成的电流有可能成为晶闸管反向工作时的触发电流而产生误导通，造成换向失败。其换向能力随结温升高而下降。

（2）门极电路灵敏度比较低。

（3）管子的关断时间 t_q 比较长。

双向晶闸管常用于电阻性负载作相位控制，也用作固态继电器，有时也用于电动机控制。其供电频率通常被限制在工频50Hz左右。就目前工艺水平而言，双向晶闸管器件的电压和电流额定值比普通晶闸管低。

表 1-10 **KS系列双向晶闸管主要参数**

参数 数值 系列	额定通态电流（有效值）$I_{T(RMS)}$*	断态重复峰值电压（额定电压）U_{DRM}	断态重复峰值电流 I_{DRM}	额定结温 i_{jM}*	断态电压临界上升率 du/dt	通态电流临界上升率 di/dt	换向电流临界下降率 (di/dt)	门极触发电流 I_{GT}	门极触发电压 U_{GT}	门极峰值电流 I_{GM}	门极峰值电压 U_{GM}	维持电流 I_H	通态平均电压 $U_{T(AV)}$*
	A	V	mA	℃	V/μs	A/μs	A/μs	mA	V	A	V	mA	V
KS1	1	100～200	<1	115	≥20	—	≥0.2% $I_{T(RMS)}$	3～100	≤2	0.3	10	实测值	上限值各厂由浪涌电流和结温的合格型式试验决定，并满足 $\lvert U_{T1}-U_{T2}\rvert \leq 0.5$V
KS10	10		<10	115	≥20	—		5～100	≤3	2	10		
KS20	20		<10	115	≥20	—		5～200	≤3	2	10		
KS50	50		<15	115	≥20	10		8～200	≤4	3	10		
KS100	100		<20	115	≥50	10		10～300	≤4	4	12		
KS200	200		<20	115	≥50	15		10～400	≤4	4	12		
KS400	400		<25	115	≥50	30		20～400	≤4	4	12		
KS500	500		<25	115	≥50	30		20～400	≤4	4	12		

* 项的下标在不致混淆时可省略。

1.2.3 双向晶闸管的触发电路

对触发电路的基本要求是触发脉冲与主回路电压同步，能在设定时刻提供幅度、宽度和前沿陡度适当的脉冲。原则上用于普通晶闸管电路的各种触发电路均可用于双向晶闸管电路。常用的双向晶闸管的控制方式有两种：第一种是移相触发，它与普通晶闸管一样，通过控制触发脉冲的相位达到交流调压的目的；第二种是过零触发，适用于调功电路及无触点开关电路。

为了简化和改善触发电路的工作性能，双向晶闸管往往使用某些特殊的触发器件。关于交流调压电路和交流调功器电路工作原理详见第7章。下面对比较典型的双向晶闸管触发电路及特殊触发器件作简单介绍。

1.2.3.1 本相电压强触发电路

这种触发方式主要用于双向晶闸管组成的交流无触点开关，电路简单、工作可靠。其典型电路如图1-13所示。

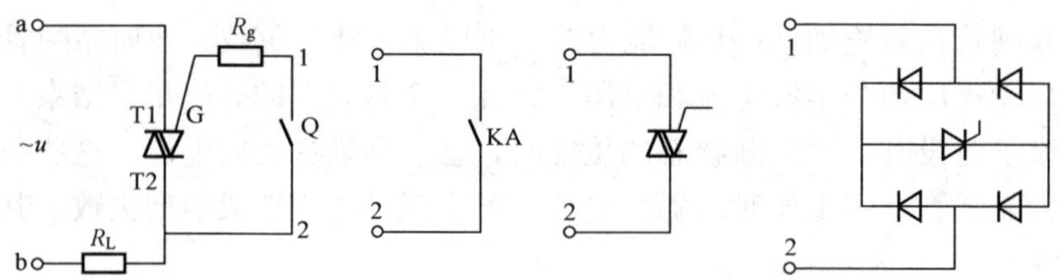

图1-13 本相电压强触发方式典型电路

双向晶闸管的T2和G之间接上开关Q，并串联一电阻R_g。接通交流电源，开关Q闭合后T1、T2之间的瞬时电压直接加至T1、G之间。T1、G之间的电压将随电源电压的上升而增高，触发电流也随之增大。一旦到达双向晶闸管的触发电流，双向晶闸管便导通。元件导通后T1与T2之间的电压即刻降至双向晶闸管的通态压降，约1～2V，从而使控制极不会受到主电压的威胁，具有自适应作用。若电源b端为正，a端为负，双向晶闸管属Ⅰ$_+$触发方式；若a端为正，b端为负，则属Ⅲ$_-$触发方式。因而本相电压强触发属于Ⅰ$_+$、Ⅲ$_-$触发方式。

为限制触发电流，在控制极回路中往往串一限流电阻R_g，其阻值可近似选为

$$R_g=\frac{U_{GM}}{I_{GM}} \tag{1-5}$$

式中：U_{GM}为双向晶闸管的T2与G之间的峰值电压；I_{GM}为双向晶闸管控制极的允许峰值电流。

R_g不能选得过大，因为限流电阻选得过大时，需要有较大的本相触发电压才能使元件导通，因而元件的导通将滞后，负载波形“缺角”显著增加。试验表明R_g取20～150Ω比较适宜。

对于一般双向交流开关，当外加电源电压较小时，R_g可取偏小值。在电动机控制电路中为了使元件导通快，往往取消R_g。在实际应用中，开关Q可根据不同情况和需要换接为继电器动合触点KA及小双向晶闸管和小晶闸管交流开关，来实现远距离控制和自动控制。

1.2.3.2　双向触发二极管组成的移相触发电路

双向触发二极管（DIAC）亦称二端交流器件，与双向晶闸管同时问世。由于它结构简单、价格低廉，所以常用来触发双向晶闸管，还可构成过压保护等电路。双向触发二极管的构造、符号及等效电路如图1-14所示。双向触发二极管是三层结构的元件，这种元件的两个PN结是对称的，因而具有对称的击穿特性。元件的击穿电压为20～40V，制造厂家在工艺上严格控制在30V左右，或控制在某一要求值上。例如，典型双向触发二极管，转折电压最小值为20V，最大值为30V，对称性为±3V，峰值转折电流不大于300μA，峰值输入电流为±0.5A。由于双向触发二极管是固体半导体器件，因而体积小，一般能承受2A脉冲电流，使用寿命长，工作可靠，生产成本很低。目前双向触发二极管已广泛应用于双向晶闸管的触发电路。有的双向触发二极管和双向晶闸管集成在一起制成一个元件。

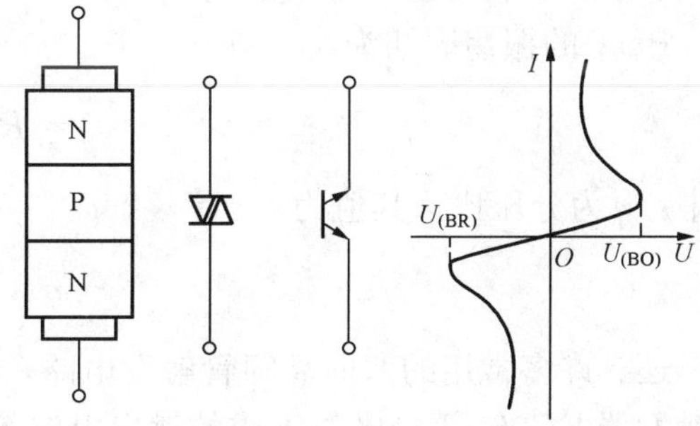

图1-14　双向触发二极管的结构、电气图形符号与特性曲线

用双向触发二极管组成的触发电路如图1-15所示。当晶闸管阻断时，电容C由电源经负载及电位器RP充电。当电容电压U_C达到一定值时，双向二极管VD转折导通，触发双向晶闸管VT。VT导通后将触发电路短路，待交流电压（电流）过零反向时，VT自行关断。电源反向时，C反向充电，充电到一定值时，触发二极管VD反向击穿，再次触发VT导通，属于Ⅰ$_+$、Ⅲ$_-$触发方式。改变RP阻值即可改变正负半周控制角，从而在负载上得到不同的电压。这就构成了一个单相交流调压电路。

1.2.3.3 用程控单结晶体管组成的触发电路

程控单结晶体管（Programmable Unijunction Transistor，PUT）与普通晶闸管相同，也是一个具有 PNPN 四层三端结构的器件。两者不同点在于普通晶闸管的门极是从 P2 区引出，而程控单结晶体管的门极则是从 N1 区引出，其内部结构、电气图形符号和触发电路如图 1-16 所示。PUT 的 3 个引出端分别称为阳极（A）、阴极（C）和门极（G）。

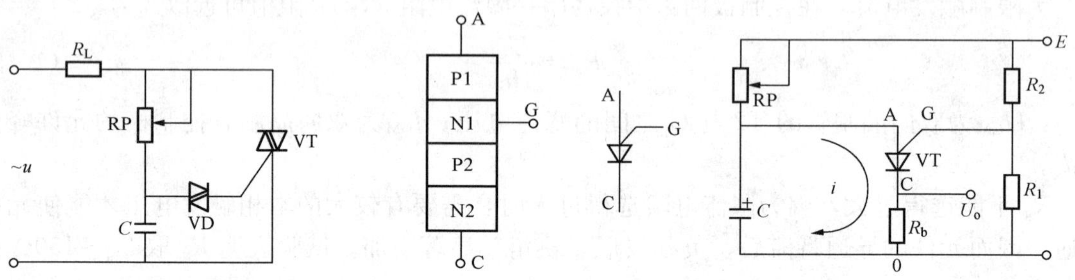

图 1-15 双向触发二极管组成的触发电路

图 1-16 程控单结晶体管结构、图形符号与触发电路

若 R_1 和 R_2 的阻值已经确定，那么门极电位也就确定了。PUT 导通与否就取决于 A 点电位。若 $U_A < U_D + U_G$，PUT 不导通（U_D 为 P1N1 结的压降）；若 $U_A > U_D + U_G$，PUT 就被触发导通。PUT 一旦导通，门极 G 即失去控制，电容 C 放电，在 R_b 上有 u_{Rb} 输出。当放电电流小于 PUT 的维持电流时，PUT 关断。电容 C 再通过电源 E—RP—C—0 充电，到 $U_A > U_D + U_G$ 再导通，形成振荡。

PUT 的振荡周期为

$$T = RC\ln\left(\frac{1}{1-\eta}\right) \tag{1-6}$$

式中：η 为分压比，其值为

$$\eta = \frac{R_1}{R_1 + R_2} \tag{1-7}$$

还有许多常用的双向晶闸管触发电路，如由单结晶体管（UJT）组成的触发电路、用集成触发器 KC06、KC08 等组成的触发电路等，这里就不一一介绍了。

1.3 可关断晶闸管

全控型电力电子器件由于既能控制其导通也能控制其阻断，所以也称为自关断器件。全控型自关断器件的出现和应用，极大地促进了新型电力电子变流技术的发展。从本节开始，将简要介绍 GTO、GTR、MOSFET 和 IGBT 这四种常用的具有自关断功能的全控型器件的结构、原理、主要参数以及使用中应注意的问题。

可关断晶闸管（Gate Turn off Thyristor，GTO）是指门极可控制导通与关断的晶闸管。它是具有门极正信号触发导通和门极负信号触发关断的全控型电力电子器件。它的主要缺点是导通后管压降比普通晶闸管大，工作频率比较低，触发功率特别是门极反向触发关断电流较大。GTO 目前在高电压、中频率、大中容量的直流斩波电路中获得广泛应用，如直流斩波调速的电力机车电气系统等。

1.3.1 可关断晶闸管的结构与工作原理

图1-17为GTO芯片的原理结构与图形符号，它与普通晶闸管一样也是PNPN四层三端半导体器件，外部同样有阳极A、阴极K和门极G。与普通晶闸管不同的是：GTO是一种多元并联的功率集成器件，内部由包含数百或上千个的单元GTO并联而成，其目的是便于实现门极通断控制。

GTO的门极正向触发导通原理与普通晶闸管原理相同。GTO能用门极负电流来关断，其原理如下：

(1) 与普通单向晶闸管相比，其等效复合三极管工作时 $\alpha_1+\alpha_2$ 接近于1，也就是说，只能让它工作在临界饱和状态。

(2) 每个小单元GTO的阴极面积非常小，门极和阴极间的距离大为缩短，提供了用门极负电流来关断GTO的可能性。

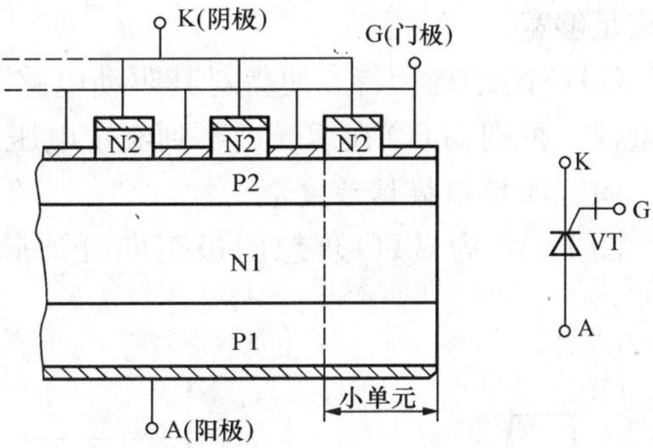

图1-17 GTO芯片结构与图形符号

1.3.2 可关断晶闸管的特性

GTO的基本参数与普通晶闸管大多相同，表1-11所示为国产50A GTO的主要参数。

表1-11 国产50A GTO主要参数

参数名称	符号	单位	参数值	参数名称	符号	单位	参数值
正向阻断电压	U_{DRM}	V	1000～1500	关断时间	t_{off}	μs	<10
反向阻断电压	U_{RRM}	V	受反压与不受反压两种	工作频率	f	kHz	<3
阳极可关断电流	I_{ATO}	A	30、50	允许 du/dt	du/dt	V/μs	>500
擎住电流	I_L	A	0.5～2.5	允许 di/dt	di/dt	V/μs	>100
正向触发电流	I_g	mA	200～800	正向管压降	ΔU_T	V	2～4
反向关断电流	$-I_{gM}$	A	6～10	关断增益	β_q	—	5
开通时间	t_{on}	μs	<6				

一、阳极可关断电流 I_{ATO}

GTO的最大阳极电流除了受发热温升限制外，还会由于元件阳极电流过大，饱和程度加深（$\alpha_1+\alpha_2\geqslant 1$）而导致GTO门极关断失败。所以GTO只能工作在规定的可关断阳极电流 I_{ATO}（即产品目录中规定的电流）之内。I_{ATO}还与门极驱动电路提供的关断电流大小、主电路参数及工作条件有关，在使用中应注意。

二、关断增益 β_q

关断增益 β_q 是指最大阳极可关断电流 I_{ATO}与门极关断负电流最大值$-I_{qM}$之比值（取绝对值），即

$$\beta_q = |I_{ATO}/(-I_{qM})| \tag{1-8}$$

目前大功率GTO的 β_q 值一般只有3～5。GTO正向触发导通的门极正向触发电流与普通晶闸管一样为毫安级，可是门极关断所需的负方向电流很大。例如50A的GTO，触发导

通正向门极电流有 200～800mA，可是关断门极所需的反向电流约为 10A 左右，在组成 GTO 门极正反向驱动电路时需注意。

三、擎住电流 I_L

GTO 的擎住电流定义与普通晶闸管相似。但是相同电流等级的 GTO，其 I_L 值比普通晶闸管要大得多，这就要求在电感性负载时，GTO 的门极正向触发驱动电路送出的脉冲宽度应足够宽。

GTO 的结构和特点使得对其驱动电路要求较严格。特别是门极关断驱动电路应特别予以重视，否则 GTO 在承受远不到额定电压、电流的情况下也会损坏。

四、理想门极信号波形

图 1-18 为 GTO 理想门极正向开通脉冲和反向关断脉冲电流的波形。现对波形分析如下：

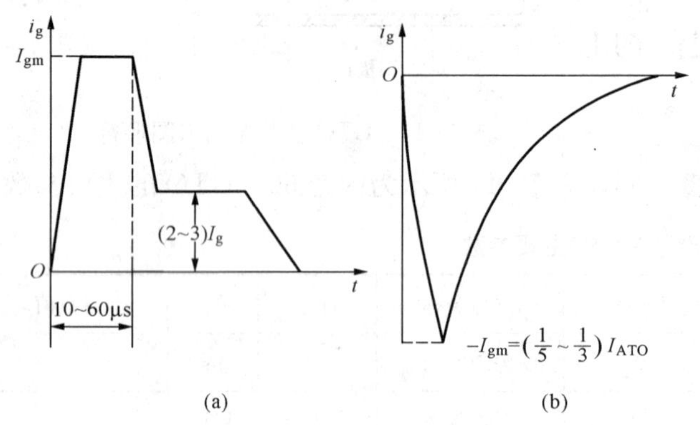

图 1-18 GTO 理想门极电流波形
(a) 开通门极电流波形；(b) 关断门极电流波形

(1) 触发导通正向门极脉冲电流波形如图 1-18 (a) 所示。由于 GTO 是多元集成结构，为了使内部并联的小单元 GTO 的开通一致性好，故采用强触发脉冲电流，通常取 $I_{gm}=$ (5～10) I_{gn} (I_{gn} 为器件产品标称的正向触发电流)，前沿陡度 $di_g/dt>5A/\mu s$，强触发脉冲宽度 $\tau=10\sim60\mu s$。与此同时还要求正脉冲的后沿陡度应平缓，因为后沿过陡容易产生很大的负尖峰电流，会使 GTO 误关断。

(2) 触发关断反向门极脉冲电流波形如图 1-18 (b) 所示。为了缩短关断时间并减少关断损耗，要求关断门极电流前沿尽可能陡，通常 $di_g/dt>10A/s$。为了可靠关断，要求负脉冲电流宽度不小于 30μs，关断门极电流 $I_{gm}=$ (1/5～1/3) I_{ATO} (I_{ATO} 为 GTO 的阳极可关断额定电流)。与此同时，还要求关断门极电流脉冲的后沿陡度应尽量小，因为如果后沿太陡，由于结电容的效应会产生一个正尖峰门极电流，会使 GTO 误导通。

GTO 的门极驱动电路如图 1-19 所示。图 1-19 (a) 为小容量 GTO 门极驱动电路之一，其工作原理为：当 $u_i=0$ 时，复合接法的 V3、V4 截止，而 V1、V2 饱和导通，直流电源 E 对 C 充电形成正向门极触发电流，于是 GTO 导通；当 $u_i>0$ 时，V3、V4 饱和导通，已充电的电容电压（极性左正右负）沿 VD、V4 及门极放电，形成反向门极关断电流，使 GTO 关断，并利用放电电流在 VD 上的压降保证 V1 与 V2 截止。

图 1-19 (b) 为较大容量 GTO 门极驱动电路，其工作原理为：当 V1 与 V2 饱和导通时，形成门极正向触发电流，使 GTO 导通；当触发 VT1、VT2 这两只普通晶闸管导通时，形成较大的门极反向电流，使 GTO 关断。

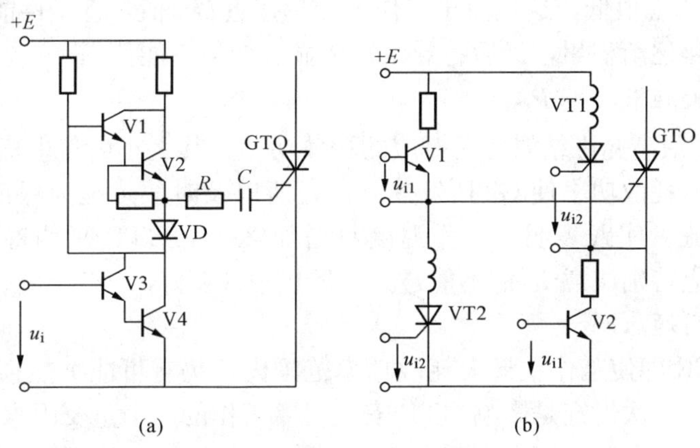

图1-19　GTO门极驱动电路

(a) 小容量GTO门极驱动电路；(b) 较大容量GTO门极驱动电路

1.4　功率晶体管

功率晶体管（Giant Transistor，GTR）也叫电力晶体管，是目前各种自关断器件中应用较为广泛的一种。在数百千瓦以下的低压变频电路中，使用最多的就是GTR。

1.4.1　功率晶体管的结构与工作原理

GTR的结构和工作原理与小功率晶体管非常类似，也是由三层硅半导体、两个PN结构成。它也有PNP与NPN型之分，但NPN型性能较优越，所以GTR通常多用NPN型。图1-20（a）是NPN型GTR的芯片结构；图1-20（b）是GTR的电气图形符号。

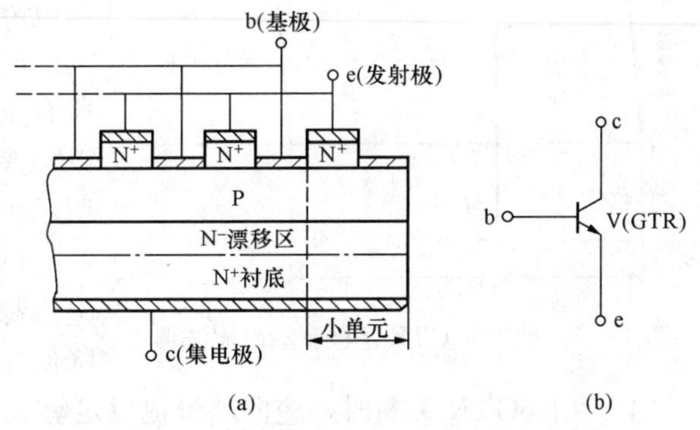

图1-20　功率晶体管芯片结构与图形符号

(a) NPN型GTR的芯片结构；(b) 图形符号

大多数GTR是用三重扩散法制成的，或者是在集电区高掺杂的N^+硅衬底上用外延生长法生长一层N漂移层，然后在上面扩散P基区，接着扩散掺杂的N^+发射区。基极和发射极在一个平面上制成叉指式，有利于提高GTR的通流能力。

1.4.2　功率晶体管的特性

一、集电极最大允许电流I_{CM}

GTR流过的电流过大，性能将变得不稳定，因此，必须规定集电极最大允许电流I_{CM}值。通常规定共发射极电流放大系数下降到规定值的1/3～1/2时，所对应的I_C值就是该管的I_{CM}值，实际使用时还要留有较大的安全裕量，一般只能用到I_{CM}值的一半或稍多些。

二、反向击穿电压U_{ceo}

基极开路，c、e间所允许加的最大反向电压通常称为反向击穿电压U_{ceo}。实际使用时

GTR 工作电压远比 U_{ceo} 值低。这是由于工作电压越接近 U_{ceo} 值，管子性能越容易变坏，而且不可恢复，微小变化逐渐积累，最后将导致性能显著变坏不能使用。

三、集电极最大耗散功率 P_{CM}

它是指 GTR 在最高允许结温时所对应的耗散功率，其大小由集电极结电压与集电极工作电流的乘积决定。耗散功率使 GTR 发热升温，所以及时散热是为保证 GTR 可靠工作所必须采取的重要措施。实践表明，工作温度每增加 20℃，GTR 平均寿命约下降一个数量级。所以在使用中应特别注意 I_C 值不能过大，散热条件要好。

四、二次击穿问题

实践表明，GTR 即使工作在最大耗散功率范围内，仍有可能突然损坏，其原因一般是由二次击穿引起的。二次击穿是影响 GTR 安全可靠工作的一个重要因素。

二次击穿是由于集电极电压升高到一定值（未达到反向击穿极限值）时，发生雪崩效应造成的。理论上讲，只要功耗不超过极限，GTR 应该可以安全工作。但是在实际使用中，会出现负阻效应，造成 I_C 进一步剧增，由于管子结面的缺陷、结构参数不均匀，将使内部电流密度剧增，形成恶性循环，使管子损坏。二次击穿时间在纳秒到微秒之间完成，而且难以计算和预测。防止的办法有：

(1) 应使实际使用的工作电压比反向击穿电压低得多。

(2) 必须有电压、电流缓冲保护措施。

在实际使用中，对 GTR 的基极驱动电路有以下要求：

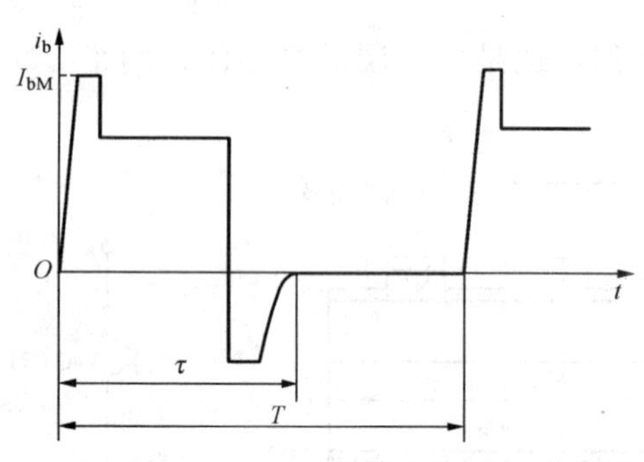

图 1-21 理想的 GTR 基极驱动电流波形

(1) GTR 位于主电路，电压较高，控制电路电压较低，所以应在主电路与控制电路之间采取电隔离措施。

(2) 在使 GTR 导通时，基极正向驱动电流应有足够陡的前沿，并有一定幅度的强制电流，以加速开通过程，减小开通损耗，如图 1-21 所示。

(3) GTR 导通期间，在任何负载下，基极电流都应使 GTR 处于临界饱和状态，这样既可降低导通饱和压降，又可缩短关断时间。

(4) 在使 GTR 关断时，应向基极提供足够大的反向基极电流，以加快关断速度，减小关断损耗，如图 1-21 波形所示。

(5) 应有较强的抗干扰能力，并有一定的保护功能。

图 1-22 为 GTR 临界饱和式基极驱动电路的一种，其基本工作原理如下：

当控制电路信号输入端 u_i 为高电平时，V1 导通，光耦合器 B 中的发光二极管流过电流，使光敏二极管反向电流流过 V2 基极，V2 导通，V3 截止，V4 和 V5 导通，V6 截止。V5 的发射极电流经 R_5、VD3，驱动 GTR 导通。与此同时给电容 C_2 充电，C_2 电压极性为左正右负。当控制电路电压 $u_i \leqslant 0$ 时，V1 截止，光耦合器中发光二极管无电流，V2 截止，V3 导通，V4 与 V5 截止，V6 导通，于是 C_2 上所充的电荷经 V6、GTR 的 e 和 b 及 VD4 放电，使 GTR 关断。该电路还具有以下特点：

(1) 具有强触发电流波形。因为当 V5 刚导通时，C_2 相当于短路，所以形成了前沿很陡的强触发基极电流波形。

(2) 由 VD2 与 VD3 构成的贝克钳位电路，在 GTR 导通期间，都能及时调节基极电流，不论负载如何变化，使 GTR 始终工作于临界饱和状态。例如，当负载变轻时，如果 V5 的发射极电流还全部注入 GTR 的基极，则必然使 GTR 过饱和，集电极电位低于基极电位，于是 VD2 自动导通，使多余的驱动电流经过 VD2 分流到集电极，GTR 退出过饱和状态而基本处在临界饱和状态，即 $U_{cb} \approx 0$，$U_{ce} \approx U_{be}$。

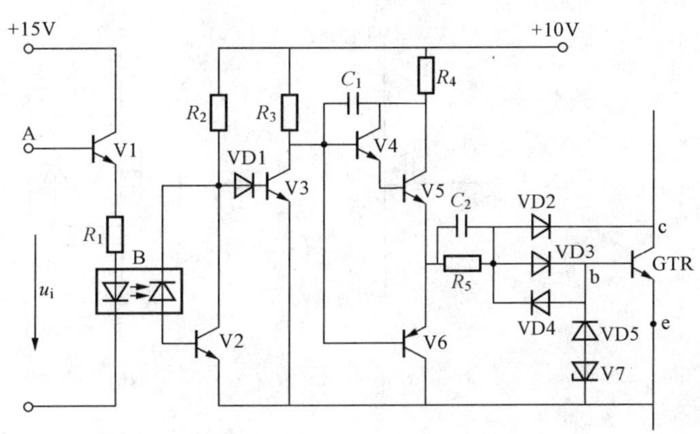

图 1-22　临界饱和式基极驱动电路

(3) 能实现关断后一段时间向 GTR 的基极施加反偏电压。这是由于 V5 截止、V6 导通，C_2 先通过 V6、GTR 的发射结和 VD4 放电，GTR 关断后，C_2 放电回路改经稳压管 V7 继续放电，这样稳压管两端电压就使 GTR 基极施加反偏电压，能更可靠地关断。

1.5　功率场效应晶体管

功率场效应晶体管（Metal Oxide Semiconductor Field Effect Transistor，MOSFET）也称为电力场效应晶体管或电力场控晶体管，是近几年发展最快的一种全控型电力电子器件。目前已生产出电压 1200V、电流 300A 的 MOSFET。它的主要优点如下：

(1) 输入阻抗高，属于电压型控制器件，可以直接与数字逻辑集成电路连接，且驱动电路简单、功耗小。

(2) 开关速度快，工作频率可达 1MHz，比 GTR 约快 10 倍，而且开关损耗小。

(3) 热稳定性好，不存在二次击穿问题，工作可靠。

它的缺点是电压不能太高，电流容量也不能太大，所以目前只适用于小功率电力电子变流装置。

1.5.1　功率场效应晶体管的结构与工作原理

功率场效应晶体管与小功率场效应晶体管的工作原理是相同的，但是为了提高电流容量和耐压能力，在芯片结构上却有很大不同：功率场效应晶体管采用小单元集成结构来提高通流能力，并且采用垂直导电排列来提高耐压能力。

N 沟道功率场效应晶体管的图形符号如图 1-23（a）所示，3 个引脚分别为源极 S、栅极 G 和漏极 D。器件内部存在并联反向二极管，为明确起见，常用图 1-23（b）图形符号表示。在大容量变流电路中，单靠器件本身的反向二极管来通过反向大电流，可能会导致器件损坏，为此，在必要时可在器件外并接一组快速双向二极管 VD1 与 VD2，如图 1-23（c）所示。

1.5.2　功率场效应晶体管的特性

(1) 漏极电压 U_{DS}。就是 MOSFET 的额定电压，选用时必须留有较大安全裕量。

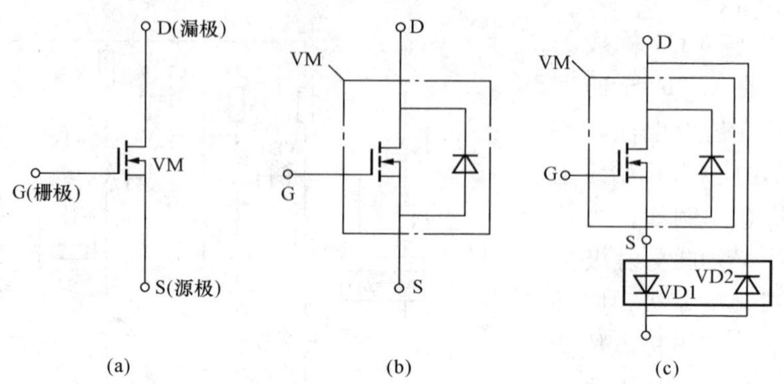

图 1-23 电力场效应晶体管图形符号及文字符号

(a) 图形符号；(b) 有反向二极管的图形符号；(c) 并接双向二极管

(2) 漏极最大允许电流 I_{DM}。就是 MOSFET 的额定电流，其大小主要受管子的温升限制。

(3) 栅源电压 U_{GS}。栅极与源极之间的绝缘层很薄，承受的电压很低，一般不得超过 20V，否则绝缘层可能被击穿而损坏，使用中应加以注意。总之，为了安全可靠，在选用 MOSFET 时，对电压、电流的额定等级都应留有较大裕量。

功率场效应晶体管对栅极驱动电路有以下几点要求：

(1) 能向栅极提供需要的栅压，以保证可靠开通和关断 MOSFET。

(2) 减小驱动电路的输出电阻，以提高栅极充放电速度，从而提高 MOSFEF 的开关速度。

(3) 主电路与控制电路需要电气隔离。

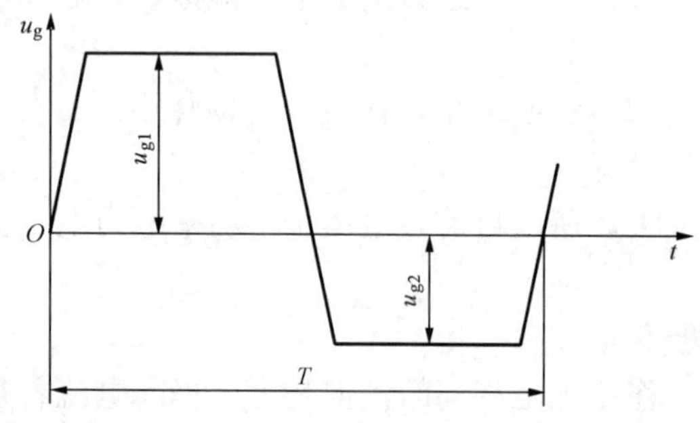

图 1-24 理想的栅极控制电压波形

(4) 应具有较强的抗干扰能力。这是由于 MOSFEF 通常工作频率高、输入电阻大、易被干扰的缘故。

理想的栅极控制电压波形如图 1-24 所示。提高正栅压上升率可缩短开通时间，但也不宜过高，以免 MOSFEF 开通瞬间承受过高的电流冲击。正负栅压幅值应小于所规定的允许值。

图 1-25 为 MOSFET 栅极驱动电路。一般来说，TTL 电路就可以直接驱动 MOSFEF，但考虑到当 TTL 输出低电平时，输出阻抗较大，会影响 MOSFEF 开关速度，所以通常需要增加一级互补射极跟随电路，这样既可减小输出内阻，又可提高驱动电压。

图 1-25 (a) 是用晶体管 V1、V2 作为互补射极的输出电路。V1 与 V2 流过的平均电流虽然不大，但为了保证在脉冲电流峰值下仍有足够大的电流放大倍数，V1 与 V2 应选择较大集电极电流的晶体管。栅极与源极之间跨接的电阻 R 是为了给输入电容提供放电回路，避免静电干扰使栅压过高而误导通。

图 1-25 (b) 是采用 N 沟道和 P 沟道场效应晶体管组成的互补输出电路，因其跨导不

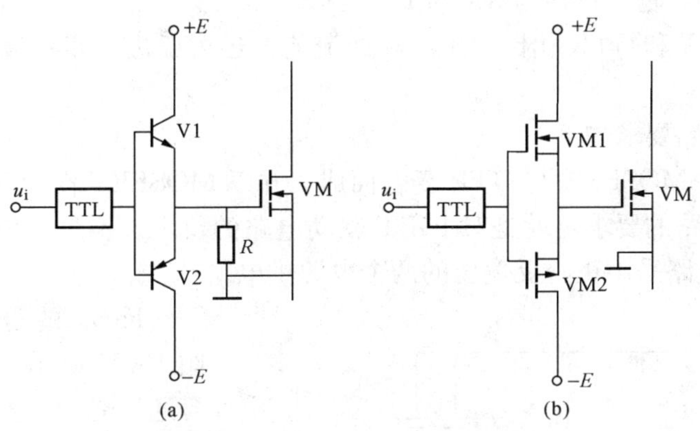

图 1-25　MOSFET 栅极驱动电路
(a) 用晶体管 V1、V2 作为互补射极的输出电路；
(b) 用 N 沟道和 P 沟道场效应晶体管组成的互补输出电路

随漏极电流的增大而减小，所以可选用漏极电流较小的场效应晶体管组成互补输出电路。

1.6　绝缘栅双极晶体管

绝缘栅双极晶体管（Insulated Gate Bipolar Transistor，IGBT）是以场效应晶体管（MOSFET）作为基极，以功率晶体管（GTR）作为发射极与集电极复合而成的。因此，它综合了 MOSFET 与 GTR 的优点（即驱动功率小、工作频率高、饱和压降小及容量大），是很有发展前途的大功率自关断电力器件。

1.6.1　IGBT 的结构与工作原理

IGBT 是由多元集成结构组成的，每个小单元的 IGBT 简化等效电路如图 1-26（a）所示，以 N 沟道场效应晶体管作为基极和一个 PNP 功率晶体管作为发射极与集电极复合而成。当栅极 G 施加正偏信号时，场效应晶体管首先导通，从而给 PNP 功率晶体管提供了基极电流使之导通；反之，给栅极 G 施加反偏信号，场效应晶体管关断，使 PNP 功率晶体管基极电流为零而关断，所以 IGBT 也属于全控型电力电子器件。图 1-26（b）为其图形符号。

1.6.2　IGBT 的特性

IGBT 有以下特点：

（1）开关速度高，开关损耗小。在电压 1000V 以上时，开关损耗只有 GTR 的 1/10，与 MOSFET 相当。

（2）相同电压和电流定额时，安全工作区比 GTR 大，且具有耐脉冲电流冲击能力。

（3）通态压降比 MOSFET 低，特别是在电流较大的区域。

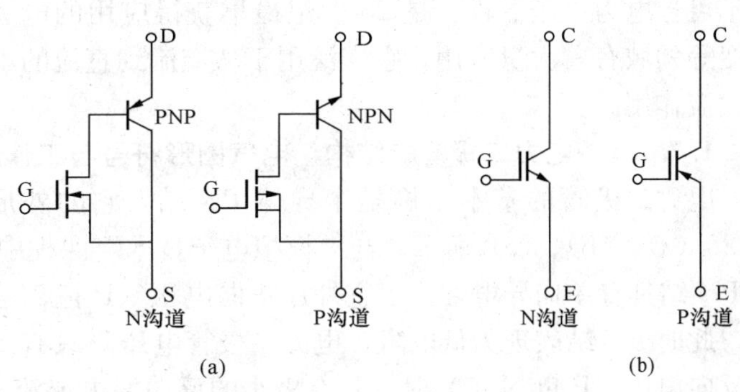

图 1-26　IGBT 等效电路与图形符号
(a) 简化的等效电路；(b) 图形符号

（4）输入阻抗高，输入特性与MOSFET类似。

（5）与MOSFET和GTR相比，耐压和通流能力还可以进一步提高，同时保持开关频率高的特点。

IGBT对驱动电路要求如下：

由于IGBT是由MOSFET与GTR复合而成，并以MOSFET作为IGBT的栅极，所以对MOSFET驱动电路的要求也就是对IGBT驱动电路的要求。不过，为了使IGBT稳定工作，通常要求驱动电路采用正、反偏压的两个电源供电。

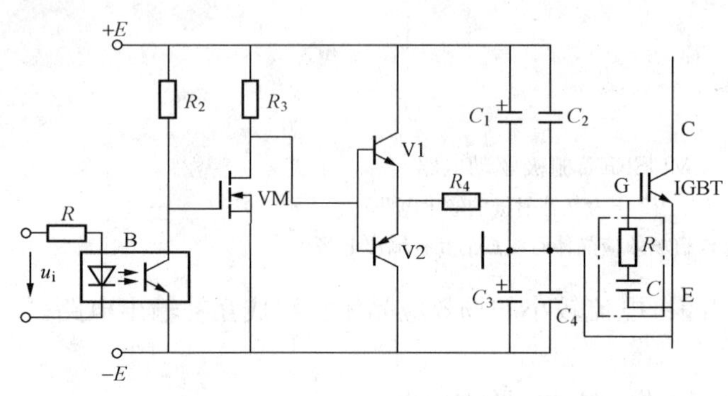

图1-27 IGBT栅极驱动电路实例

IGBT的栅极驱动电路实例如图1-27所示。电路中输入控制信号通过光耦合器进行隔离后引入驱动电路，然后经场效应晶体管放大后由推挽式功放电路V1与V2向IGBT提供栅极驱动电流。该电路的特点是：高速响应，电路简单，但驱动功率较小。电路中 $C_1 \sim C_4$ 为电源的滤波元件，同时提供参考电位。有时为了提高电路的抗干扰能力，可在IGBT的栅极与发射极之间接 RC 网络组成阻尼滤波（如图1-27中的中心线框所示），以及将驱动电路输出引到IGBT的栅极与发射极等措施。

1.7 其他电力电子器件简介

除了前面所学习的电力电子器件外，还经常采用电力二极管（Power Diode）以及根据不同的实际需要，发展衍生出的一系列晶闸管派生器件。主要有快速晶闸管（FST）、逆导晶闸管（RCT）和光控晶闸管（LTT）等。下面分别对它们作简要介绍。

1.7.1 电力二极管

电力二极管（Power Diode）也称为半导体整流器（Semiconductor Rectifier，SR），属于不可控电力电子器件，是20世纪最早获得应用的电力电子器件，现在仍在中高频整流、逆变等领域有着大量应用。它广泛用于从交流到直流的不可控整流，在逆变器中通常起反馈与续流作用。

1.7.1.1 电力二极管的结构、电气图形符号与工作原理

电力二极管的基本结构是半导体PN结，它的外形、结构和电气图形符号分别如图1-28（a）、（b）、（c）所示。与“模拟电子技术”课程中所学习过的小功率二极管一样，它的PN结具有单向导电性。当它外加正向电压（P正N负）时，有由P向N的正向电流流过，此时PN结表现为低电阻，电力二极管电压降只有1V左右，称为正向导通。当PN结加反向电压（P负N正）时，只有极小的反向漏电流流过PN结，PN结表现为高电阻，称为反向截止。

电力二极管一般都工作在大电流、高电压场合。又因为二极管本身耗散功率大、发热

多，使用时必须配备良好的散热器，以使器件的温度不超过规定值，确保安全运行。

1.7.1.2 电力二极管的伏安特性曲线与参数

图1-29是电力二极管的伏安特性曲线。当外加电压大于门槛电压U_{TO}时，正向电流开始迅速增加，二极管开始导通。正向导通对其管压降仅1V左右，且不随电流的大小而变化。当电力二极管承受反向电压时，只有很小的反向漏电流I_{RR}流过，器件反向截止。但当反向电压增大到U_B时，PN结内产生雪崩击穿，反向电流急剧增大，可导致二极管击穿损坏。

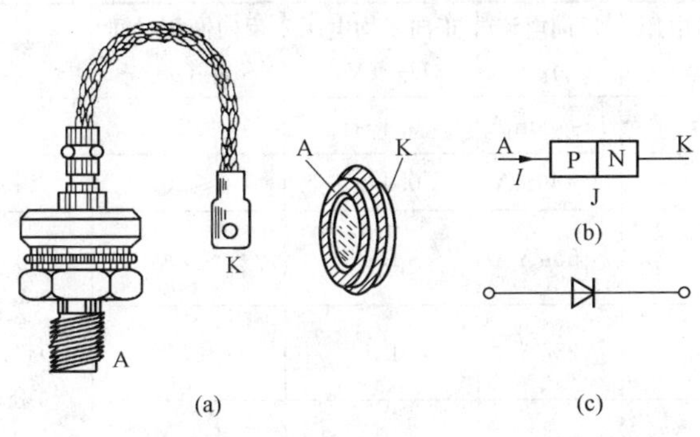

图1-28 电力二极管的外形、结构和电气符号

（a）外形；（b）结构；（c）电气图形符号

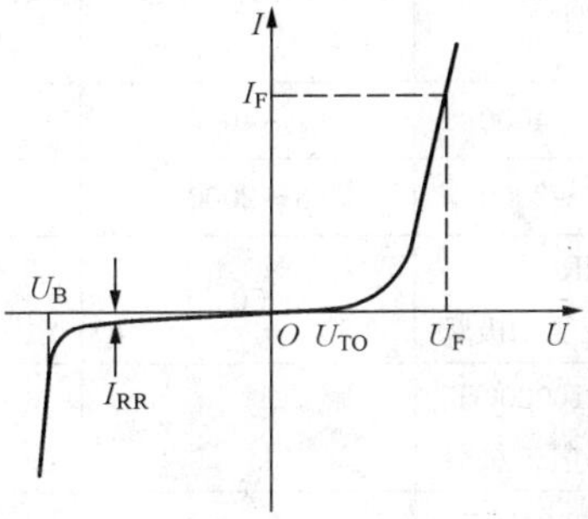

图1-29 电力二极管伏安特性曲线

电力二极管的主要参数有以下五个：

（1）额定正向平均电流$I_{F(AV)}$。定义器件长期运行在规定管壳温度和散热条件下允许流过的最大工频正弦半波电流的平均值为额定正向平均电流。同普通晶闸管的计算方法一样，应按照流过二极管的实际波形电流与工频正弦半波平均电流的热效应相等（即有效值相等）的原则，来选取电力二极管的额定电流，并应留有一定的裕量。

（2）反向重复峰值电压U_{RRM}。指器件能重复施加的反向最高峰值电压（额定电压），此电压通常为击穿电压U_B的2/3。

（3）正向压降U_F。指规定条件下，流过稳定的额定电流时，器件两端的正向平均电压（又称管压降）。

（4）反向漏电流I_{RR}。指器件对应于反向重复峰值电压时的反向电流。

（5）最高工作结温t_{JM}。指在器件中PN结不至于损坏的前提下所能承受的最高平均温度。t_{JM}通常在125～175℃范围内。

电力二极管的应用范围广，种类也很多，主要有如下类型：

（1）标准工频型（或普通）二极管。普通二极管又称整流管（Rectifier Diode），其恢复特性慢，但可获得较高的电压和电流定额，多用于开关频率在1kHz以下的整流电路中，包括电力牵引、蓄电池充电、电镀、电焊和不间断电源。其反向恢复时间在5μs以上，额定电流达数千安，额定电压达数千伏以上。

（2）快恢复二极管。反向恢复时间在5μs以下的二极管称为快恢复二极管（Fast Recovery Diode，FRD）。快恢复二极管从性能上可分为快速恢复二极管和超快速恢复二极管。前者反向恢复时间为数百纳秒以上；后者则在100ns以下，多作高频开关应用。快速恢复二极管通常和其他快速器件连接在一起，在斩波、逆变电路中应用，多用作旁路二极管或阻塞二极管。快速的反向恢复特性是其主要特征。

(3) 肖特基势垒二极管。它由金属半导体PN结构成，是多数载流子器件。它具有低导通电压和极短的开关时间特性，但也存在反向漏电流大和阻断电压低的局限性。目前的电流和电压范围分别为1～300A、45～1000V，反向恢复时间为10～40ns，主要应用于高频、低压方面，如高频仪表和开关电源等。

部分电力二极管的主要性能参数见表1-12。

表1-12　部分电力二极管主要性能参数

型号	额定正向平均电流 I_B（A）	反向重复峰值电压 U_{RRM}（V）	反向电流 I_R	正向平均电压 U_R（V）	反向恢复时间 t_n（μs）	备注
ZP1～4000	1～4000	50～5000	1～400mA	0.4～1		
ZP3～2000	3～2000	100～4000	1～40mA	0.4～1	≤10	
MR876 快速恢复二极管	50	600	50μA	1.4	≤400	美国 MOTOROLA 公司
MUR10020CT 超快恢复二极管	50	200	25μA	1.1	≤50	
MBR30045CT 肖特基势垒二极管	150	45	0.8mA	0.78	≈0	

1.7.2 快速晶闸管

可允许开关频率在400Hz以上工作的晶闸管称为快速晶闸管（Fast Switching Thyristor，FST），开关频率在10kHz以上的称为高频晶闸管。它们的外形、电气图形符号、基本结构和伏安特性都与普通晶闸管相同。

快速晶闸管包括所有专为快速应用而设计的晶闸管，有常规的快速晶闸管和工作在更高频率（10kHz以上）的高频晶闸管。它们主要用于斩波电路和中高频逆变电路中。由于器件不断地在快速开关的条件下工作，因此要求器件不仅要有良好的静态特性，还要有良好的动态特性，如要求开通和关断时间短，具有较高的du/dt、di/dt耐量和高频电流定额等。当晶闸管的工作频率增高时，开通、关断和扩展损耗在总损耗中占的比重会增加，使用时一定要注意在特定工作条件下晶闸管允许的通态电流。

快速晶闸管与普通晶闸管相仿，只是开关速度比普通晶闸管快。从关断时间看，一般普通晶闸管为数百微秒，快速晶闸管为数十微秒，而高频晶闸管为10μs左右（用于10kHz的最长不超过15μs）。

根据不同的使用要求，快速晶闸管有以开通快为主的和以关断快为主的，也有两者兼顾的。它们的使用方法与普通晶闸管基本相同，但必须注意如下问题：

(1) 快速晶闸管为了提高开关速度，满足高频工作对器件提出的要求，其硅片厚度设计得比普通晶闸管薄，因此能承受正反向阻断重复峰值电压较低，一般在2000V以下。

(2) 快速晶闸管du/dt的耐量较差，使用时必须注意产品铭牌上规定的额定开关频率下的du/dt。另外，在使用中，当开关频率升高时，du/dt耐量会下降，这点必须引起重视。

(3) 具有放大门极的快速晶闸管有较好的动态特性，适合于较高的工作频率，但是由于放大门极占据的面积增加，阴极面积被压缩，长期允许通过的电流受到限制，所以它不宜在低频下工作。

1.7.3　逆导晶闸管

在各类逆变器或斩波器的应用中，晶闸管不需阻断反向电压（被续流二极管旁路），因而人们设计生产出反向电压耐量较低的不对称晶闸管（ASCR），可使开通时间、关断时间缩短，使导通压降减小。典型的 ASCR 可以有 30V 反向阻断电压，而其正向阻断耐压在 400～2000V 之间。逆导晶闸管（Reverse Conducting Thyristor，RCT）是不对称晶闸管的一种特例，它是将晶闸管反并联一个二极管制作在同一管芯上的功率集成器件，其内部结构、示意图、电气图形符号及伏安特性如图 1-30 所示。与普通晶闸管一样，逆导晶闸管也有 3 个电极，分别是阳极 A、阴极 K 和门极 G。

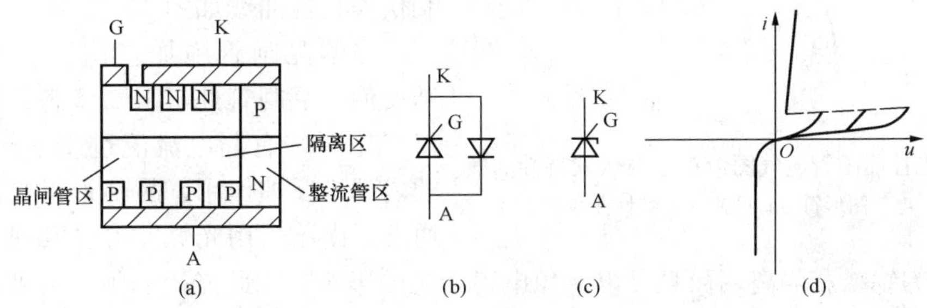

图 1-30　逆导晶闸管的内部结构、示意图、电气图形符号和伏安特性曲线

(a) 内部结构；(b) 示意图；(c) 电气图形符号；(d) 伏安特性曲线

逆导晶闸管中的晶闸管区和整流管区之间的隔离是极为重要的。如果没有隔离区，则反向恢复期间充满整流管区的载流子就可能到达晶闸管区，并在晶闸管承受正向阳极电压时引起不正常（非控制）的误导通，即所谓换向失败。逆导晶闸管的换向能力随结温升高而下降。

与普通晶闸管相比，逆导晶闸管具有正向压降小、关断时间短、高温特性好、额定结温高等优点。在使用时，器件的数目减少、装置体积缩小、重量减轻、价格降低、配线简单、经济性好，特别是消除了整流管的配线电感，晶闸管承受的反向偏置时间增长，有足够的时间进行关断，使换相电路小型并轻量化。但同时也由于晶闸管和整流管制作在同一管芯上，使晶闸管与整流管的载流容量的比值固定，从而限制了它的灵活应用。

逆导晶闸管的额定电流有两个，即晶闸管电流和整流管电流，表示时一般前者列于分子，后者列于分母，如 300/300A、300/150A 等。两者比值根据应用要求确定，约为 1～3。

逆导晶闸管的基本类型有快速型（200～350Hz）、频率型（500～1000Hz）和高压型（400A/7000V），主要应用在直流变换（调速）、中频感应加热及某些逆变电路中。它使两个元件合为一体，缩小了组合元件的体积。更重要的是，它使器件的性能得到了很大的改善。但同时也带来了一些新的问题，在使用时必须注意。

（1）与普通晶闸管相比，逆导晶闸管具有正向压降小、关断时间短、高温特性好、额定结温高等优点。

（2）根据逆导晶闸管的伏安特性可知，它的反向击穿电压很低，因此只能适用于反向不需承受电压的场合。

（3）逆导晶闸管虽然设置了隔离区，但整流管区的载流子在换向时，仍有可能通过隔离区作用到晶闸管区，使换流失败。因此，逆导晶闸管的换流能力（器件反向导通后恢复正向阻断特性的能力）是一个重要参数，使用时必须注意。

1.7.4 光控晶闸管

光控晶闸管（Light Triggered Thyristor，LTT）又称光触发晶闸管，是一种利用一定波长的光照信号触发导通的晶闸管。它与普通晶闸管的不同之处在于，其门极区集成了一个光电二极管。在光的照射下，光电二极管漏电流增加，此电流成为门极触发电流，使晶闸管导通。光控晶闸管的电气图形符号和伏安特性曲线如图 1-31 所示。

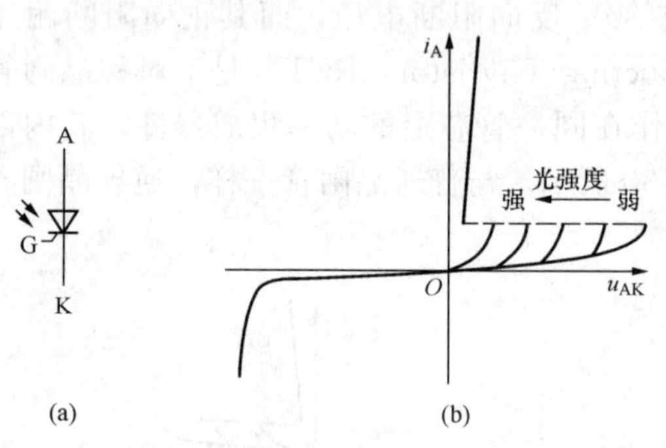

图 1-31 光控晶闸管电气图形符号与伏安特性曲线
(a) 电气图形符号；(b) 伏安特性曲线

当给晶闸管施加正向阳极电压时，J2 结反偏，晶闸管处于阻断状态；当有光照在 J2 结上时，有漏电流流过 J2 结，经晶闸管的内部正反馈作用，晶闸管很快由断态变为通态。由于采用光触发可以实现主电路与控制电路之间的绝缘和隔离，而且可以避免电磁干扰的影响，因此光控晶闸管常被用于高压大功率电力变换和控制装置中。大功率光控晶闸管带有光缆，光缆上装有产生触发信号的发光二极管或半导体激光器。采用半导体激光器和光缆来产生和传输强大的光信号，可以很好地解决信号源与主电路的绝缘和传输问题，是最好的解决方案。

本章小结

本章介绍了各种电力电子器件的基本结构、工作原理与特点、伏安特性、主要参数及其使用注意事项，重点要求掌握半控型普通晶闸管、双向晶闸管的导通与关断条件及其伏安特性，掌握全控型可关断晶闸管、电力晶体管的工作原理、伏安特性与参数及其触发控制电路工作原理。

电力电子器件从控制其导通与关断上分为三类，分别是半控型电力电子器件、全控型电力电子器件和不可控型电力电子器件。

半控型电力电子器件有普通晶闸管及由它衍生出的快速晶闸管、逆导晶闸管、双向晶闸管、光控晶闸管等；全控型电力电子器件也称为自关断器件，主要有可关断晶闸管、电力晶体管、绝缘栅双极晶体管、大功率场效应晶体管等；不可控型电力电子器件主要有传统的大功率电力二极管及快速恢复二极管、肖特基二极管等。

思考与练习题

1-1 晶闸管的正常导通条件是什么？

1-2 维持晶闸管导通的条件是什么？晶闸管的关断条件是什么，如何实现？关断后阳极电压又取决于什么？

1-3 说明晶闸管型号 KP200—8E 的含义。

1-4 型号为KP100—3、维持电流4mA的晶闸管，在如图1-32所示的3个电路中使用的是否合理？为什么（不考虑电压和电流的安全裕量）？

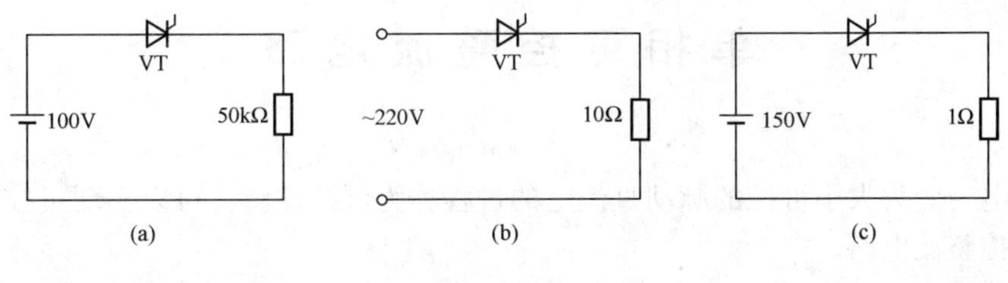

图1-32 题1-4图

1-5 单相正弦交流电源，电压有效值为220V，晶闸管和负载电阻串联相接，试计算晶闸管实际承受的正反向电压最高是多少？考虑晶闸管的安全裕量，其额定电压应如何选取？

1-6 图1-33中阴影部分表示流过晶闸管的电流波形，设最大值均为I_m，试计算各图中的电流平均值、有效值和波形系数。

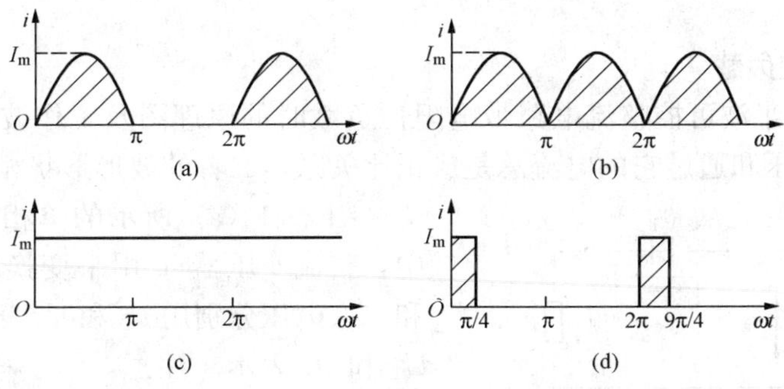

图1-33 题1-6图

1-7 双向晶闸管额定电流的定义和普通晶闸管（KP系列）额定电流的定义有何不同？两只反并联连接的额定电流为100A的普通晶闸管可以用额定电流多大的双向晶闸管代替？

1-8 双向晶闸管有哪几种触发方式？一般选用哪几种？

1-9 可关断晶闸管GTO和普通晶闸管同为PNPN结构，为什么GTO能够自关断，而普通晶闸管不能？

1-10 说明GTO门极控制电路的基本结构。其关断控制受到哪些电路参数的影响？

1-11 什么是GTO的关断损耗？过大的关断损耗对GTO会产生什么影响？如何减少关断损耗？

1-12 试说明GTR、GTO、MOSFET和IGBT各自的优缺点。

第 2 章

单相可控整流电路

将交流电转变为大小可控的脉动直流电的过程称为可控整流。可以实现可控整流功能的电路称为可控整流电路。

单相可控整流电路按接线形式主要分为单相半波、单相桥式两种。不同的电路具有不同的整流特性和不同的应用领域。在实际应用中，整流电源的负载又有电阻、电感以及反电势等不同性质。负载性质不同，对整流电源的要求和影响也不同。

本章我们学习最常用的几种单相可控整流电路，主要分析基本工作原理，给出一些数值计算关系，最后总结各种整流电路的特点和适用范围，以及负载性质对整流电路的影响。

2.1 单相半波可控整流电路

2.1.1 电阻性负载

图 2-1 是单相半波可控整流电路带电阻性负载时的原理图及工作波形。电阻性负载的特点是：两端的电压和通过它的电流总是成正比关系，二者的波形形状相同。

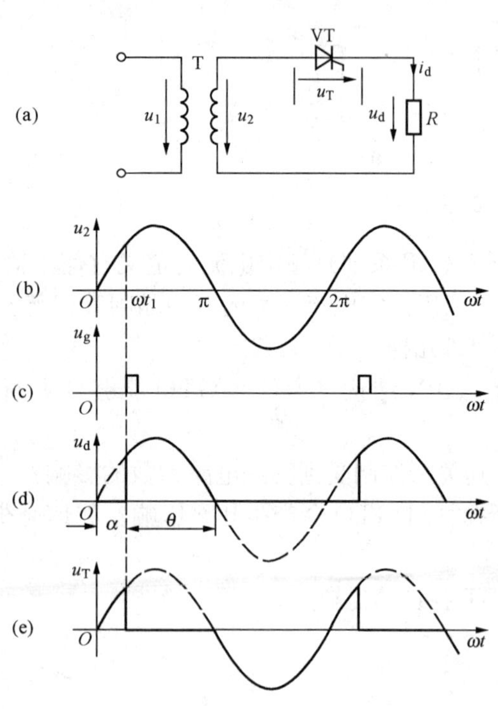

图 2-1 晶闸管单相半波可控整流电路及波形
(a) 单相半波可控整流电路；(b) u_2 波形；
(c) 触发脉冲；(d) u_d 波形；(e) u_T 波形

图 2-1 (a) 所示的单相半波可控整流电路中，整流变压器 T 用来变换电压。变压器一次和二次电压分别用 u_1 和 u_2 表示，有效值分别用 U_1 和 U_2 表示。注意，U_2 一般根据输出电压平均值 U_d 的需要来决定，R 是电路的负载电阻。

如图 2-1 (b) 所示，在电源 u_2 的正半周，晶闸管 VT 承受正向电压。在被触发导通前，晶闸管处于正向阻断状态，电源电压全部加在晶闸管上，负载上的电压为零，流过负载的电流也为零。

如果在 ωt_1 时刻向晶闸管门极施加一触发脉冲，如图 2-1 (c) 所示，晶闸管会立即导通，负载电阻上便有电流流过。此时，如果忽略晶闸管的正向压降（约 1V)，则电阻上变化的直流电压波形 u_d 应与交流电源电压波形 u_2 相同。晶闸管被触发导通后，门极失去控制作用，故门极触发信号只需一脉冲电压即可。晶闸管在电源电压正半周经触发后一直导通，直到 $\omega t=\pi$（即 u_2 降至零）时，晶闸管中流过的电流降到维持电流以下而关断，此时电阻上的电流和电压全部消失。

在 u_2 的负半周内，晶闸管因承受反向电压而不能导通，输出电压 u_d 始终为零，没有输出波形。直到第二个周期相当于 ωt_1 时刻再施加触发脉冲，晶闸管再次导通。如此不断循环，负载上的电压波形如图 2-1（d）所示。

负载上的脉动直流电流 i_d 的瞬时值由欧姆定律决定，即 $i_d=\frac{u_d}{R}$，它的波形变化规律是与 u_d 相同的。如果改变晶闸管触发的时刻，u_d 和 i_d 的波形也就跟着发生变化。因此，经过晶闸管以后的输出电压是极性不变但幅值变化的脉动直流电压，它的输出波形只在电源电压的正半周内出现，故称单相半波可控整流电路。

晶闸管本身承受的电压 u_T 的波形如图 2-1（e）所示。在导通期间，我们忽略了晶闸管的正向压降，所以 $u_T=0$。在其余不导通时间内，它承受全部电源电压。

从晶闸管开始承受正向电压起到触发导通为止所对应的电角度称为控制角 α（$0°\sim\omega t_1$），晶闸管导通后对应的电角度称为导通角 θ（$\omega t_1\sim\pi$），故 $\theta=\pi-\alpha$。整流电路输出的平均电压为

$$U_d=\frac{1}{2\pi}\int_{\alpha}^{\pi}\sqrt{2}U_2\sin\omega t\,\mathrm{d}(\omega t)=\frac{\sqrt{2}U_2}{2\pi}(1+\cos\alpha)=0.45U_2\frac{1+\cos\alpha}{2} \tag{2-1}$$

可见，U_d 是 α 角的函数，即只要改变 α，就可以控制改变 U_d。控制角 α 越小，U_d 就越大，当 $\alpha=0°$时，晶闸管全导通，相当于二极管整流，输出为最大，即 $U_{do}=0.45U_2$。而当 $\alpha=180°$时，整流输出电压为零。

可以看出，只要改变控制角 α，即可改变整流输出电压的平均值，达到可控整流的目的。整流输出电压的平均值从最大值变化到零时所对应的 α 的变化范围，称为移相范围。显然，图 2-1 所示电路的移相范围为 π。这种通过控制触发脉冲的相位来控制直流输出电压大小的方式，称为相控方式。

应该指出，上述相位控制的方法只能是滞后触发，即使是电阻负载，对交流电源来说，变压器二次电流 i_2 总是要滞后于电压 u_2 变化的，相当于一个感性负载吸取滞后的无功电流。显然 α 角越大，i_2 滞后于 u_2 的角度就越大，其功率因数 $\cos\varphi$ 就越低。

2.1.2　电感性负载

实际应用的负载常常是电感性负载。感性负载可等效为电感与电阻的串联。由于电感对电流变化的阻碍作用，电流不能突变，其工作情况与电阻负载时有所不同。

图 2-2 所示为感性负载时，单相半波可控整流电路及其波形。

负载的感抗 ωL 与电阻 R 的数值相比不可忽略时称为感性负载。由于电感对电流变化有抗拒作用，因而感性负载中的电流是不能突变的。当流过感性负载的电流变化时，其两端会产生一个感应电动势 $L\mathrm{d}i/\mathrm{d}t$，它产生的极性是阻止电流变化的。当电流增加时，电动势的方向阻止电流增加，与电流方向相反；当电流减小时，它阻止电流减小，与电流方向相同。

当电源电压 u_2 在正半周期中的 ωt_1 时刻触发晶闸管时，在负载侧就立即出现直流电压 u_d。如果负载中没有电感 L，负载电流 i_d 会立即上升到 u_d/R。现在由于有了电感 L，i_d 只能从零逐步增加，如图 2-2（e）所示。i_d 在增加的过程中，电感 L 的自感电动势的极性为上正下负，力图阻止电流增加。显然，此时交流电源除供给电阻 R 所消耗的能量外，还要供给电感 L 所吸收的磁场能量。当 u_2 过零变负时，电流 i_d 已处于逐步减小的过程中，在电

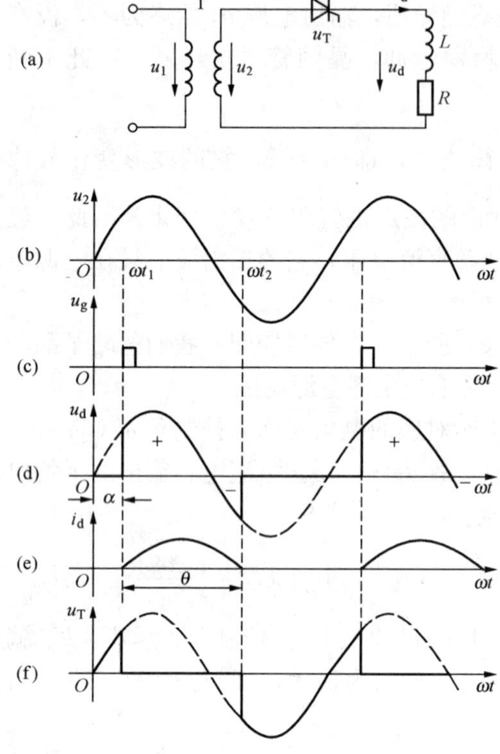

图 2-2 感性负载单相半波可控整流电路及波形

(a) 感性负载单相半波可控整流电路；(b) u_2 波形；(c) u_g 波形；(d) u_d 波形；(e) i_d 波形；(f) u_T 波形

感 L 两端会感应出一个上负下正的电动势，力图阻止电流 i_d 的减小。只要这个感应电动势比 u_2 值大，晶闸管上仍要承受正向电压，继续维持导通。

注意，当 u_2 过零变负时，电感 L 放出先前储藏的能量，它除供给电阻 R 消耗外，还要供给变压器二次绕组吸收的能量，并通过一次绕组把能量反送回电网。直到电感 L 中的电流降为零时为止，L 中的磁场能量释放完毕，晶闸管立即关断（相当于 ωt_2 时），开始承受反向电压，如图 2-2（f）所示。从图中我们还可看出，由于存在电感，延迟了晶闸管关断的时间，使 u_d 波形上出现负值，因而使输出直流电压的平均值要下降。

对于不同的控制角 α，不同的负载阻抗角 $\varphi=\arctan\frac{\omega L}{R}$，晶闸管的导通角 θ 也不同。就参量 α 而言，α 越大，在正半周时的 L 中储藏的能量就越少，维持导电的能力就越差，负载电流也越小。就参数 φ 而言，当 φ 越大，即储藏的能量越大时，θ 值也将越大。

当 R 为一定值，L 越大，u_2 进入负半周后 L 维持晶闸管导通的时间就越长，这样造成 u_d 波形中负值部分占的比例就越大，U_d 值也就越小。当 $\omega L \gg R$ 时，U_d 波形中的负面积接近正面积，$U_d \approx 0$，此时，输出的直流平均电流 I_d 也很小。

为了解决大电感负载时的上述矛盾，可在整流电路的负载两端并联一个硅整流二极管，称为续流二极管 VDR，如图 2-3 所示。

当电源电压过零变负后，电感 L 的感应电动势可经续流二极管使负载电流继续流通（不再经变压器）。如忽略二极管的正向压降，则此时 $u_d=0$，u_d 中不再出现负电压。在续流期间，晶闸管承受电源反向电压而关断。

从图 2-3（c）可以看出，加了续流二极管以后，输出直流电压 u_d 的波形与电阻性负载时一样。但是 i_d 的波形大不相同，因为电感很大，流过负载的电流不但连续而且基本上维持不变，电感越大，电流波形越接近于一条水平线，如图 2-3（d）中的电流 i_d 波形。此电流由晶闸管 VT 和二极管 VDR 分担，在晶闸管导通期间，从晶闸管流过，在晶闸管关断期间，则从续流二极管中流过，如图 2-3（e）和（f）所示。如果晶闸管的控制角是 α，则其导通角为 $\pi-\alpha$。流过晶闸管的平均电流 I_{dT} 可表示为

$$I_{dT}=\frac{\pi-\alpha}{2\pi}I_d \tag{2-2}$$

而续流二极管的导通角是 $\pi+\alpha$，流过它的平均电流 I_{dDR} 则为

$$I_{dDR}=\frac{\pi+\alpha}{2\pi}I_d \tag{2-3}$$

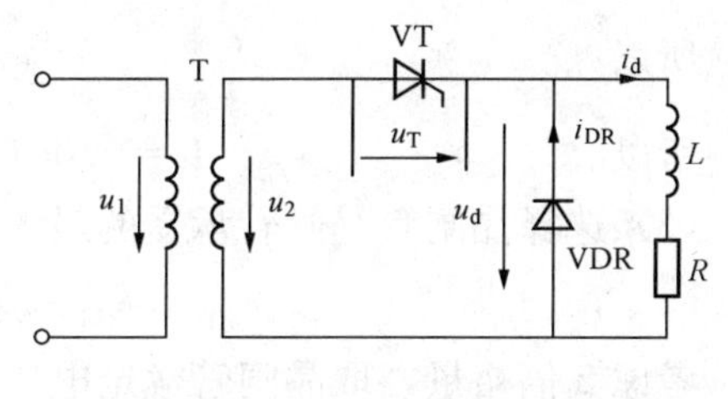

因此，流过晶闸管的电流有效值 I_T 为

$$I_T=\sqrt{\frac{1}{2\pi}\int_\alpha^\pi I_d^2\mathrm{d}(\omega t)}=I_d\sqrt{\frac{\pi-\alpha}{2\pi}} \tag{2-4}$$

流过续流二极管的电流有效值 I_{DR} 为

$$I_{DR}=\sqrt{\frac{1}{2\pi}\int_0^{\pi+\alpha} I_d^2\mathrm{d}(\omega t)}=I_d\sqrt{\frac{\pi+\alpha}{2\pi}} \tag{2-5}$$

晶闸管和续流二极管承受的最大正、反向电压都是 $\sqrt{2}U_2$。晶闸管的最大移相范围是 0°～180°。

当可控整流电路中接有大电感负载时，对触发脉冲的宽度是有要求的，即在一定宽度脉冲内，保证晶闸管电流上升到所谓的擎住电流值之后，即使脉冲消失，晶闸管仍能维持导通。

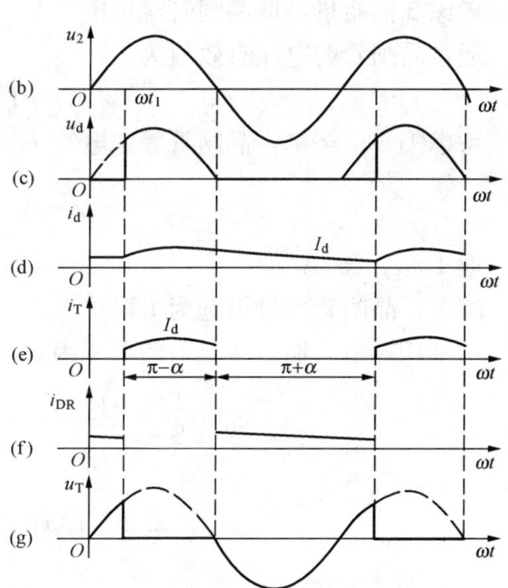

图 2-3　大电感性负载、有续流二极管的电路及波形

(a) 电路；(b) u_2 波形；(c) u_d 波形；(d) i_d 波形；(e) i_T 波形；(f) i_{DR} 波形；(g) u_T 波形

单相半波可控整流电路的特点是简单、易调整，但输出电流脉动大，变压器二次绕组中通过含直流分量的电流，易造成铁心的直流磁化，变压器容量不能得到充分利用。单相半波相控整流电路只适用于小容量、波形要求不高的场合。

例 2-1　单相半波可控整流电路，带电阻性负载，由 220V 交流电源直接供电。负载要求的最高平均电压为 60V，相应平均电流为 20A，试选择晶闸管元件，并计算在最大输出情况下的功率因数。

解　(1) 求最大输出时的控制角 α。

由带电阻性负载的单相半波可控整流电路的计算公式 (2-1)

$$U_d=0.45U_2\frac{1+\cos\alpha}{2}$$

得 $\cos\alpha=2U_d/0.45U_2-1=2\times60/0.45\times60-1=0.212$

得 $\alpha=\arccos0.212=77.8°$

(2) 求变压器二次电流有效值 I_2。

单相半波整流电路带电阻性负载时，变压器二次侧电流波形与输出电流波形相同，因此

$$I_2=I=\frac{U_2}{R}=\sqrt{\frac{\sin2\alpha}{4\pi}+\frac{\pi-\alpha}{2\pi}}$$

输出电流平均值为

$$I_d=I=\frac{U_d}{R}=\frac{\sqrt{2}}{\pi}U_2\frac{1+\cos\alpha}{2}$$

所以 $$\frac{I_2}{I_d}=2.06$$

所以 $$I_2=2.06I_d=2.06\times20=41.2\ (\text{A})$$

(3) 选择晶闸管晶闸管承受的最大正反向峰值电压。

$$U_{TM}=\sqrt{2}U_2=\sqrt{2}\times220=311\text{V}$$

考虑 2 倍裕量，取晶闸管额定电压 $U_{Te}=700\text{V}$

通过晶闸管的电流有效值为

$$I_T=I=I_2=41.2\text{A}$$

考虑 1.5 倍裕量，晶闸管额定电流 $I_{T(AV)}$ 可按下式计算

$$I_{T(AV)}\geqslant1.5\frac{I_{Te}}{1.57}\text{A}=39.4\text{A}$$

取 $I_{T(AV)}=50\text{A}$

综上，晶闸管型号可选为 KP50—7。

(4) 计算最大输出情况下的功率因数。

$$\cos\varphi=\frac{P}{S}=\frac{I^2R}{U_2I_2}=\frac{IR}{U_2}=\sqrt{\frac{\sin2\alpha}{4\pi}+\frac{\pi-\alpha}{2\pi}}=0.56$$

2.2 单相全控桥式整流电路

单相半波可控整流电路性能较差，实际中应用较少。在中小功率场合应用较多的是单相桥式相控整流电路。在单相桥式二极管整流电路中，把 4 个整流管都换成晶闸管，就组成了单相全控桥式整流电路。下面就不同的负载情况，分析单相全控桥式整流电路的工作原理。

2.2.1 电阻性负载

单相全控桥式整流电路如图 2-4 (a) 所示。晶闸管 VT1 和 VT4 组成一对桥臂，晶闸管 VT2 和 VT3 组成另一对桥臂。

当交流电源电压进入正半周时（即 a 端为正，b 端为负），a 点电位高于 b 点电位，两个晶闸管 VT1、VT4 同时承受正向电压。如果此时门极无触发信号，则两个晶闸管处于正向阻断状态，电源电压 u_2 将全部加在 VT1、VT4 上，两个晶闸管各自承受电源电压 u_2 的一半，负载电压 U_d 为零。

当 $\omega t=\alpha$ 时，给 VT1 和 VT4 同时施加触发脉冲，VT1 和 VT4 即导通，这时电流从电源 a 端经 VT1、R、VT4 流回电源 b 端。这期间 VT2 和 VT3 均承受反向电压而截止。当电源电压过零时，电流也降到零，VT1 和 VT4 即关断。

在 u_2 的负半周，b 点电位高于 a 点电位，晶闸管 VT2 和 VT3 同时承受正向电压。

当 $\omega t=\pi+\alpha$ 时，同时触发晶闸管 VT2 和 VT3，则 VT2 和 VT3 导通，电流从电源 b 端经 VT3、R、VT2 流回电源 a 端。到一周期结束时电压过零，电流亦降至零，VT2 和 VT3 关断。在负半周，VT1 和 VT4 均承受反向电压而截止。很显然，上述两组触发脉冲在相位上应相差 180°。以后又是 VT1 和 VT4 导通，如此循环工作下去。

由于负载在两个半波中都有电流通过，属全波整流。一个周期内整流电压脉动 2 次，

脉动程度比半波时要小。变压器二次绕组中，两个半周期的电流方向相反且波形对称，如图2-4（d）所示，因此不存在半波整流电路中的直流磁化问题，变压器绕组的利用率也高。

图2-4（b）所示为输出电压、电流波形；图2-4（c）所示为晶闸管上承受电压的电压波形。可以看出，当一对桥臂上的晶闸管导通时，电源电压 u_2 直接加在另一对晶闸管的两端，因此晶闸管承受的最大反向电压为$\sqrt{2}U_2$。至于承受的正向电压，在晶闸管均不导通时，假设其漏电阻都相等，则其最大值为$\sqrt{2}U_2/2$。

整流输出电压的平均值为

$$U_d=\frac{1}{\pi}\int_{\alpha}^{\pi}\sqrt{2}U_2\sin\omega t\,d(\omega t)$$
$$=\frac{2\sqrt{2}U_2}{\pi}\times\frac{1+\cos\alpha}{2}$$
$$=0.9U_2\frac{1+\cos\alpha}{2} \qquad (2-6)$$

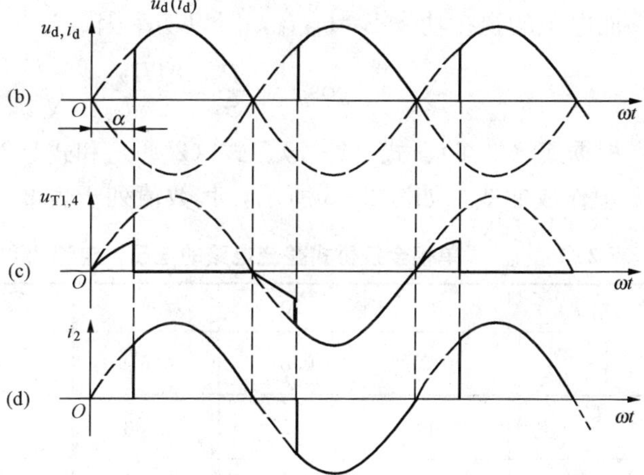

图2-4　阻性负载时，单相全控桥式整流电路及波形

(a) 电路；(b) u_d、i_d 波形；(c) $u_{T1.4}$波形；(d) i_2 波形

它是半波电路输出电压的2倍。当 $\alpha=0°$时，相当于不可控桥式整流，此时输出电压最大，即$U_{do}=0.9U_2$；当$\alpha=180°$时，输出电压为零。故晶闸管可控移相范围为0°～180°。

在负载上，输出直流电流的平均值为

$$I_d=\frac{U_d}{R}=\frac{2\sqrt{2}U_2}{\pi R}\times\frac{1+\cos\alpha}{2}=0.9\frac{U_2}{R}\left(\frac{1+\cos\alpha}{2}\right) \qquad (2-7)$$

由于晶闸管VT1、VT4和VT2、VT3在电路中是轮流导电的，所以流过每个晶闸管的平均电流只有负载上平均电流的一半，即

$$I_{dT}=\frac{1}{2}I_d=0.45\frac{U_2}{R}\left(\frac{1+\cos\alpha}{2}\right) \qquad (2-8)$$

在选择晶闸管及导线截面积时，要考虑发热问题，应根据电流的有效值进行计算。负载电流的有效值，即变压器二次绕组电流的有效值 I_2，其值为

$$I_2=\sqrt{\frac{1}{\pi}\int_{\alpha}^{\pi}\left(\frac{\sqrt{2}U_2\sin\omega t}{R}\right)^2 d(\omega t)}=\frac{U_d}{R}\sqrt{\frac{1}{2\pi}\sin2\alpha+\frac{\pi-\alpha}{\pi}} \qquad (2-9)$$

流过晶闸管的电流有效值为

$$I_T=\sqrt{\frac{1}{2\pi}\int_{\alpha}^{\pi}\left(\frac{\sqrt{2}U_2\sin\omega t}{R}\right)^2 d(\omega t)}=\frac{U_d}{\sqrt{2}R}\sqrt{\frac{1}{2\pi}\sin2\alpha+\frac{\pi-\alpha}{\pi}}=\frac{1}{\sqrt{2}}I_2 \qquad (2-10)$$

这是因为在一个周期内，每一桥臂的晶闸管只导通一次。

对于整流电路，通常要考虑功率因数和对电源要求的伏安容量等问题。当忽略晶闸管的损耗时，电源供给的有功功率为

$$P = I_2^2 R = UI_2 \tag{2-11}$$

式中，U 为负载 R 上的电压有效值，其值为

$$U = \sqrt{\frac{1}{\pi}\int_{\alpha}^{\pi}(\sqrt{2}U_2\sin\omega t)^2\mathrm{d}(\omega t)} = U_2\sqrt{\frac{1}{2\pi}\sin2\alpha + \frac{\pi-\alpha}{\pi}} \tag{2-12}$$

而电源的视在功率 $S=U_2I_2$，所以功率因数为

$$\cos\varphi = \frac{P}{S} = \frac{UI_2}{U_2I_2} = \sqrt{\frac{1}{2\pi}\sin2\alpha + \frac{\pi-\alpha}{\pi}} \tag{2-13}$$

根据式（2-6）、式（2-7）、式（2-9）和式（2-13），将不同 α 时的 U_d/U_2、I_2/I_d 和 $\cos\varphi$ 值作成曲线，如图 2-5 所示，其数值列于表 2-1 中。

表 2-1　单相全控桥式整流电路的电压、电流比和功率因数与控制角的关系

控制角 α（°）	0	30	60	90	120	150	180
$\frac{U_d}{U_2}$	0.9	0.84	0.676	0.45	0.226	0.06	0
$\frac{I_d}{I_2}$	1.11	1.17	1.33	1.57	1.97	2.82	—
$\cos\varphi$	1	0.987	0.898	0.707	0.427	0.170	0

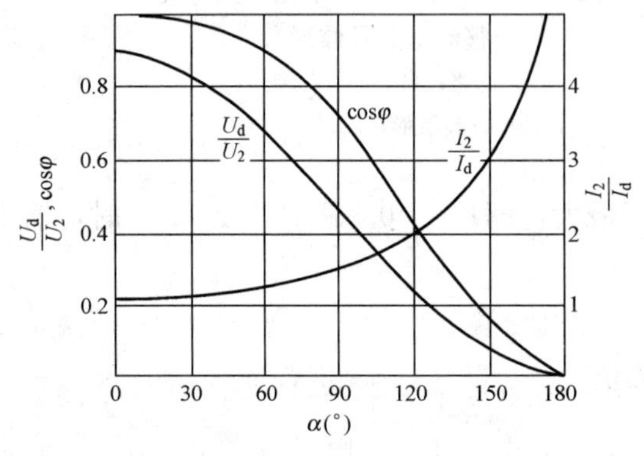

图 2-5　全控桥式整流的电压、电流比和功率因数与控制角的关系

由图 2-5 所示的曲线和表 2-1 可以看出，对于一定的负载功率，尽管其 I_d 是同一值，但 α 角不同，将使 I_2、I_T 及 $\cos\varphi$ 的值有很大差别。随着控制角 α 的增大，将使整流变压器的伏安容量和晶闸管的电流额定值显著增大。在电路设计选择变压器二次电压值时，应在满足负载电压的要求下尽量取较小的值，以免控制角 α 过大。

2.2.2　电感性负载

电感性负载的单相全控桥式整流电路如图 2-6（a）所示。假设电感很大，电流连续，且其波形为一水平线。为了讨论方便，分析电路工作情况时，假定电路已进入稳态，电流波形已经形成。

当 u_2 为正半周期时，在控制角为 α 时给晶闸管 VT1 和 VT4 加上触发脉冲，两管导通，导通后 $u_d=u_2$。由于电感中的电流不能突变，电感起平波作用，便有方波电流通过负载。当 u_2 过零极性变负时，因电感上产生感应电动势使 VT1 和 VT4 仍承受正压而继续导通，因而 u_d 波形中出现负值部分。此时晶闸管 VT2 和 VT3 虽都承受正压，但由于触发脉冲未到，故不能导通。至 $\omega t=\pi+\alpha$ 时，VT2 和 VT3 触发导通，VT1 和 VT4 立即承受反压而关断，负载电流从 VT1、VT4 上转移到 VT2 和 VT3 上，这个过程叫换相。到第二个周期重复上述过程，如此循环下去，其波形如图 2-6（b）所示。

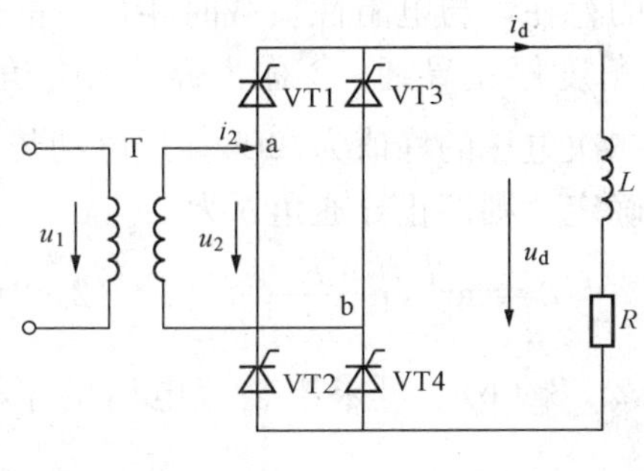

(a)

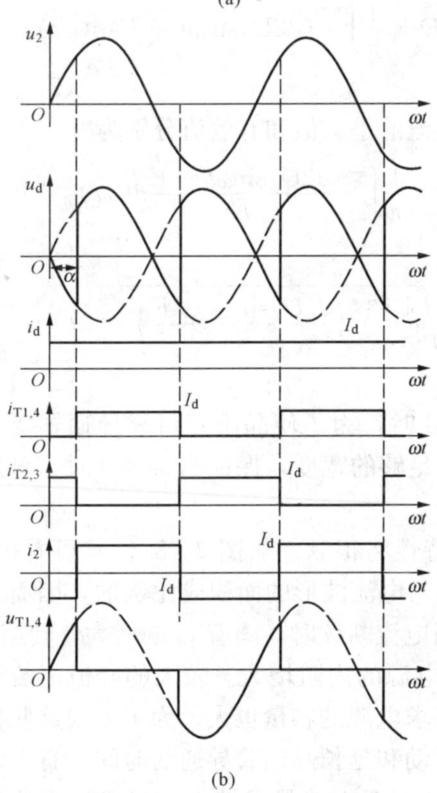

(b)

图 2-6　感性负载时的单相全控桥式整流电路与波形

(a) 电路；(b) 波形

负载电流连续时，整流电压平均值的计算式为

$$U_d = \frac{1}{\pi}\int_{\alpha}^{\pi+\alpha}\sqrt{2}U_2\sin\omega t\,d(\omega t) = \frac{2\sqrt{2}}{\pi}U_2\cos\alpha = 0.9U_2\cos\alpha \quad (2-14)$$

当电感很大时，输出电流波形因电感的平波效果很好而呈一条水平线。两组晶闸管轮流导电，一个周期中各导电 180°，且与 α 无关，变压器二次绕组中的电流 i_2 的波形是对称的正负方波。在这种情况下：

当 $\alpha=0°$ 时，$U_{d0}=0.9U_2$；$\alpha=90°$ 时，$U_d=0$。其移相范围为 0°～90°。晶闸管承受的最大正反向电压都是 $\sqrt{2}U_2$。

若当负载回路中的电感量不够大时，电感中储藏的能量不足以维持电流导通到 $\pi+\alpha$，负载电流将不连续，其波形如图 2-7 所示。

当电流不连续时，输出电压的平均值为

$$U_d = \frac{1}{\pi}\int_{\alpha}^{\alpha+\theta}\sqrt{2}U_2\sin\omega t\,d(\omega t) = \frac{\sqrt{2}U_2}{\pi}[\cos\alpha - \cos(\alpha+\theta)] \quad (2-15)$$

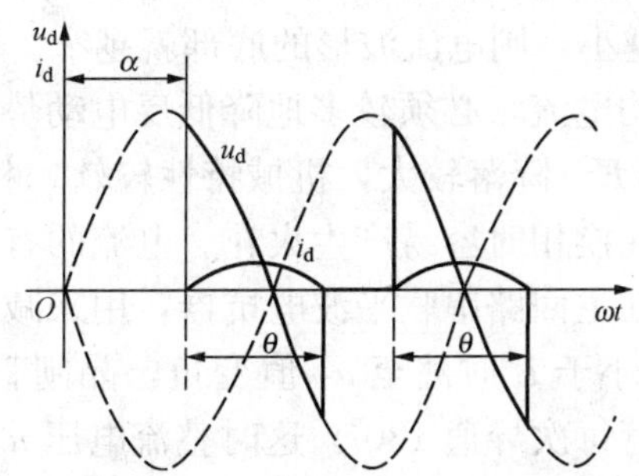

图 2-7　电感较小时整流电压和电流波形

2.2.3　反电动势负载

当整流电路带蓄电池、直流电动机等工作时，整流电路的负载相当于反电动势负载，如图 2-8 (a) 所示。带反电动势负载的单相桥式全控整流电路及其工作波形如图 2-8 (b) 所示。

当忽略主回路中的电感时，只有在整流输出电压大于反电动势时才有电流输出，因而晶闸管导电的时间缩短了，如果要求相同的负载平均电流，就必须有较大的整流峰值电流，因而电流的有效值要比平均值大得多。再看整流电压波形，晶闸管导通时，$u_d=u_2$，当晶闸管关断时，$u_d=E$，因此在相同 α 角下，整流电压比电阻性负载时大。从图 2-8 可以发现，由

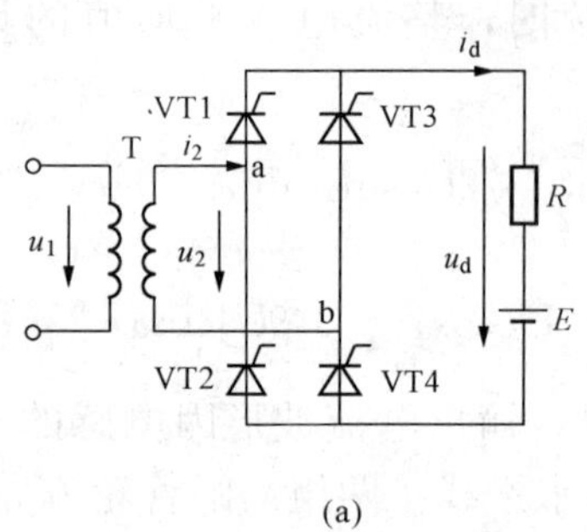

(a)

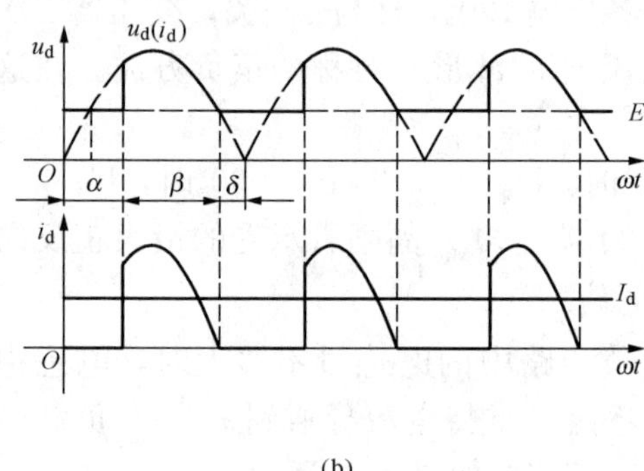

(b)

图 2-8　单相全控桥式整流电路接反电动势负载时的电路及其波形

(a) 电路；(b) 波形

于反电动势的存在，与电阻性负载时相比，晶闸管提前 δ 电角度停止导通，δ 称为停止导通角。如果变压器二次电压的峰值为$\sqrt{2}U_2$，反电动势 E 的大小也已确定，则停止导通角 δ 为

$$\delta=\arcsin\frac{E}{\sqrt{2}U_2} \tag{2-16}$$

根据图 2-8（b），可求出整流电压的平均值为

$$U_d=E+\frac{1}{\pi}\int_{\alpha}^{\pi-\delta}(\sqrt{2}U_2\sin\omega t-E)\mathrm{d}(\omega t) \tag{2-17}$$

负载电流的平均值和有效值分别为

$$I_d=\frac{1}{\pi}\int_{\alpha}^{\pi-\delta}\frac{\sqrt{2}U_2\sin\omega t-E}{R}\mathrm{d}(\omega t) \tag{2-18}$$

$$I=\sqrt{\frac{1}{\pi}\int_{\alpha}^{\pi-\delta}\left(\frac{\sqrt{2}U_2\sin\omega t-E}{R}\right)^2\mathrm{d}(\omega t)} \tag{2-19}$$

当 $\alpha<\delta$ 时，为了使晶闸管可靠导通，要求触发脉冲有足够的宽度，保证当 $\omega t=\delta$ 时，触发脉冲仍然存在。

如果负载是直流电动机，由于电流断续，其机械特性将很软。从图 2-8（b）可看出，导通角 θ 越小，则电流波形的底部就越窄。平均电流是与电流波形的面积成比例的，因而为了增大平均电流，必须较多地降低反电动势。因此，当电流断续时，随着 I_d 的增大，转速 n（反电动势 E）降落较大，机械特性较软，相当于整流电源的内阻增大。较大的峰值电流会使电动机在换相时容易产生火花。电流的有效值大，要求电源的容量也大。为了克服这些缺点，一般在主回路串联平波电抗器，用来减少电流的脉动和延长晶闸管导通的时间。有了电感，当 u_2 小于 E 时甚至 u_2 值变负，晶闸管仍可导通。只要电感量足够大，就能使电流连续，晶闸管每次导通 180°，这时整流电压 u_d 的波形和负载电流 i_d 的波形与电感性负载电流连续时的波形相同，U_d 的计算公式也一样。

以下就电动机负载串一平波电抗器 L，即 R、L、E 负载来分析电路的工作情况。为了保证电动机在低速轻载时电流还能连续，给出临界的 u_d 和 i_d 波形，如图 2-9 所示。

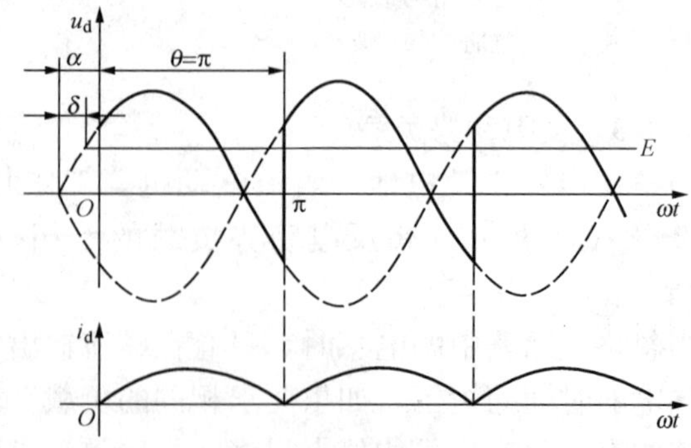

图 2-9　反电动势负载串电抗器后的电压、电流波形

分析的过程中主要考虑导通角 θ，当晶闸管导通时，可写出负载电流的回路电压方程式为

$$L\frac{\mathrm{d}i}{\mathrm{d}t}+Ri_{\mathrm{d}}=\sqrt{2}U_2\sin(\omega t+\alpha)-E \tag{2-20}$$

为了避免繁琐的计算，当电流连续时，可忽略主回路的电阻 R，在工程上是容许的。此时因为有 $U_{\mathrm{d}}-I_{\mathrm{d}}R=E$，所以有 $E=U_{\mathrm{d}}=\frac{2\sqrt{2}U_2}{\pi}\cos\alpha$。这样，式（2-20）可改写为

$$\left.\begin{aligned}L\frac{\mathrm{d}i_{\mathrm{d}}}{\mathrm{d}t}&=\sqrt{2}U_2\sin(\omega t+\alpha)-\frac{2\sqrt{2}U_2}{\pi}\cos\alpha\\ \mathrm{d}i_{\mathrm{d}}&=\frac{1}{\omega L}\left[\sqrt{2}U_2\sin(\omega t+\alpha)-\frac{2\sqrt{2}U_2}{\pi}\cos\alpha\right]\mathrm{d}(\omega t)\\ i_{\mathrm{d}}&=\int_0^{\omega t}\mathrm{d}i_{\mathrm{d}}=\frac{1}{\omega L}\int_0^{\omega t}\left[\sqrt{2}U_2\sin(\omega t+\alpha)-\frac{2\sqrt{2}U_2}{\pi}\cos\alpha\right]\mathrm{d}(\omega t)\\ &=\frac{\sqrt{2}U_2}{\omega L}\left[\cos\alpha-\cos(\omega t+\alpha)-\frac{2\omega t}{\pi}\cos\alpha\right]\end{aligned}\right\} \tag{2-21}$$

在给定电感量 L 的情况下，如果负载电流连续，则其平均最小值 I_{dmin} 的计算式为

$$\begin{aligned}I_{\mathrm{dmin}}&=\frac{1}{\pi}\int_0^{\pi}i_{\mathrm{d}}(\omega t)\mathrm{d}(\omega t)=\frac{\sqrt{2}U_2}{\pi\omega L}\int_0^{\omega t}\left[\cos\alpha-\cos(\omega t+\alpha)-\frac{2\omega t}{\pi}\cos\alpha\right]\mathrm{d}(\omega t)\\ &=\frac{\sqrt{2}U_2}{\pi\omega L}\times 2\sin\alpha=\frac{2\sqrt{2}U_2}{\pi\omega L}\sin\alpha\end{aligned} \tag{2-22}$$

它是 α 的函数，当 $\alpha=90°$ 时，其值最大。通常可以给定最小电流值（约为额定值的5%），反过来求保证电流连续需要的电感量，即

$$L=\frac{2\sqrt{2}U_2\sin\alpha}{\pi\omega I_{\mathrm{dmin}}}=\frac{2\sqrt{2}U_2}{\pi\omega I_{\mathrm{dmin}}}=2.87\times10^{-3}\times\frac{U_2}{I_{\mathrm{dmin}}} \tag{2-23}$$

式中：U_2 的单位为 V；I_{dmin} 的单位为 A；ω 是工频角速度；L 的单位为 H。

从推导结果可看出，L 即为主回路总电感量。

例 2-2　单相桥式全控整流电路，$U_2=100\mathrm{V}$，负载中 $R=2\Omega$，L 值极大，反电动势 $E=60\mathrm{V}$，当 $\alpha=30°$ 时，要求：

（1）整流输出平均电压 U_{d}、电流 I_{d}；

（2）变压器二次侧电流有效值 I_2，并考虑安全裕量，确定晶闸管的额定电压和额定电流。

解　（1）整流输出平均电压 U_{d}、电流 I_{d}，变压器二次侧电流有效值 I_2 分别为

$$U_{\mathrm{d}}=0.9U_2\cos\alpha=0.9\times100\times\cos30°=77.97\ (\mathrm{A})$$

$$I_{\mathrm{d}}=(U_{\mathrm{d}}-E)/R=(77.97-60)/2=9\ (\mathrm{A})$$

$$I_2=I_{\mathrm{d}}=9\mathrm{A}$$

（2）晶闸管承受的最大反向电压为

$$\sqrt{2}U_2=100\sqrt{2}=141.4\ (\mathrm{V})$$

流过每个晶闸管的电流有效值为

$$I_{\mathrm{T}}=I_{\mathrm{d}}/2=4.5\ (\mathrm{A})$$

故晶闸管的额定电压为

$$U_{\mathrm{Te}}=(2\sim3)\times141.4=283\sim424\ (\mathrm{V})$$

晶闸管的额定电流为

$$I_{T(AV)}=(1.5\sim2)\times4.5/1.57=4.3\sim5.7\ (A)$$

晶闸管额定电压和电流的具体数值可按晶闸管产品系列参数选取。

2.3 单相半控桥式整流电路

在单相全控桥式整流电路中，采用两个晶闸管同时导通来规定电流流通的路径。如果仅是用于整流工作状态，实际上每个支路只需一个晶闸管就能控制导通的时刻，另一个可采用硅整流管，用来限定电流的路径，这样线路更简单。把图 2-4（a）中的 VT2 和 VT4 换成硅整流管 VD2 和 VD4，便可组成如图 2-10 所示的阻性负载的单相半控桥式整流电路。

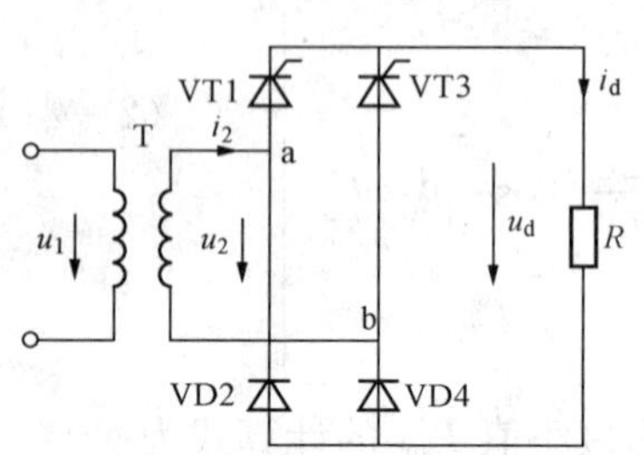

图 2-10 阻性负载的单相半控桥式整流电路

阻性负载情况下，单相半控桥式整流电路的工作情况与单相全控桥式整流电路的完全相同，其工作波形和电路参数的计算方法亦完全相同，在此不再讨论。本节重点讨论电感性负载和反电动势负载情况下的工作原理。

2.3.1 大电感负载

当负载电感 L 足够大（即 $\omega L\gg R$），使负载电流连续并保持恒值（波形为一水平直线），这种负载通常称为大电感负载，电路如图 2-11（a）所示。

我们先分析电路中无续流二极管 VDR 时的工作情况。当电源电压在正半周期，控制角为 α 时触发晶闸管 VT1 使其导通，电源经 VT1 和 VD4 向负载供电。当 u_2 下降到零并变负时，由于电感的作用，VT1 将继续导通，但此时 a 点电位比 b 点低，电流从 VD4 转换到 VD2，这样电流不再经过变压器绕组而由 VT1 和 VD2 续流。在此阶段，忽略元件的管压降，则 $u_d=0$，不像全控桥式电路那样出现负电压。

当 u_2 为负半周期，控制角为 α 时触发 VT3 使其导通，VT1 承受反向电压而关断，电源通过 VT3 和 VD2 又向负载供电。在 u_2 从负半周过零变正时，则 VD4 导通而 VD2 关断，电感通过 VT3、VD4 续流，u_d 也为零，如图 2-11（b）所示。以后 VT1 再触发重复上述过程。根据各器件的导通情况，可得输出电压 u_d 的波形，如图 2-11（c）所示。它与电阻性负载时的波形相同。因有大电感存在，输出电流波形基本上为一水平线，如图 2-11（d）所示。

由上述分析可知

$$U_d=\frac{1}{\pi}\int_{\alpha}^{\pi}\sqrt{2}U_2\sin\omega t\,d(\omega t)=\frac{2\sqrt{2}U_2}{\pi}\times\frac{1+\cos\alpha}{2}=0.9U_2\,\frac{1+\cos\alpha}{2}$$

可见在电感性负载时，上述主电路基本可以工作，特点是晶闸管在触发时换向，硅整流管则在电源电压过零时自然换向。但在实际运行中，当突然把控制角 α 增大到 180°或突然把触发电路切断时，会产生一个晶闸管直通而两个二极管轮流导通的异常现象，称为失控。例如当 VT1 导通时切断触发电路，则当 u_2 变负时，由于电感的作用，负载电流由 VT1 和 VD2 续流；当 u_2 又为正时，因 VT1 已经导通，所以电源又通过 VT1 和 VD4 向负载供电。此时输出电压 u_d 的波形相当于单相半波不可控整流时的波形。

为避免这种失控情况，可以在负载侧并联一个续流二极管 VDR，即将图 2-11（a）所示电路中的 VDR 接入，使负载电流通过 VDR 续流，而不再经 VT1 和 VD2，这样就可使晶闸管 VT1 恢复阻断能力。

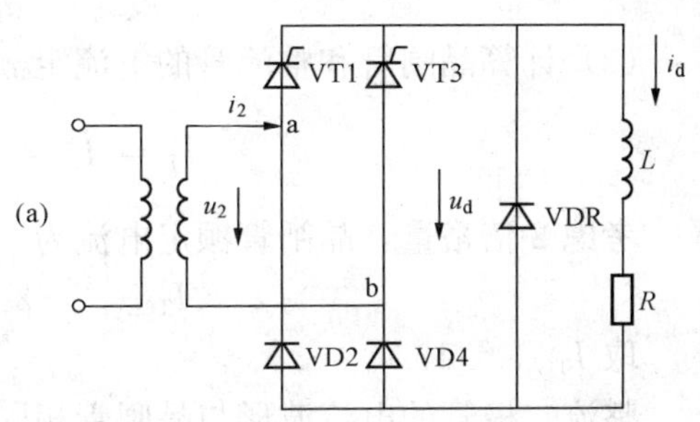

加了续流二极管后，图 2-11（a）所示电路的输出波形 u_d 不变，i_d 也不变，依然是条直线，其与不加续流二极管时的区别仅在于原先流经整流桥臂上器件的续流电流都转移到 VDR 上。各整流器件中流过的电流波形如图 2-11（e）、（f）和（g）所示；流过变压器绕组的电流 i_2 与无 VDR 时的 i_2 相同，如图 2-11（h）所示。在每个周期内，流过晶闸管 VT1、VT3 和二极管 VD2、VD4 的电流相同，其波形宽度都是 $\pi-\alpha$。

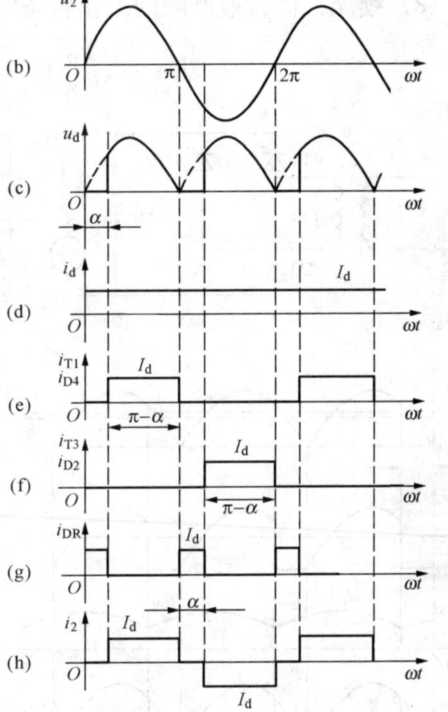

图 2-11　带有续流二极管的感性负载单相半控桥式整流电路及其波形

（a）电路；（b）u_2 波形；（c）u_d 波形；（d）i_d 波形；（e）i_{T1}、i_{D4} 波形；（f）i_{T2}、i_{D3} 波形；（g）i_{DR} 波形；（h）i_2 波形

如果负载平均电流为 I_d，则流过晶闸管和二极管的电流有效值为

$$I_T = I_D = \sqrt{\frac{\pi-\alpha}{2\pi}}I_d \qquad (2-24)$$

流过整流二极管的电流波形宽度为 α，每个周期出现 2 次，其电流有效值为

$$I_{DR} = \sqrt{\frac{\alpha}{\pi}}I_d \qquad (2-25)$$

变压器二次绕组电流有效值为

$$I_2 = \sqrt{\frac{\pi-\alpha}{\pi}}I_d \qquad (2-26)$$

例 2-3　带续流二极管的单相桥式半控整流电路，由 220V 电源经变压器供电，负载为大电感性。要求晶闸管最小控制角 $\alpha_{min}=30°$，直流电压范围是 15～60V，最大负载电流是 10A。试计算晶闸管、整流二极管和续流二极管的电流有效值及变压器容量。

解　（1）当输出电压 $U_d=60V$ 时，对应的控制角为 $\alpha_{min}=30°$，则由

$$U_d = \frac{1}{\pi}\int_{\alpha}^{\pi}\sqrt{2}U_2\sin\omega t\,d(\omega t) = \frac{2\sqrt{2}U_2}{\pi}\times\frac{1+\cos\alpha}{2} = 0.9U_2\frac{1+\cos\alpha}{2}$$

可得

$$U_2 = \frac{2U_d}{0.9(1+\cos 30°)} = 71.4(V)$$

当输出电压 $U_d=15V$ 时，对应控制角 α 为最大，其值为

$$\cos\alpha_{max} = \frac{2U_d}{0.9U_2} - 1 = -0.53$$

$$\alpha_{max}=122.3°$$

(2) 计算晶闸管和整流管的电流定额时需考虑最严重的工作状态，在 $\alpha_{min}=30°$时

$$I_T=I_D=\sqrt{\frac{\pi-\alpha}{2\pi}}I_d=6.45(A)$$

考虑 2 倍裕量，晶闸管额定电流为

$$I_{T(AV)}\geqslant 2\times I_T/1.57=8.2(A)$$

取 $I_{T(AV)}=10A$。

整流二极管的电流波形与晶闸管相同，因此整流管的额定电流与晶闸管的也相同。

(3) 续流二极管最严峻的工作状态对应 $\alpha_{max}=122.3°$的情况，此时

$$I_{DR}=\sqrt{\frac{\alpha}{\pi}}I_d=\sqrt{\frac{122.3}{180}}\times 10=8.24(A)$$

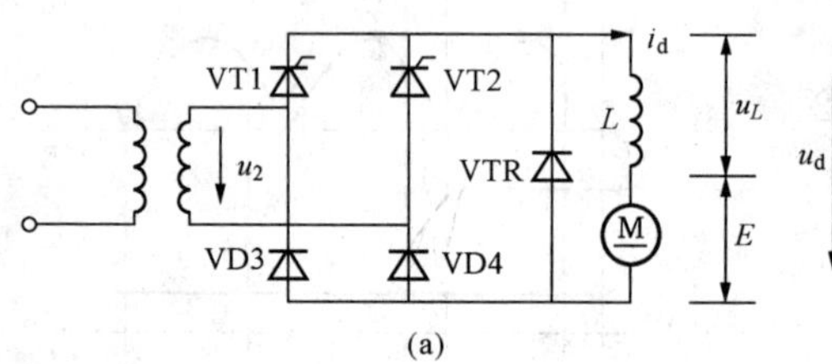

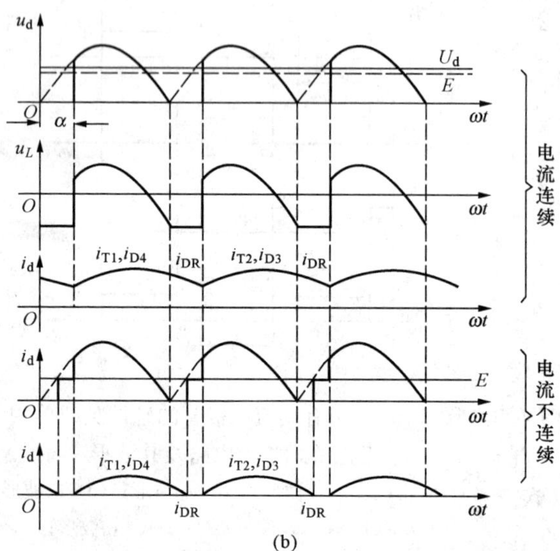

图 2-12 带有平波电抗器的反电动势负载单相半控桥式整流电路与波形

(a) 电路；(b) 波形

考虑 1.5 倍裕量，晶闸管额定电流为

$$I_{T(AV)}\geqslant 2\times I_{DR}/1.57=7.9(A)$$

取 $I_{DR(AV)}=10A$。

(4) 计算变压器容量。$\alpha_{min}=30°$时，变压器二次电流有效值为最大值

$$I_2=\sqrt{\frac{\pi-\alpha}{\pi}}I_d=9.13(A)$$

变压器容量为

$$S=U_2I_2=71.4\times 9.13=852(VA)$$

2.3.2 反电动势负载

图 2-12 (a) 所示电路是反电动势负载时单相半控桥式整流电路。为了减少电流的脉动和保证电流连续，电路串联了平波电抗器。为了防止电感性负载时半控桥式整流发生失控现象，并联了续流二极管。在给定的电抗器 L 值与 I_{dmin} 情况下，电流连续。当负载电流小于 I_{dmin} 时，电流断续。图 2-12 (b) 给出了电流连续和断续两种情况下的电压、电流波形。

电流波形可分为两部分：一部分是在 u_2 的作用下产生的；另一部分是经续流管放电而产生的直线形波形。据此用类似式 (2-23) 的方法可得出保证电流连续所需主回路电感的计算公式为

$$L=\frac{2\sqrt{2}U_2}{\pi\omega I_{dmin}}\left[\frac{\pi}{2}\cos\alpha+\sin\alpha+\frac{1}{2}(2\alpha-\pi)\right] \qquad (2-27)$$

式中：电感 L 的数值也是 α 的函数，可按 $\alpha\approx 30°$来计算 L 的极大值。I_{dmin}一般取电动机额定电流的 5%～10%。

式（2-27）计算所得的L值是主回路所需的总电感量，减去电动机的电枢电感量，就是保证电流连续所需串联平波电抗器的电感量。

本章小结

可控整流电路可以把交流电变换为大小可调的直流电，因此在生产中得到广泛应用。掌握常用的可控整流电路的电路形式、工作原理、特点和分析方法是本课程的重点，也是学习其他类型线路的基础。

单相可控整流电路根据其电路结构可分为许多形式，本章仅就常见的单相半波可控整流电路、单相全控桥式整流电路和单相半控桥式整流电路在阻性、感性负载和反电动势负载情况下的工作原理分别作了讨论和分析。

单相半波可控整流电路在阻性负载情况下，输出电压与电流波形相似，理论上触发信号移相范围可近似为0°～180°，其输出平均电压在0～$0.45U_2$范围内变化。在感性负载情况下，由于存在电感，延迟了晶闸管关断的时间，使u_d波形出现负值，因而使输出直流电压的平均值下降，这时可在电路中加续流二极管。加续流二极管后，感性负载上的输出电压波形与阻性负载的情况完全相同，输出电压计算方法也相同。但需要注意的是，这时感性负载下的输出电流波形近似为一直线。

单相全控桥式和半控桥式整流电路在阻性负载情况下的输出电压、电流波形大小完全一样，理论上触发信号移相范围可近似为0°～180°，其输出平均电压较单相半波可控整流电路大1倍，在0～$0.9U_2$范围内变化。在感性负载情况下，桥式可控整流电路移相范围将变为0°～90°，且由于电感作用，u_d波形会出现负值；而半控桥式整流电路更可能会因为电感续流而造成晶闸管不能关断的失控现象，需加续流二极管解决。在反电动势负载情况下，常在负载上串加平波电抗器以减少电流的脉动，并保证负载电流连续。若电感量为确定值，则存在一个最小输出平均电流值I_{dmin}，只有负载电流大于I_{dmin}时，负载电流才会连续。

单相可控整流电路具有线路简单、价格便宜、调整方便等特点，主要应用于小功率场合。

思考与练习题

2-1 某电阻负载要求0～24V直流电压，最大电流I_d=30A，采用单相半波可控整流电路，用220V交流直接供电或整流降压变压器U_2=60V供电，是否都能满足负载要求？试比较两种供电方案的晶闸管导通角、额定电压、额定电流、电源及变压器二次侧的功率因数，以及对电源容量的要求。

2-2 画出单相半波可控整流电路在α=60°时在如下5种情况下的u_d、i_d和u_T波形：

（1）电阻性负载；

（2）大电感负载不接续流管；

（3）大电感负载接续流管；

（4）反电动势负载不串入平波电抗器；

（5）反电动势负载串入平波电抗器且并接续流管。

2-3 由220V交流电网直接供电的单相全控桥式整流电路，大电感负载，电感内阻为4Ω，不接续流管。试画出$\alpha=60°$时u_d、i_T和u_T的波形，并计算U_d、I_{dT}及I_T的值。

2-4 单相半控桥式接续流管的可控整流电路，对直流电动机电枢供电，平波电抗器电感足够大，电枢回路内阻为0.2Ω，电源相电压为220V。试画出当$\alpha=90°$时，u_d、i_T、i_D和u_T的波形，并计算$\alpha=90°$、电枢电流为50A时的I_{dT}、I_T、I_{dD}、I_D及E值。

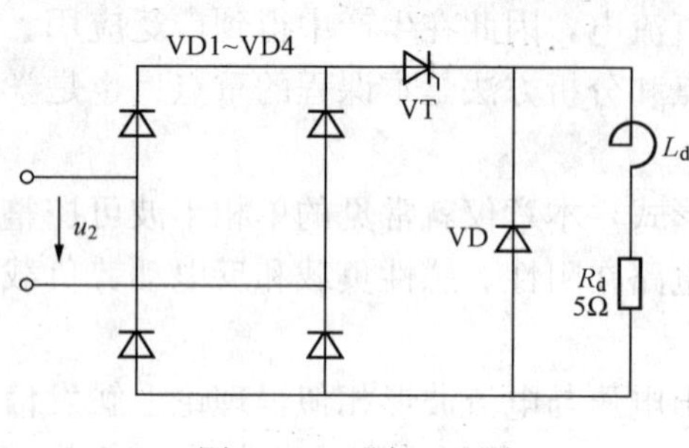

图2-13 题2-5图

2-5 输出端接一个晶闸管的单相桥式可控整流电路如图2-13所示，试画出$\alpha=60°$时u_d、i_T、i_D和u_T的波形；如果$U_2=220V$，大电感内阻为5Ω，计算并选择晶闸管与二极管的型号。

2-6 两个晶闸管串联式的单相半控桥式整流电路如图2-14所示，负载为大电感，其内阻为5Ω，电源电压为220V。试画出$\alpha=60°$时的u_d、i_T、i_D的波形，并计算u_d、i_{dT}、i_T及I_D的值。

2-7 具有中点二极管的单相半控桥式可控整流电路如图2-15所示，试求：

(1) 画出$\alpha=90°$时u_d与u_{T1}波形；

(2) 推导出U_d的计算式；

(3) U_d的最大值与最小值。

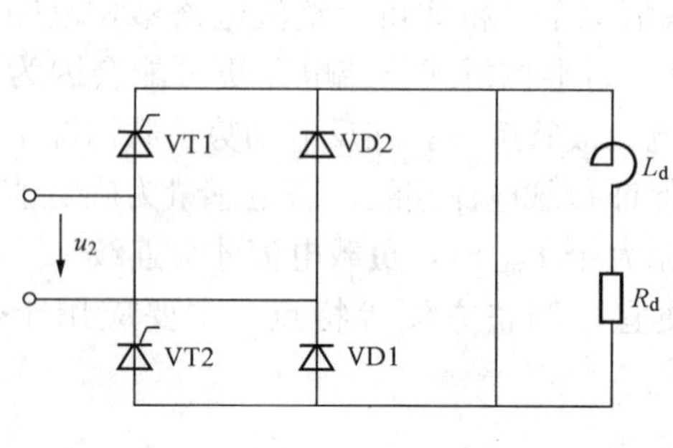

图2-14 题2-6图

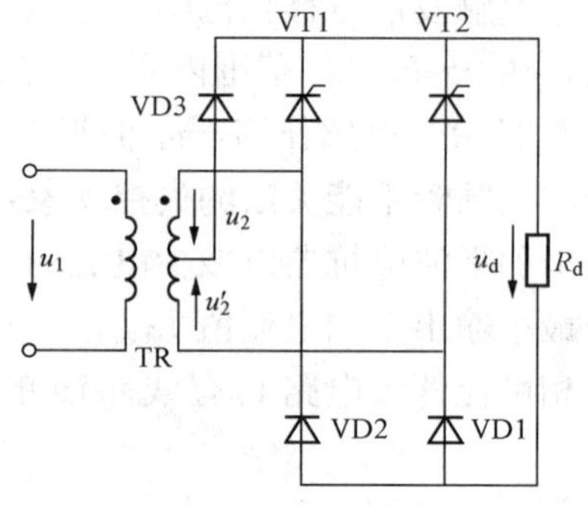

图2-15 题2-7图

三相可控整流电路

在整流负载容量较大（4kW以上），要求直流电压的脉动较小的场合，应采用三相整流电路。三相可控整流电路的类型很多，包括三相半波（三相零式）、三相全控桥式、三相半控桥式、带平衡电抗器的双反星形可控整流电路及由此发展起来适用于大功率的12相整流电路等。这些电路中最基本的是三相半波可控整流电路，其余类型都可看作是三相半波可控整流电路以不同方式串联或并联组成的。

3.1 三相半波可控整流电路

3.1.1 三相半波（三相零式）不可控整流电路

由于电力整流二极管是利用其单相导电特性进行整流的，其整流输出直流电压的大小仅取决于输入交流电压的大小，所以这种整流方式称为不可控整流。

根据整流二极管的连接形式不同，三相半波不可控整流电路有两种电路形式，如图3-1所示。图3-1（a）所示电路中，3只整流二极管VD1、VD2和VD3的阴极接在一起，称为共阴极接法。通常变压器的一次绕组接成三角形，二次绕组接成星形。二次绕组的相电压是三相对称电压并按正弦规律变化，彼此相位差为120°，电压波形如图3-2（a）所示。图3-1（b）所示是一个共阳极接法的三相半波不可控整流电路，3个整流二极管的阳极连接在一起。

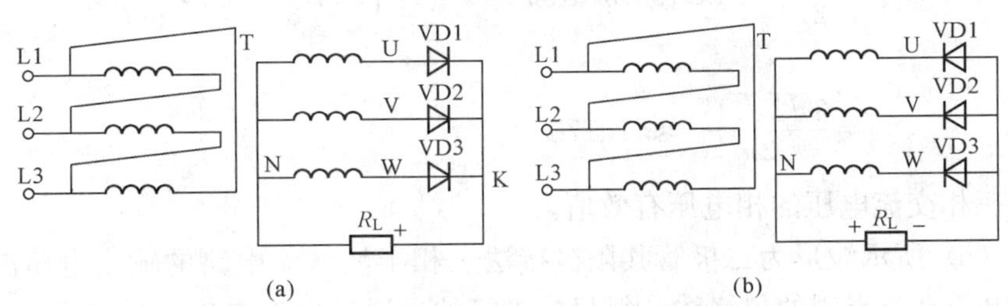

图3-1 电力二极管三相半波不可控整流电路

（a）共阴极接法；（b）共阳极接法

我们知道，二极管在正向电压作用下导通。如果几个二极管连接在一起，承受正向电压最大的二极管则应优先导通。由于三相交流电压是不断变化的，在某一时间内，只有正极电压最高或负极电压最低的二极管才能导通。依据这一原则，现以图3-1（a）所示共阴极接法的三相半波不可控整流电路为例，从图3-2的波形来分析其工作情况。

如图3-2（a）所示波形，U相电压初相角为零，其工作原理如下。在$t_1 \sim t_2$时间内，VD1、VD2、VD3的负极电位相同，而U、V、W这3相中U相电压最高，所以VD1优先导通。忽略二极管正向压降，K点电位等于U点电位，负载电压等于U相电压，而VD2、

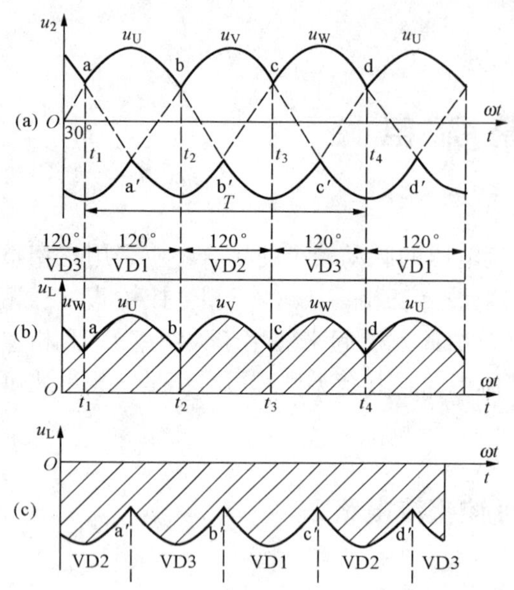

图 3-2 三相半波不可控整流电路电压波形
(a) u_2 波形；(b) 共阴极接法输出电压波形；
(c) 共阳极接法输出电压波形

VD3 承受反向电压而截止，电流通路为 U—VD1—R_L—N。在 $t_2\sim t_3$ 时间内，U、V、W 这 3 相中 V 相电压最高，故 VD2 导通，K 点电位等于 V 点电位，负载电压等于 V 相电压，而 VD1、VD3 承受反向电压截止，电流通路为 V—VD2—R_L—N。同理，在 $t_3\sim t_4$ 时间内，VD3 导通，而 VD1、VD2 承受反向电压截止。电流通路为 W—VD3—R_L—N。

可以看出，VD1、VD2、VD3 这 3 只二极管在一个交流周期内轮流导通，每只二极管的导通角都是 120°，负载 R_L 上电流方向始终不变，以后重复上述过程。二极管导通次序如图 3-2（b）所示。显然，从图中可看出，三相交流电压正半周交点 a、b、c、d 就是三只整流管导通的起始点，每过其中一点，电流就从前相变换到后相。因这种换相是靠三相交流电压的变化自然进行的，故这些点称为自然换相点。从图中可以看出，对应于初相角为零的 U 相而言，自然换相点在 30°、150°、270°、390°、410°…处，各点之间皆相差 120° 电角度。

共阴极接法三相半波不可控整流电路的输出电压波形就是二次绕组的相电压在正半周的包络线，如图 3-2（b）所示。三相半波不可控整流电路的负载上的直流输出平均电压 U_d 值可根据输出电压波形推导得出，即

$$U_d=\frac{1}{\frac{2\pi}{3}}\int_{\frac{\pi}{6}}^{\frac{5\pi}{6}}\sqrt{2}U_2\sin\omega t\,d(\omega t)=\frac{3\sqrt{2}}{2\pi}\left(\cos\frac{\pi}{6}-\cos\frac{5\pi}{6}\right)U_2$$

$$=\frac{3\sqrt{2}\sqrt{3}U_2}{2\pi}\approx 1.17U_2 \tag{3-1}$$

式中：U_2为三相交流电压的相电压有效值。

图 3-2（c）所示波形为二极管共阳极接法三相半波整流电路的输出电压波形，它是二次绕组的相电压在负半周的包络线，每只二极管的导通角也为 120°。同理可以分析得知，其自然换相点在三相电压负半周交点 a′、b′、c′、d′处。可见，对应于初相角为零的 U 相而言，自然换相点在 90°、210°、330°、450°、570°…处，各点之间也相差 120°电角度。其输出电压极性与三相共阴极接法整流电路相反，但它们的输出电压的绝对值相等，也可按式（3-1）来计算，仅在前面加负号即可。

3.1.2 三相半波可控整流电路

1. 电阻性负载

将上述共阴极接法的三相半波不可控整流电路中的电力二极管换成晶闸管，即可得到阻性负载的三相半波可控整流电路，如图 3-3（a）所示，3 个晶闸管的阳极分别接入 U、V、W 三相电源，它们的阴极连接在一起，称共阴极接法。这种接法对触发电路有公共线者连

线较方便，用得较广。

为了得到零线，整流变压器的二次绕组必须接成星形，而一次绕组多接成三角形，使其 3 次谐波能够通过，减少高次谐波的影响。

图 3-3（b）所示为三相交流电压相电压的波形，从上述二极管共阴极接法的整流电路知道，U 相的 30°、150°、270°、390°、410°…处为自然换相点。在这些交点处，整流器件将会轮流承受正向电压。对于二极管，承受正向电压的管子将会自然换相导通；而对于晶闸管，在自然换相点处换相承受正向电压的同时，还需要有触发电路提供的触发脉冲才能换相导通。所以，自然换相点的脉冲触发信号能够有效触发承受正向电压的晶闸管，是其导通工作的起点，即在这些点处，控制角 $\alpha=0°$。

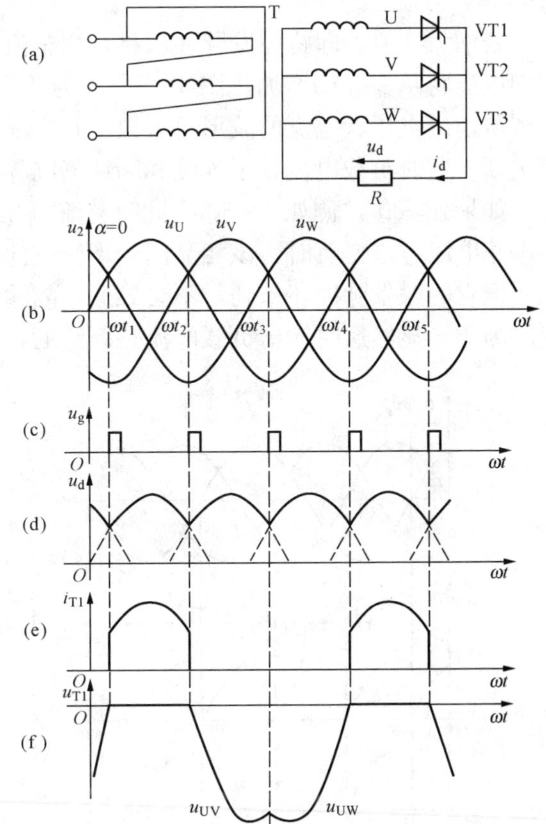

图 3-3　$\alpha=0°$时，阻性负载三相半波可控整流电路及其波形

（a）电路；（b）u_2 波形；（c）u_g 波形；（d）u_d 波形；（e）i_{T1}波形；（f）u_{T1}波形

若在自然换相点处，即当 $\alpha=0°$时给晶闸管提供如图 3-3（c）所示触发信号 u_g，则在 $\omega t_1 \sim \omega t_2$ 期间，U 相电压比 V、W 相都高，可使 VT1 导通，此时负载上得到 U 相电压；而在 $\omega t_2 \sim \omega t_3$ 期间，V 相电压最高，VT2 将导通，同时 VT1 因承受反向电压而关断，负载会得到 V 相电压；同理，在 ωt_3 时触发晶闸管 VT3，VT3 即导通并关断 VT2，使负载上得到 W 相电压。可见，各晶闸管都按同样的规律依次触发导通并关断前面一个已导通的晶闸管。这样周而复始进行下去，就可得到图 3-3（d）所示的整流输出电压波形，它是三相交流相电压正半周的包络线。可见，在 $\alpha=0°$时，输出电压波形与共阴极接法的二极管三相半波不可控整流电路一样，输出电压大小也完全相同。在一个周期内，三个晶闸管各导通 $T/3$，即每个晶闸管的导通角皆为 120°，负载电压和电流都是连续的。整流电压在一个周期内有 3 次脉动，因此脉动频率是 $3\times50=150$（Hz）。它是一个比单相整流脉动要小的直流电压。

图 3-3（e）是变压器 U 相绕组和晶闸管 VT1 中的电流波形，其他两相的电流波形形状相同，相位依次滞后 120°，故变压器二次绕组中流过的是直流脉动电流。

图 3-3（f）是 U 相 VT1 上的电压波形，具体可分为以下 3 种情况：

（1）VT1 导通期，在 $\omega t_1 \sim \omega t_2$ 和 $\omega t_4 \sim \omega t_5$ 期间，VT1 导通，若忽略晶闸管正向导通压降，则 $u_{T1}=0$。

（2）VT2 导通期，在 $\omega t_2 \sim \omega t_3$ 期间，VT1 反向关断，这时它承受 U 相和 V 相的电位差 u_{UV}（即 u_U-u_V）是反压。

(3) VT3 导通期，在 $0°\sim\omega t_1$ 和 $\omega t_3\sim\omega t_4$ 期间，VT1 承受 U 相和 W 相的电位差 u_{UW}（即 u_U-u_W）亦是反压。

若增大 α 值，即将触发脉冲后移，则整流电压会相应减小，随着 α 的增加，管子承受的正向电压将从零开始增加。图 3-4 所示为三相半波整流电路电阻负载情况下，$\alpha=30°$时的波形。从输出电压、电流的波形可看出，每个晶闸管都在本相交流电压过零瞬间承受反向电压而关断，这时负载电流处于连续和断续的临界状态，各相仍导电 120°。

如果 $\alpha>30°$，例如 $\alpha=60°$，此时整流电压的波形如图 3-5 所示，可知当导通的晶闸管在本相电压过零变负时，该相晶闸管承受反向电压而关断。此时，下一相晶闸管承受正向电压，但它的触发脉冲还未到，不会导通，故输出电压和电流都为零，直到下一相触发脉冲出现时为止。显然这时输出负载电流是断续的，各晶闸管导电时间都小于 120°。

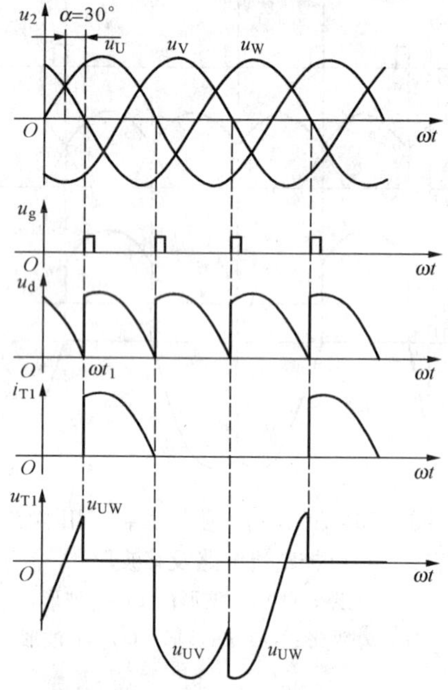

图 3-4 $\alpha=30°$时阻性负载三相半波可控整流电路的波形

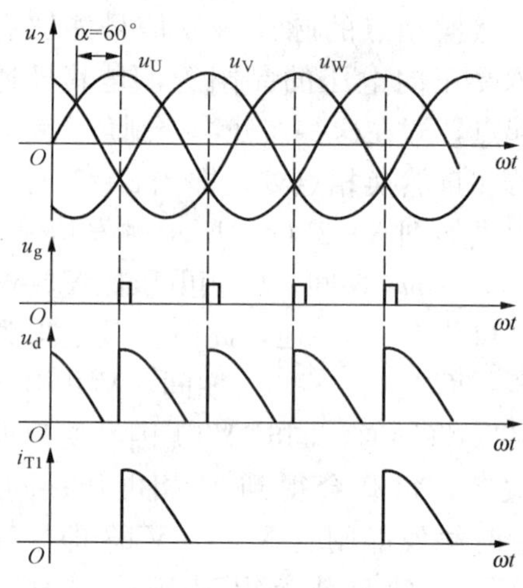

图 3-5 $\alpha=60°$时阻性负载三相半波可控整流电路的波形

如果 α 角继续增大，则整流电压将越来越小。当 $\alpha=150°$时，整流输出电压为零。故电阻负载时，晶闸管三相半波可控整流电路的移相范围为 $0°\sim150°$。

下面分两种情况来计算整流电压的平均值。

(1) 当 $\alpha\leqslant30°$时，u_d 输出电压波形连续，VT1 在 $\left(\frac{\pi}{6}+\alpha\right)\sim\left(\frac{5\pi}{6}+\alpha\right)$ 范围内导通 120°，故有

$$U_d=\frac{1}{\frac{2\pi}{3}}\int_{\frac{\pi}{6}+\alpha}^{\frac{5\pi}{6}+\alpha}\sqrt{2}U_2\sin\omega t\,\mathrm{d}(\omega t)$$

$$=\frac{3\sqrt{2}\sqrt{3}}{2\pi}U_2\cos\alpha\approx1.17U_2\cos\alpha \tag{3-2}$$

可以看出，当 $\alpha=0°$时，U_d 最大，其值为 $U_d=1.17U_2$，这与二极管三相半波不可控整流电路的输出平均电压是一样的。

(2) 当 $30°<\alpha\leqslant150°$时，u_d 电压波形断续，U 相电压减至零时，VT1 关断，所以有

$$U_d=\frac{1}{\frac{2\pi}{3}}\int_{\frac{\pi}{6}+\alpha}^{\pi}\sqrt{2}U_2\sin\omega t\,d(\omega t)=\frac{3\sqrt{2}\sqrt{3}}{2\pi}U_2\left[1+\cos\left(\frac{\pi}{6}+\alpha\right)\right]$$

$$\approx0.675U_2\left[1+\cos\left(\frac{\pi}{6}+\alpha\right)\right] \tag{3-3}$$

U_d/U_2 随 α 变化的规律如图 3-6 中曲线 1 所示。

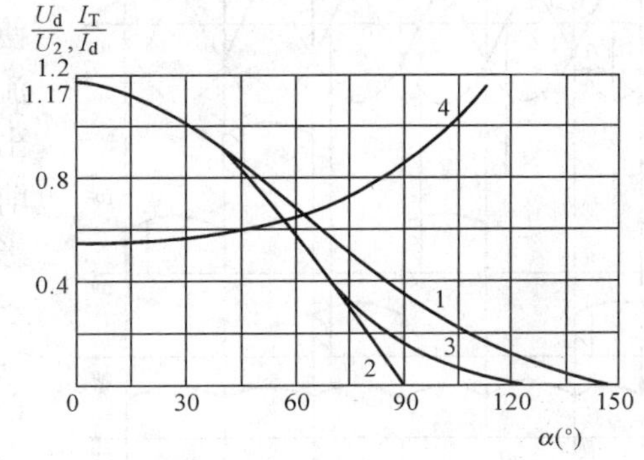

图 3-6　三相半波可控整流电路 U_d/U_2 与 α 的关系
1—电阻负载；2—电感负载；3—电阻电感负载；
4—电阻负载时 I_T/I_d 与 α 的关系

阻性负载的输出电流波形与输出电压波形一致，根据欧姆定律，可知负载电流的平均值 $I_d=\frac{U_d}{R}$；又由于在一个交流周期内，晶闸管是交替工作 $T/3$，流过晶闸管的平均电流为 $I_{dT}=\frac{1}{3}I_d$。

流过晶闸管的电流有效值也可分别求出：

当 $\alpha\leqslant30°$时

$$I_T=\sqrt{\frac{1}{2\pi}\int_{\frac{\pi}{6}+\alpha}^{\frac{5\pi}{6}+\alpha}\left(\frac{\sqrt{2}U_2\sin\omega t}{R}\right)^2d(\omega t)}$$

$$=\frac{U_2}{R}\sqrt{\frac{1}{2\pi}\left(\frac{2\pi}{3}+\frac{\sqrt{3}}{2}\cos2\alpha\right)} \tag{3-4}$$

当 $30°<\alpha\leqslant150°$时

$$I_T=\sqrt{\frac{1}{2\pi}\int_{\frac{\pi}{6}+\alpha}^{\pi}\left(\frac{\sqrt{2}U_2\sin\omega t}{R}\right)^2d(\omega t)}$$

$$=\frac{U_2}{R}\sqrt{\frac{1}{2\pi}\left(\frac{5\pi}{6}-\frac{\sqrt{3}}{4}\cos2\alpha+\frac{1}{4}\sin2\alpha\right)} \tag{3-5}$$

利用式 (3-4)、式 (3-5) 的关系，可求出 I_T/I_d 随 α 变化的规律，如图 3-6 中曲线 4 所示。α 增大，则电流波形变窄，在输出电流平均值相同的情况下，α 越大，电流的有效值增大得越多。

从图 3-3 (f) 还能看出，晶闸管承受的最大反向电压为变压器二次线电压的峰值，即

$$U_{RM}=\sqrt{2}\times\sqrt{3}U_2=\sqrt{6}U_2\approx2.45U_2 \tag{3-6}$$

由于晶闸管阴极与零线之间的最低电压为零，阳极与零线间的最高电压是变压器二次相电压的峰值，所以晶闸管承受的最大正向电压为

$$U_{FM}=\sqrt{2}U_2\approx1.41U_2 \tag{3-7}$$

2. 大电感负载

图 3-7 所示为共阴极接法的晶闸管三相半波可控整流电路与波形图。从第 2 章所叙述

的单相半波可控整流电路可以知道，如果负载是大电感性的，电感值 L 很大，由于大电感的滤波作用，整流输出电流基本是连续平直的，流过晶闸管的电流波形接近矩形，如图 3-7 的 i_U、i_V 和 i_W 波形所示。当 u_2 降低而使 i_d 减小时，在电感上产生的感应电动势对晶闸管来说是正向的，它阻止电流下降。以 U 相为例，当 u_U 降到零并变为负值时，u_U+e_L 仍可为正，因此 VT1 继续导通，导通电流波形如图中阴影所示，直到 VT2 触发导通时为止。也就是说，即使 $\alpha>30°$，仍然能使各晶闸管导通 120°，保证电流连续。尽管此时整流电压的脉动很大，而且 u_d 出现负值，但 i_d 的脉动却是很小的。当然，其前提条件是电感 L 必须足够大。电流波形中的阴影部分是靠 e_L 维持导通的，VT1 两端电压的波形亦示于图 3-7 中，与阻性负载类似，它仍由三段曲线组成，即 VT1 导通段、VT2 导通段和 VT3 导通段。在 VT1 导通时，$u_{T1}=0$；当 VT2 和 VT3 导通时，VT1 承受反向电压。

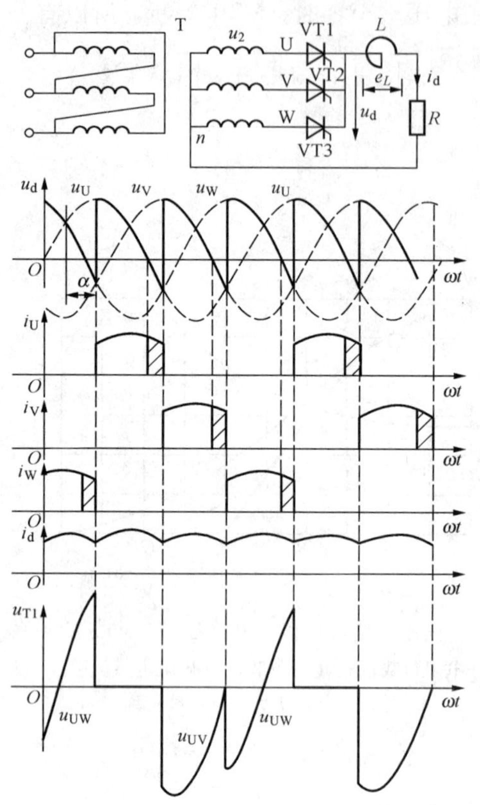

图 3-7 感性负载的共阴极三相半波可控整流电路与波形

在电流连续的情况下，U_d 很容易计算出，即

$$U_d=\frac{1}{\frac{2\pi}{3}}\int_{\frac{\pi}{6}+\alpha}^{\frac{5\pi}{6}+\alpha}\sqrt{2}U_2\sin\omega t\,d(\omega t)$$

$$=\frac{3\sqrt{2}\sqrt{3}}{2\pi}U_2\cos\alpha\approx 1.17U_2\cos\alpha \quad (3-8)$$

可见，U_d 与 α 成余弦关系，如图 3-6 中曲线 2 所示。当 $\alpha=90°$时，u_d 波形正负面积相等，$U_d=0$，因而电感性负载要求的移相范围为 0°～90°。

如果电感量不是很大，则控制特性必然位于图 3-6 中曲线 1 与曲线 2 之间，如电阻电感负载的曲线 3。电感足够大时，每相电流的波形接近矩形，其高度为 I_d，在一个周期内导通 120°，因此变压器二次侧的相电流，亦即晶闸管的电流有效值为

$$I_2=I_T=\sqrt{\frac{120°}{360°}}I_d=0.577I_d \quad (3-9)$$

因而

$$I_{T(AV)}=\frac{I_T}{1.57}=0.386I_d \quad (3-10)$$

晶闸管两端的电压可从图 3-7 中的 u_{T1} 波形看出，由于电流连续，所以晶闸管承受的最大正、反向电压都是线电压的峰值。故

$$U_{FM}=U_{RM}=\sqrt{2}\times\sqrt{3}U_2=\sqrt{6}U_2\approx 2.45U_2 \quad (3-11)$$

同样，为了提高整流输出直流电压平均值，可在负载侧并联一续流二极管，构成带续流二极管的三相半波整流电路，其工作过程请读者自行分析。

3.1.3 共阳极整流电路

图 3-8 所示为晶闸管共阳极接法三相半波可控整流电路与工作波形。3 个晶闸管的阳极连在了一起，这种接法的优点是螺旋式晶闸管的阳极接散热器，可以将散热器连成一体，使装置结构简化，但这时 3 个触发器的输出必须彼此绝缘。

由于晶闸管只有在阳极电位高于阴极电位，即承受正向电压时才可能导通，因此共阳极连接时，晶闸管只能在相电压的负半周工作，换相总是换到阴极电压更低的那一相去。其工作情况、波形及数量关系与共阴极接法时相仿，仅输出极性相反，即共阴极的波形在坐标轴的上方，而共阳极的波形则在坐标轴的下方。

电感负载时，共阳极整流电压与 α 的关系为

$$U_d = -\frac{3\sqrt{2}\sqrt{3}}{2\pi}U_2\cos\alpha \approx -1.17U_2\cos\alpha \tag{3-12}$$

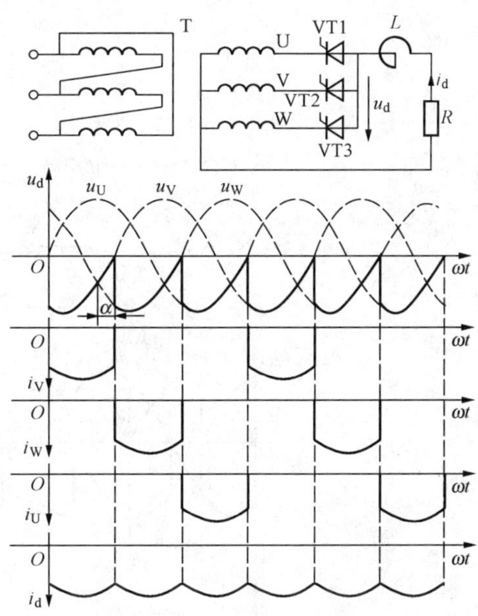

图 3-8 共阳极接法感性负载的三相半波可控整流电路与波形

式（3-12）中的负号表示三相电源的零线为实际负载电压的正端，3 个连在一起的阳极为实际输出电压的负端。

三相半波可控整流电路不管是共阴极还是共阳极接法，都只用 3 个晶闸管，因此接线非常简单。但要该电路输出同样的 U_d 时，晶闸管承受正反向的峰值电压较高（与三相桥式电路比较），变压器二次绕组每周期导电角仅 120°，绕组利用率低；且电流是单方向的，它的直流分量使铁心直流磁化，为防止铁心饱和，必须加大变压器铁心的截面积，因而还要引起附加损耗；整流的负载电流要流入电网零线，亦引起额外损耗，特别是增大零线电流，必须加大零线的截面。上述缺点导致三相半波可控整流电路一般只用于中等偏小容量的设备上。

三相半波可控整流电路在多数情况下应采用共阴极接法，但有时共阴极和共阳极并用更加合理。例如直流电动机可逆运转时，如用共阴极接法供给正向电压，而反向电压由共阳极接法供给更合理。再如，有两个相同的感性负载用同一台变压器供电，一组用共阴极整流电路，另一组用共阳极整流电路，分别供给两个负载，电路如图 3-9 所示。

这样，变压器二次绕组就有了正向电流和反向电流，正矩形是共阴极组的电流 I_{d1}，负矩形是共阳极组的电流 I_{d2}。可见，相电压在正负半周时都有电流流通，各流通 120°，绕组的利用率提高 1 倍。如果 $I_{d1} \approx I_{d2}$，则由于 I_{d1}、I_{d2} 两者方向相反，互相抵消，使零线中的电流很小，则零线可选得较细。这符合一般生产车间里零线较细的实际情况。

例 3-1 已知三相半波可控整流带大电感负载，工作在 $\alpha=60°$，$R=2\Omega$，变压器二次相电压 $U_2=200$V，求 I_d 值并选择晶闸管元件。

解 因为是大电感负载，故有

$$U_d = 1.17U_2\cos\alpha = 1.17 \times 200 \times \cos60° = 117(\text{V})$$

$$I_d = U_d/R = 117/2 = 58.5(\text{A})$$

$$I_T = \sqrt{\frac{1}{3}}I_d = 33.75(\text{A})$$

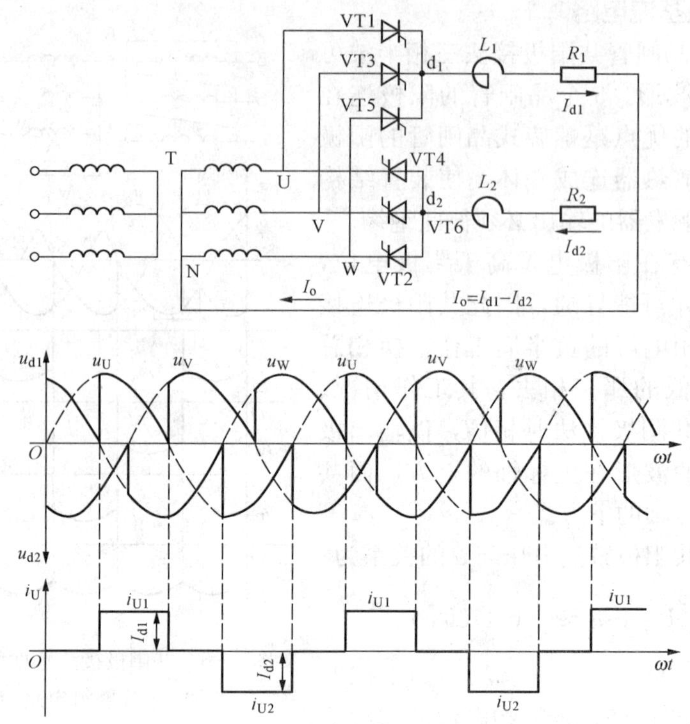

图 3-9 三相半波可控整流电路共阴极和共阳极并用接法的电路与波形

晶闸管的额定电压为

$$U_{Te} \geqslant (1.5 \sim 2)\sqrt{6}U_2 = (1.5 \sim 2) \times 490(\text{V})$$

晶闸管的额定电流为

$$I_{T(AV)} = (1.5 \sim 2) \times I_T / 1.57 = 21.5(\text{A})$$

所以选择 50A、1000V 的晶闸管，型号规格为 KP50—10。

3.2 三相全控桥式整流电路

三相全控桥式整流电路就是从三相半波整流电路发展而来的。图 3-9 所示就是两组三相半波整流电路，一组是共阴极接法，另一组是共阳极接法。如果它们的感性负载完全相同，$L_1 = L_2 = L/2$，$R_1 = R_2 = R/2$，在相同的控制角 α 下负载电流应完全相同，则中性线中电流 $I_0 = I_{d1} - I_{d2} = 0$。如将中性线拆除，再将两个负载合二为一，就成为三相桥式全控整流电路，如图 3-10 所示。其中，VT1 和 VT4 接 U 相，VT3 和 VT6 接 V 相，VT2 和 VT5 接 W 相。VT1、VT3、VT5 组成共阴极组，VT2、VT4、VT6 组成共阳极组。

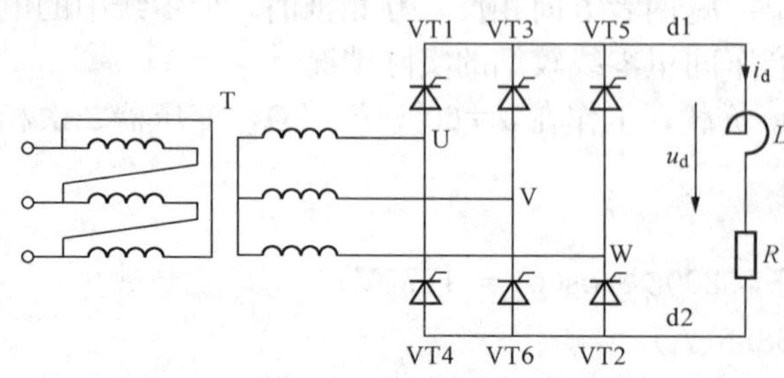

图 3-10 感性负载的三相全控桥式整流电路

由于共阴极组在电源正半周导通，流经变压器二次侧绕组的是正向电流，共阳极组在电源负半周导通，流经变压器二次侧绕组的是反向电流，因此一周期内变压器绕组中没有直流磁通势，且每相绕组的正、负半周都有电流流过，从而提高了变压器绕组利用率。

3.2.1　三相全控桥式整流电路的工作原理

三相全控桥式整流电路实为三相半波共阴极组与共阳极组的串联，且控制角 α 完全相同，因此整流输出电压就是三相半波整流电路的2倍。在感性负载时

$$U_d = 2\times 1.17U_2\cos\alpha = 2.34U_2\cos\alpha$$
$$= \frac{2.34}{\sqrt{3}}U_{2L}\cos\alpha = 1.35U_{2L}\cos\alpha \tag{3-13}$$

式中：U_{2L}为变压器二次绕组的线电压有效值。

很显然，三相桥式电路与三相半波电路相比，在要求输出电压相同的情况下，三相桥式晶闸管要求的最大正反向电压可比三相半波线路中的低一半。

为了更具体地掌握三相全控桥式整流电路的工作原理，我们先分析控制角 $\alpha=0°$时的情况，即在自然换相点处触发换相时的情况，然后再以几个典型的控制角度分析电路的工作情况。

3.2.1.1　控制角 $\alpha=0°$的情况

图3-11是 $\alpha=0°$时的波形。我们知道，三相电压 u_U、u_V、u_W 波形交点处为自然换相点，这时若给承受正压的晶闸管一触发信号，晶闸管将自然换流导通。为了分析方便，我们以自然换相点为界限，把一个周期等分为6段。在第Ⅰ段期间，U相电位最高，因而共阴极组的VT1触发导通，V相电位最低，共阳极组的VT6触发导通。这时电流由U相经VT1流向负载，再经VT6流入V相。变压器U、V两相工作，加在负载上的整流电压为 $u_U - u_V = u_{UV}$。

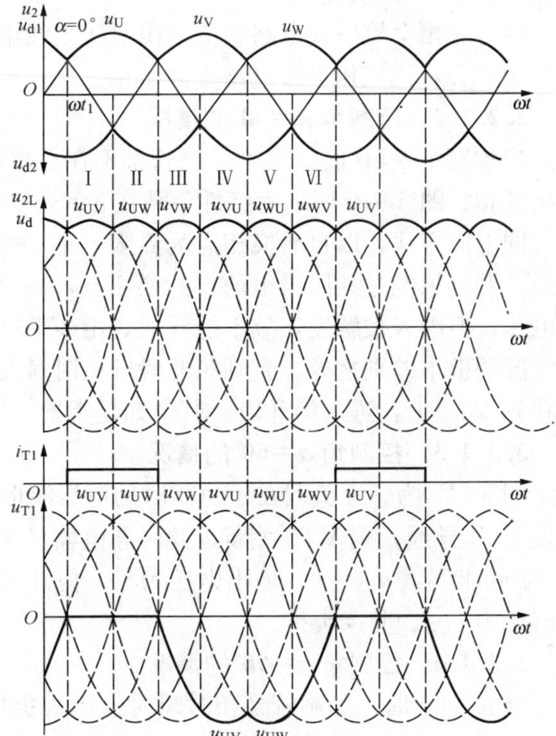

图3-11　感性负载三相全控桥式整流电路当 $\alpha=0°$时的波形

经过60°后进入第Ⅱ段。这时U相电位仍最高，VT1继续导通，但W相电位最低，经自然换相点触发VT2导通，电流即从V相换到W相，VT6承受反压而关断，变压器U、W两相工作，在负载上的电压为 $u_U - u_W = u_{UW}$。再经过60°，进入第Ⅲ段，这时V相电位最高，共阴极组经触发换相VT3导通，电流从U相换到V相，VT2继续导通，V、W两相工作，负载上的电压为 $u_V - u_W = u_{VW}$。

其余依次类推。在第Ⅳ段，VT3、VT4导通，V、U两相工作；在第Ⅴ段，

VT4、VT5导通，W、U两相工作；在第Ⅵ段，VT5、VT6导通，W、V两相工作。再下去又重复上述过程。

三相桥式全控整流电路中，6个晶闸管导通的顺序是

$$\begin{array}{ccccc} (VT6、VT1) & \rightarrow & (VT1、VT2) & \rightarrow & (VT2、VT3) \\ \uparrow & & & & \downarrow \\ (VT5、VT6) & \leftarrow & (VT4、VT5) & \leftarrow & (VT3、VT4) \end{array}$$

每隔60°就有一晶闸管换相。

从上述三相桥式全控整流电路的工作过程可以看出以下特点：

(1) 三相桥式全控整流电路在任何时刻都有两个晶闸管导通，这样才能形成导电回路。其中一个晶闸管是共阴极组的，另一个晶闸管是共阳极组的。

(2) 器件换流只在本组内进行，每隔120°换流一次，所以共阴极组晶闸管VT1、VT3、VT5触发脉冲相位相差120°，共阳极组晶闸管VT4、VT6、VT2的触发脉冲也相差120°。由于共阴极组和共阳极组换流点相隔60°，所以每隔60°有一个器件换流。接在同一相的两个元件触发脉冲相位相差180°。所以触发脉冲顺序为VT1→VT2→VT3→VT4→VT5→VT6。

(3) 为了保证任何时刻共阴极组和共阳极组中各有一晶闸管导通，或者保证电流断续后能再次导通，必须对两组中应导通的一对晶闸管同时加触发脉冲。可以采用宽脉冲（脉冲宽度大于60°，一般取80°～100°）或双窄脉冲（即一周期内对一个晶闸管连续触发两次，两次脉冲间隔60°）来实现。

(4) 三相全控桥式电路整流输出电压是线电压的一部分，一个周期内脉动6次，脉动频率为300Hz，比三相半波电路提高1倍。

3.2.1.2 控制角$\alpha=30°$的情况

当控制角$\alpha>0°$时，每个晶闸管都不在自然换相点换相，而是从自然换相点向后移α角开始换相。图3-12所示为感性负载在$\alpha=30°$时的电压波形。分析的方法与$\alpha=0°$时相同。

同上面方法，以自然换相点为界限，把一个周期分成6等份，在第Ⅰ段，VT1和VT6导通，其间虽经过共阳极组的自然换相点，W相电压开始低于V相电压，VT2开始承受正向电压，但因未被触发，故不能导通，由VT6继续导电，这就是此电路不可控整流电路工作情况的根本差别之处。直到第Ⅱ段开始时触发VT2，才迫使VT6关断。负载电流从VT6转移到VT2上，进入第Ⅱ段，其余如是类推，即可得到全部波形。

3.2.1.3 控制角$\alpha=60°$的情况

图3-13为感性负载在$\alpha=60°$时的电压波形。电路开始时VT5和VT6工作，在ωt_1时触发VT1导通，则VT5关断，此时导电器件为VT1和VT6，输出电压为u_{UV}。过60°后，u_U与u_V相等，$u_{UV}=0$，输出电压为零，但此时立即触发VT2，VT2导通并关断VT6，输出电压为u_{UW}。其余类推。

3.2.1.4 控制角$\alpha=90°$的情况

当$\alpha>60°$时，晶闸管换相时瞬时值已为负值，由于电感的作用，导通的晶闸管继续导通，整流输出出现负的电压波形，使整流电压值降低。感性负载当$\alpha=90°$时，在电流连续情况下输出电压波形的正负面积相等，输出电压的平均值为零，如图3-14所示。

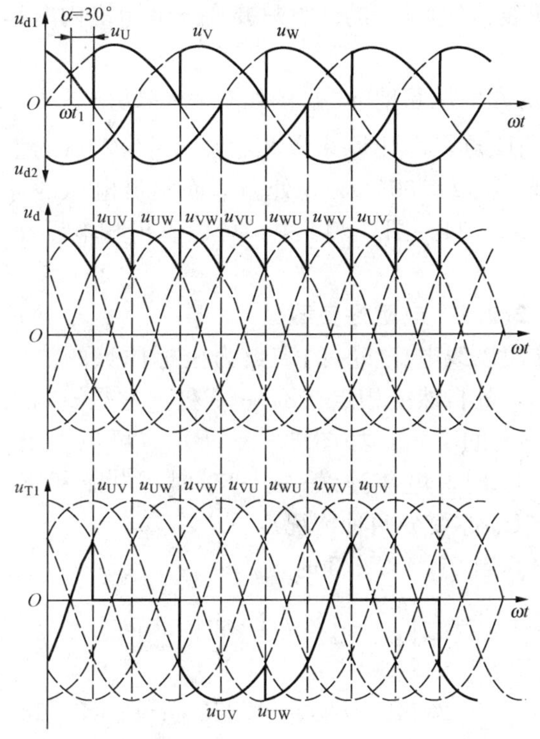

图 3-12　感性负载三相全控桥式整流电路当 $\alpha=30°$时的波形

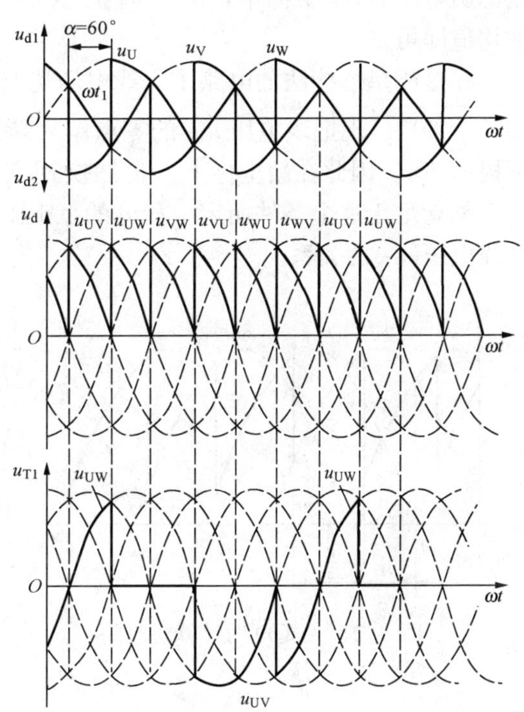

图 3-13　感性负载三相全控桥式整流电路当 $\alpha=60°$时的波形

至于电阻性负载，当 $\alpha<60°$时，由于输出电压波形连续，电流波形亦连续。在一周期中，每个晶闸管导通 120°。负载电流 $i_d=u_d/R$，整流电压波形与电感性负载时相同。当$\alpha>60°$时，由于线电压过零变负时晶闸管即阻断，输出电压为零，电流波形不连续，图3-14中去掉 u_d 波形中的负值部分，即为 $\alpha=90°$时电阻负载的 u_d 波形。可以看出，当 $\alpha>60°$，一周期中每个晶闸管分两次导通，共导通 $2\times(120°-\alpha)$。当 $\alpha=120°$时，输出电压为零。可见电阻负载时，最大移相范围是 0°～120°。

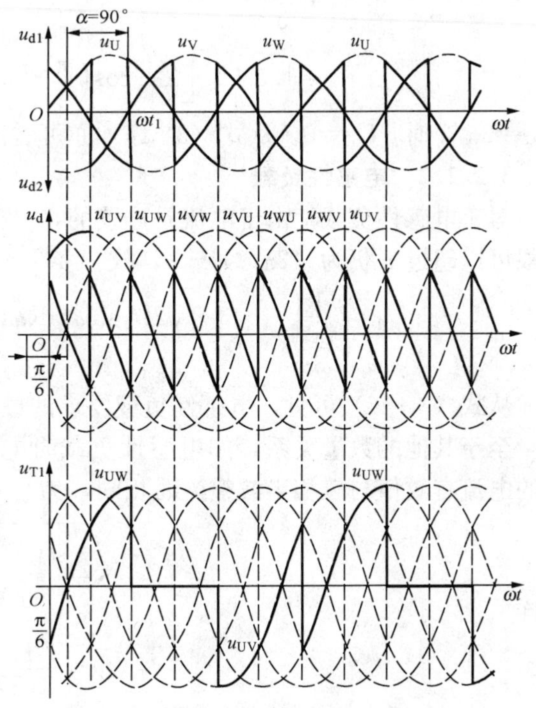

图 3-14　感性负载三相全控桥式整流电路当 $\alpha=90°$时的波形

3.2.2　三相全控桥式整流电路的整流输出电压

从上述原理分析中我们知道，不管 α 为何值，负载两端电压都是线电压的一部分，相当于以线电压为幅值一周期有 6 个脉动波的六相半波整流电路。从线电压入手计算整

流输出电压 U_d 会更简单，由于 u_d 波形每隔 60°重复一次，U_d 的计算只要在 $\pi/3$ 范围内取其平均值即可。

在三相星形接法的电路中，线电压比其相应的相电压超前 30°，例如 $U_{UV}=U_U-U_V=\sqrt{3}U_U\angle 30°$。现把线电压 u_{UV}的零点作为新坐标的原点，即比原来以相电压 u_U 为零点的坐标提前 30°。因此在新坐标上，自然换相点的位置在 $\omega t=60°=\pi/3$ 处。下面整流电压的计算，都立足于这个条件而定出积分的上下限。在图 3-11～图 3-14 中，可以看出相电压 u_U 与线电压 u_{UV}的关系。

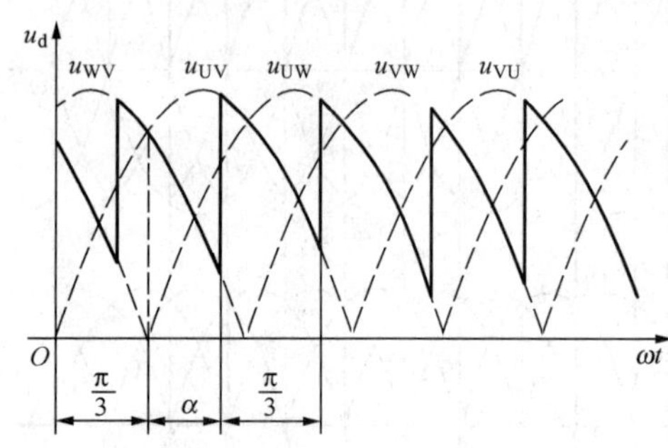

图 3-15 $\alpha\leqslant 60°$时计算整流电压的波形

3.2.2.1 电阻性负载

作出以线电压 u_{UV} 的零点为坐标原点的线电压波形，其自然换相点在 $\omega t=60°$处，它是线电压 u_{WV}与 u_{UV}的交点，如图 3-15 所示。可以看出，当 $\alpha\leqslant 60°$时，电流连续；$\alpha>60°$时，电流断续。因此求 U_d 亦要分两种情况。

(1) 当 $0°\leqslant\alpha\leqslant\pi/3$ 时

$$U_d=\frac{1}{\frac{\pi}{3}}\int_{\frac{\pi}{3}+\alpha}^{\frac{2\pi}{3}+\alpha}\sqrt{3}\times\sqrt{2}U_2\sin\omega t\,d(\omega t)$$

$$=2.34U_2\cos\alpha=1.35U_{2L}\cos\alpha \quad (3-14)$$

(2) 当 $\pi/3\leqslant\alpha\leqslant 2\pi/3$ 时，整流只能在正半周进行，故

$$U_d=\frac{1}{\frac{\pi}{3}}\int_{\frac{\pi}{3}+\alpha}^{\pi}\sqrt{6}U_2\sin\omega t\,d(\omega t)=2.34U_2\left[1+\cos(\frac{\pi}{3}+\alpha)\right]$$

$$=1.35U_{2L}\left[1+\cos\left(\frac{\pi}{3}+\alpha\right)\right] \quad (3-15)$$

当 $\alpha=2\pi/3$ 时，$U_d=0$。从式（3-15）亦可看出，电阻负载的最大移相角是 120°。

3.2.2.2 电感性负载

对于电感性负载，由于电流是连续的，晶闸管的导通角总是 $2\pi/3$，式（3-15）的积分上限可以超过 π 仍为（$2\pi/3$）$+\alpha$，故

$$U_d=\frac{1}{\frac{\pi}{3}}\int_{\frac{\pi}{3}+\alpha}^{\frac{2\pi}{3}+\alpha}\sqrt{3}\times\sqrt{2}U_2\sin\omega t\,d(\omega t)=2.34U_2\cos\alpha=1.35U_{2L}\cos\alpha \quad (3-16)$$

从式（3-16）可见，电感性负载要求的最大移相角为 90°。

至于其他的数量关系，如电感性负载时电流波形为矩形波，设其幅值为 I_d，流过晶闸管的电流有效值与三相半波整流时相同，为

$$I_T=\sqrt{\frac{1}{2\pi}I_d^2\times\frac{2\pi}{3}}=0.577I_d \quad (3-17)$$

同样

$$I_{T(AV)}=\frac{I_T}{1.57}=0.386I_d \quad (3-18)$$

即电流有效值与 α 无关。

设整流变压器的二次绕组为星形接法，二次侧的相电流 i_2 是相位差为 180°的正负矩形

波，因此其有效值为

$$I_2 = \sqrt{\frac{1}{2\pi}\left[I_d^2 \times \frac{2\pi}{3} + (1 - I_d)^2 \times \frac{2\pi}{3}\right]} = \sqrt{\frac{2}{3}} I_d = 0.18 I_d \tag{3-19}$$

其值为三相半波整流时的$\sqrt{2}$倍，说明绕组的利用率提高了。由于变压器二次绕组的电流没有直流分量，所以一次绕组中的电流波形与二次绕组中的电流波形一样，根据一、二次绕组安匝相等的原则，即可以求出一次绕组中的电流 I_1。

晶闸管所承受的最大正反向电压与三相半波整流时相同，都是线电压的峰值$\sqrt{6}U_2$，这从图 3-11～图 3-14 亦可看出。

3.2.3　全控桥式整流电路对触发脉冲的要求

从上面的分析可以知道，三相桥式全控整流电路在任何时刻都要有两个晶闸管导通，其中，共阴极组和共阳极组各有一晶闸管导通，且每隔 60°就要有一个晶闸管换相换流。这就要求触发脉冲能够在规定的时刻可靠地触发晶闸管，电路才能正常工作。

为了保证三相全控整流桥合闸后共阴极组和共阳极组各有一晶闸管导电，或者在电流断续后能再次导通，必须对共阴极组和共阳极组两组中应导通的一对晶闸管同时施加触发脉冲。为此，可以采取两种办法：①使每个触发脉冲的宽度大于 60°（一般取 80°～100°），称宽脉冲触发；②在触发某一号晶闸管的同时给前一号晶闸管补发一个脉冲，相当于用两个窄脉冲等效替代大于 60°的宽脉冲，称双窄脉冲触发。这两种触发方式均示于图 3-16 中，图中 1～6 为脉冲序号，1′～6′为补脉冲序号。当要求 VT1 导通时，除了给 VT1 发触发脉冲外，还要同时给 VT6 发一触发脉冲；欲触发 VT2 时，必须给 VT1 同时发一触发脉冲。因此，用双脉冲触发，在一个周期内对每个晶闸管需要连续触发两次，两次脉冲前沿的间隔为 60°。双脉冲电路比较复杂，但它可减小触发装置的输出功率，减小脉冲变压器的铁心体积，故目前采用较多。

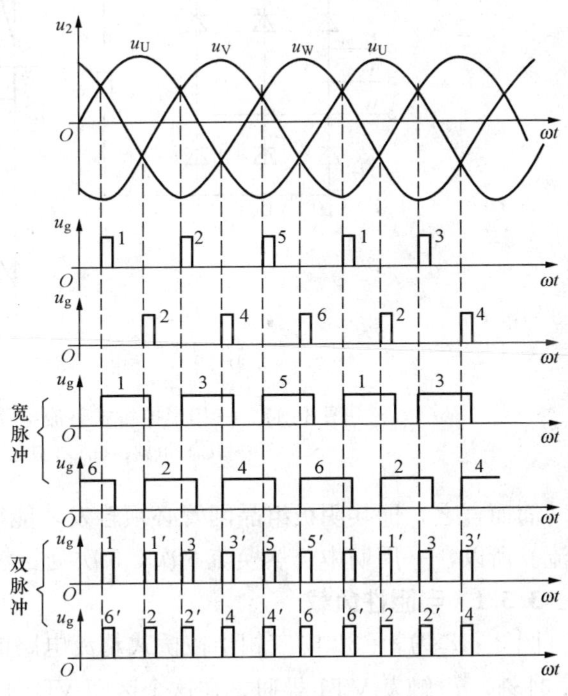

图 3-16　三相全控桥式整流电路的触发脉冲

3.3　三相半控桥式整流电路

将三相桥式全控整流电路中的一组晶闸管用 3 只二极管代替，就构成了三相桥式半控整流电路。只要控制三相桥中一组晶闸管，就可控制三相桥式半控整流电路的输出电压，所以它的控制比全控整流电路简单、经济，在中等容量或不要求可逆运行的电力拖动装置中经常使用。

如图3-17（a）所示的三相半控桥式整流电路，其特点与单相半控桥电路相似。共阳极接法的3个二极管，只要电路通上电源，任何时候共阳极总有1只二极管的阴极电位最低而处在通态，如图3-17（b）所示。三相电源线电压的正半波交点2、4、6就是VD2、VD4、VD6的导通与截止的自然换相点。例如，在2～4区间，由于电源u_W相电压最低，所以VD2处在通态；4～6区间，电源u_U相电压最低，VD4处在通态；6～2区间，电源u_V相电压最低，VD6处在通态。可见，交点2既是VD2的自然导通点，也是VD6的关断点；同理，交点4既是VD4的自然导通点，也是VD2的关断点；交点6既是VD6的自然导通点，也是VD4的关断点。虽然共阳极组的3只二极管不断轮流处于通态，其通态宽度皆为120°，但因共阴极组的3只二极晶闸管未触发，都处在阻断状态，所以电路不会有整流电压输出。

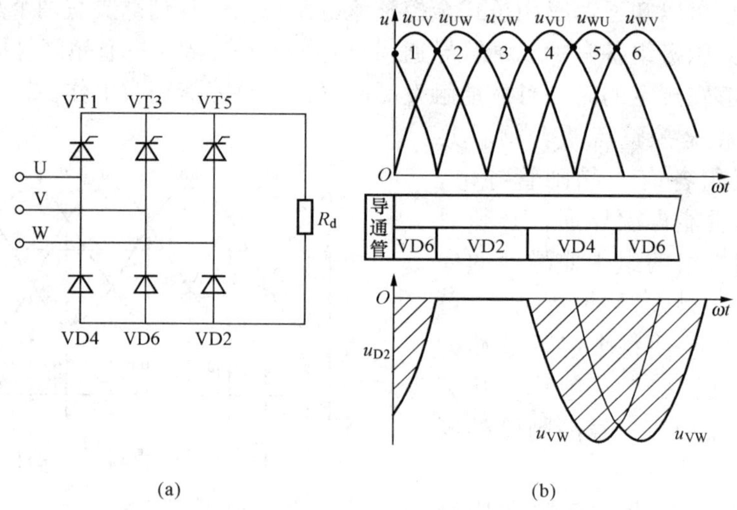

图3-17 三相半控桥式整流电路中3只二极管的工作情况

（a）电路；（b）3只二极管的工作情况

简而言之，即共阴极组晶闸管必须触发才能换流，而共阳极组二极管总是在自然换相点换流。所以，一周期中仍然换流6次，3次为自然换流，其余3次为触发换流。

3.3.1 电阻性负载

图3-18为$\alpha=30°$时三相半控桥式整流电路的波形。过VT1管α角起算点1向右30°的ωt_1时刻，u_{g1}触发VT1导通，在这个区间VD6已处在通态，于是电源线电压u_{UV}经VT1与VD6加到负载电阻R_d两端，输出整流电压$u_d=u_{UV}$。在$\omega t=\omega t_2$时刻（即交点2），二极管VD6关断，VD2导通，晶闸管VT1仍然导通，于是输出电压u_d从u_{UV}自然换相成为u_{UW}波形。到了ωt_3时刻，虽然VT3已承受正向电压，但触发脉冲u_{g3}还未到而无法导通，VT1就继续导通到ωt_4时刻，触发电路送出u_{g3}，触发VT3导通。VT3的导通使VT1承受反压关断，完成晶闸管的换流。这时，输出电压u_d波形由u_{UW}上跳到u_{VW}波形。依次类推，3个晶闸管与3个二极管分别轮流导通，负载得到的整流电压u_d波形为3块相似的波形。

可见，在$0°\leqslant\alpha\leqslant60°$移相范围，$u_d$波形总是连续的，每个管子导通角均为120°。$u_T$波形分析方法与大电感不接续流管三相半波可控整流电路相同。在这一移相区间输出的整流电压平均值U_d可按图3-19积分取样求得

$$U_d=\frac{1}{\frac{2\pi}{3}}\int_{\frac{\pi}{3}+\alpha}^{\frac{2\pi}{3}}\sqrt{6}U_2\sin\omega t\,d(\omega t)+\frac{1}{\frac{2\pi}{3}}\int_{\frac{2\pi}{3}}^{\pi+\alpha}\sqrt{6}U_2\sin\left(\omega t-\frac{\pi}{3}\right)d(\omega t)$$

$$=\frac{3\sqrt{6}}{2\pi}U_2(1+\cos\alpha)=1.17U_2(1+\cos\alpha) \tag{3-20}$$

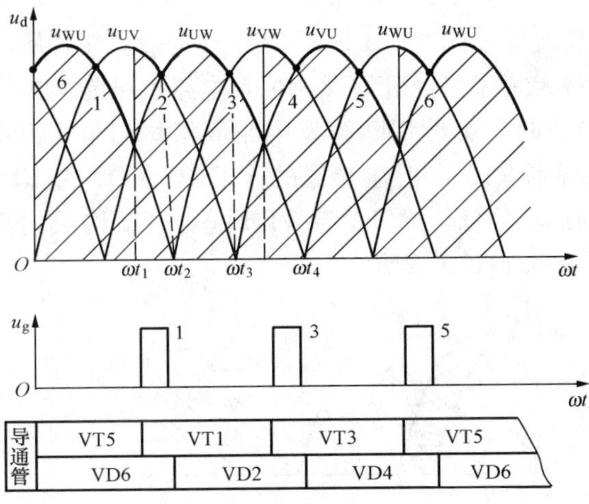

图 3-18　$\alpha=30°$时三相半控桥式整流电路波形

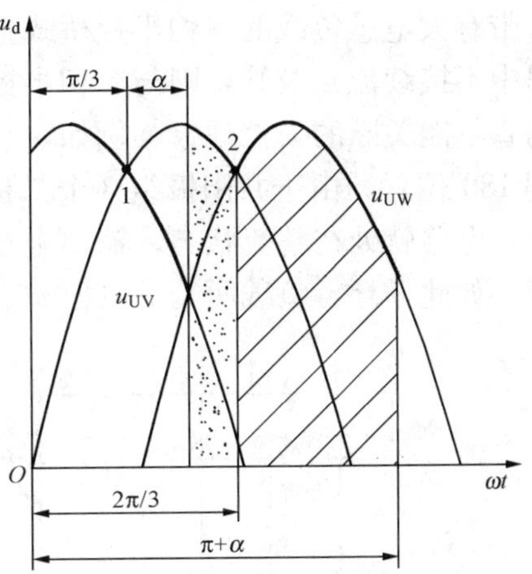

图 3-19　$0°\leqslant\alpha\leqslant60°$区间求 U_d 的积分波形

$60°\leqslant\alpha\leqslant180°$移相区间的 u_d 波形如图 3-20 所示。以 $\alpha=90°$的 u_d 波形为例，在 VT1 的 α 角起算点 1 向右 90°即 ωt_1 时刻，u_{g1}触发 VT1 导通，与已处在通态的 VD2 配合，输出电压 u_d 为 u_{UW}波形。在 $\omega t=\omega t_2$ 时刻，由于 $u_{UW}=0$，$i_{T1}=0$，VT1 自然关断，$u_d=0$。在 $\omega t_2\sim\omega t_3$ 区间，虽然 VD4 已处在通态，VT3 也承受正向电压，但因触发脉冲 u_{g3} 尚未送出，VT3 仍处在正向阻断状态，故电路无输出，u_d 波形出现了断续。到 ωt_3 时刻，VT3 管才被 u_{g3}触发导通，u_d 波形从零上跳到 u_{VU} 波形。依次类推，输出电压 u_d 波形为一组断续波形，其平均值为

$$U_d=\frac{1}{\frac{2\pi}{3}}\int_{\alpha}^{\pi}\sqrt{6}U_2\sin\omega t\,d(\omega t)$$

$$=1.17U_2(1+\cos\alpha) \tag{3-21}$$

在 u_d 波形断续情况下，u_T 波形的分析方法与单相半控桥相似。例如，$\alpha=90°$情况下，u_{T1}在 $\omega t_1\sim\omega t_2$ 区间的波形，VT1 本身导通，$u_{T1}\approx0$。在 $\omega t_2\sim\omega t_3$ 区间，由于 3 个晶闸管均关断，而与 VT1 接在同一相电源的 VD4 处在通态，所以 VT1 阳极、阴极同电位，$u_{T1}=0$。

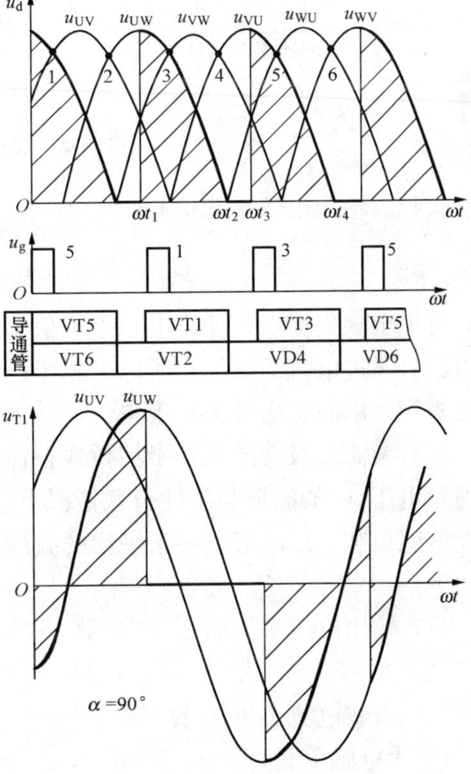

图 3-20　$\alpha=90°$时三相半控桥式整流电路波形

接着在 $\omega t_3 \sim \omega t_4$ 区间，由于 VT3 触发导通，VT1 承受 u_{UV} 线电压，所以 $u_{T1}=u_{UV}$。同理，当 VT5 导通时，$u_{T1}=u_{UW}$。在 3 个晶闸管都关断时，对于不同相的二极管导通，u_T 承受相应线电压的波形。如 VD6 处在通态，$u_{T1}=u_{UV}$ 波形；VD2 处在通态，$u_{T1}=u_{UW}$ 波形。如图 3-20 中 u_{T1} 的波形所示，可见三相半控桥晶闸管与二极管承受到最大电压均为 $\sqrt{6}U_2$。

3.3.2 大电感负载

带有大电感负载的三相半控桥式整流电路及波形如图 3-21 所示。若图 3-21（a）所示电路中不接续流二极管，则与单相半控整流电路无续流二极管情况相似，电路也可能会出现晶闸管不能关断的失控现象。例如，当 VT3 导通时，突然切断触发电路或将移相角 α 很快调到 180°位置，由于共阳极组 3 个二极管轮流导通 120°，正在导通的 VT3 与 VD2 或 VD4 配合，电路就处在整流状态，输出电压为 u_{VW} 或 u_{VU} 波形。VT3 与 VD6 配合，就构成内部续流。如此循环，负载两端的电压 u_d 波形如图 3-21（b）所示。

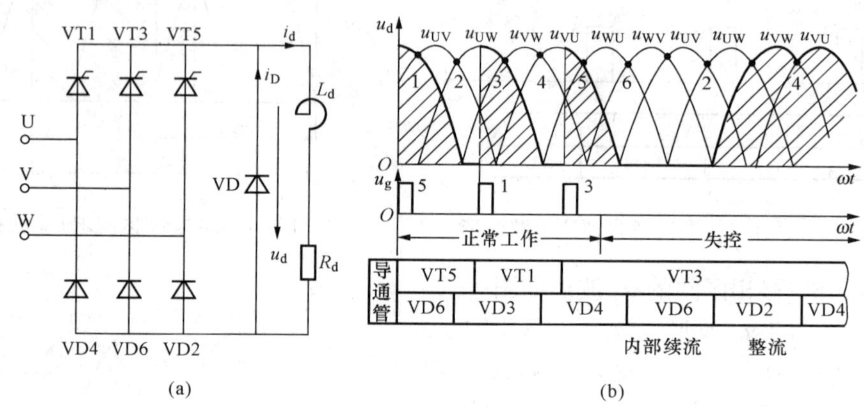

图 3-21 三相半控桥式整流电路与大电感负载下的工作波形

失控时输出电压平均值 U_d 为

$$U_d = 2 \times 0.45\sqrt{3}U_2 \frac{1+\cos\alpha}{2} = 1.17U_2 \tag{3-22}$$

可见出现失控后，输出电压平均值最大，而且 VT3 又一直处在导通连续工作状态，可能引起管子过电流而损坏。所以三相半控桥式可控整流电路在大电感负载情况下，必须接续流二极管，以防止出现失控现象。

接有续流二极管的三相半控桥式整流电路在带有大电感负载时，其输出电压 u_d 波形和晶闸管电压 u_T 的波形与阻性负载情况下完全相同，U_d 计算式也相同。唯一的区别是，由于是大电感负载，i_d 波形是一条平稳的直线，i_T 与 i_D 波形均为方波，所以电路各物理量的计算如下：

（1）输出电压平均值 U_d 的计算。

$$U_d = 1.17U_2(1+\cos\alpha) \tag{3-23}$$

（2）负载电流 I_d 的计算。

1）大电感负载时

$$I_d = \frac{U_d}{R} \tag{3-24}$$

2）含反电动势的大电感负载时

$$I_{\mathrm{d}}=\frac{U_{\mathrm{d}}-E}{R_{\sum}} \tag{3-25}$$

（3）晶闸管与续流管的电流平均值与有效值计算。

1）$0°\leqslant\alpha\leqslant60°$时

$$I_{\mathrm{dT}}=\frac{1}{3}I_{\mathrm{d}},I_{\mathrm{T}}=\sqrt{\frac{1}{3}}I_{\mathrm{d}} \tag{3-26}$$

2）$60°\leqslant\alpha\leqslant180°$时

$$I_{\mathrm{dT}}=\frac{\pi-\alpha}{2\pi}I_{\mathrm{d}},I_{\mathrm{T}}=\sqrt{\frac{\pi-\alpha}{2\pi}}I_{\mathrm{d}} \tag{3-27}$$

$$I_{\mathrm{dT}}=\frac{\alpha-\pi/3}{2\pi/3}I_{\mathrm{d}},I_{\mathrm{T}}=\sqrt{\frac{\alpha-\pi/3}{2\pi/3}}I_{\mathrm{d}} \tag{3-28}$$

此外，晶闸管与续流管承受到的最大电压均为$\sqrt{6}U_2$。

最后，我们将三相半控桥式与三相全控桥式整流电路做个对比，可得出以下结论：

（1）电路结构和触发方式不同。半控桥只有共阴极组是晶闸管，触发电路只需给共阴极组3个晶闸管送出相隔120°的单窄触发脉冲；而全控桥要向6个晶闸管送出相隔60°的双窄触发脉冲。半控桥电路较简单，投资省。

（2）输出电压的脉动和平波电抗器的电感量不同。在移相控制角α较大时，半控桥电路输出电压脉动较大，脉动频率也低，为150Hz；全控桥脉动小，脉动频率也高，为300Hz。半控桥要求的平波电抗器电感量较大。

（3）控制滞后时间及用途不同。半控桥整流电路各触发脉冲间隔120°，约为6.6ms；全控桥触发脉冲间隔仅60°，约为3.3ms。全控桥整流电路动态响应快，系统调整及时。此外，全控桥电路还可以实现有源逆变，因此广泛用在大功率直流电动机可逆或不可逆调速系统，以及对整流各项指标要求较高的整流装置中。而三相半控桥整流电路一般只能用在直流电动机不可逆调速系统，以及要求一般的整流装置中。

另外，在电解和电镀等工业应用中，经常要采用低压大电流的可调直流电源，这时一般采用带平衡电抗器的双反星形可控整流电路。而在大功率整流装置中，为了减少整流电路输出电压的脉动成分，减少对电网的干扰，还经常采用12相甚至12相以上的多相整流电路。例如，两套三相全控桥式整流电路的交流电源输入端分别引自同一三相变压器二次侧的两组绕组，这两组二次绕组分别采用星形和三角形连接，则将这两套整流装置并联或串联，就可以得到每个周期12个脉动波的直流电压，其脉动频率为600Hz，比单一全控桥式整流电路大1倍，其脉动成分有效值更小，减少了对电网的干扰。关于这些电路，本书不再介绍，请读者根据需要参考相关书籍。

3.4　整流电路的谐波和功率因数

3.4.1　整流电路的谐波

从单相和三相整流电路的分析可以看出，整流变压器一、二次侧电流都不是正弦波，含有50Hz的基波和3、5、7、11、13…等次的谐波。整流电路直流侧的电压波形和电阻负载的电流都含有谐波成分。无论电压或电流的谐波，都将对电源和负载产生影响。

3.4.2 整流电路的功率因数

以三相全控桥式 RL 负载为例：

负载平均功率（有功功率）

$$P_{\mathrm{d}}=RI_{\mathrm{d}}^{2}=U_{\mathrm{d}}I_{\mathrm{d}}$$

$$=\frac{3\sqrt{6}}{\pi}U_{2}\cos\alpha\times I_{\mathrm{d}} \tag{3-29}$$

视在功率

$$S=3U_{2}I_{2}=3\times U_{2}\times\sqrt{\frac{2}{3}}I_{\mathrm{d}} \tag{3-30}$$

整流器功率因数

$$\lambda=\frac{P_{\mathrm{d}}}{S}=\frac{3}{\pi}\cos\alpha=0.96\cos\alpha \tag{3-31}$$

从式（3-31）可以看出，整流器功率因数与控制角 α 有关，式中的 0.96 是阻性、感性负载整流器输出电流的谐波因数。即使纯电阻 $\alpha=0°$时，整流器的功率因数也不为 1，因为有电流谐波存在。仅有单相桥式整流纯电阻 $\alpha=0°$时例外。

关于整流电路和其他变流电路的功率因数和谐波，将在后面章节中作进一步介绍。

本 章 小 结

本章深入讨论了三相半波、三相全控桥式和三相半控桥式整流电路在阻性、感性、反电动势负载等不同负载形式下的工作原理。

三相半波可控整流电路，结构上分为共阴极和共阳极两种接法。其输出电压相等，极性相反，晶闸管控制角的起点在自然换相点上。在三相半波可控整流电路阻性负载情况下，输出电压和电流波形相似，理论上触发信号移相范围可近似为 150°，导通角小于 120°，其输出平均电压在 $0\sim1.17U_2$ 范围内变化。在感性负载情况下，输出电压在 $0\sim1.17U_2$ 范围内变化，相应移相范围为 90°。

三相全控桥式整流电路实际上是由两组以共阴极接法和共阳极接法的三相半波可控整流电路串联构成，所以其整流输出直流电压比三相半波可控整流大 1 倍，在 $0\sim2.34U_2$ 范围内可调。阻性负载时，最大移相范围为 120°；感性负载时，最大移相范围为 90°。

三相半控桥式整流电路为共阴极接法的晶闸管三相半波可控整流电路和共阳极接法的二极管三相不可控整流电路串联而成，其移相范围为 180°，输出电压与三相全控桥式整流电路一样。在大电感性负载情况下，若无续流二极管，会同单相半控桥式整流电路一样发生失控现象；接上续流二极管后，其输出电压波形与阻性负载时一样。

三相全控桥式整流电路不仅能够进行整流，在一定条件下还可以进行有源逆变，所以它广泛应用于可逆控制系统中。而三相半控桥式整流电路主要用于不可逆系统中。

为了便于记忆，这里列出各种可控整流电路输出电压表达式与可控整流电路移相范围，见表 3-1。

表 3-1 可控整流电路输出电压与移相范围

电路类型		整流输出平均电压	移相范围（°）
单相半波可控整流	电阻负载	$0.45U_2\frac{1+\cos\alpha}{2}$	0～180
	感性负载有续流管	$0.45U_2\frac{1+\cos\alpha}{2}$	0～180
单相全控桥式整流	电阻负载	$0.9U_2\frac{1+\cos\alpha}{2}$	0～180
	感性负载无续流管	电感很大，电流连续时 $0.9U_2\cos\alpha$ 电感较小，电流断续时 $0.45U_2[\cos\alpha-\cos(\alpha+\theta)]$	0～90
单相半控桥式整流	电阻负载	$0.9U_2\frac{1+\cos\alpha}{2}$	0～180
	感性负载有续流管	$0.9U_2\frac{1+\cos\alpha}{2}$	0～180
三相半波可控整流	电阻负载	$\alpha\leqslant30°$ 时 $1.17U_2\cos\alpha$ $\alpha>30°$ 时 $0.675U_2[1+\cos(30°+\alpha)]$	0～150
	感性负载无续流管	$1.17U_2\cos\alpha$	0～90
三相全控桥式整流	电阻负载	$\alpha\leqslant60°$ 时 $2.34U_2\cos\alpha$ $\alpha>60°$ 时 $2.34U_2[1+\cos(60°+\alpha)]$	0～120
	感性负载无续流管	$2.34U_2\cos\alpha$	0～90
三相半控桥式整流	电阻负载	$2.34U_2\frac{1+\cos\alpha}{2}$	0～180
	感性负载有续流管	$2.34U_2\frac{1+\cos\alpha}{2}$	0～180

思考与练习题

3-1 整流电路有单相和三相、半波和全波、可控与不可控、半控和全控之分，试对比分析它们的电路特点、优缺点及适用场合。

3-2 在三相半波可控整流电路中，如果U相的触发脉冲消失，其他两相正常，试给出在 $\alpha=30°$时，电阻性负载和电感性负载下的整流电压波形。

3-3 三相半波可控整流电路，电阻性负载，$U_2=220V$，$R=20\Omega$。当 $\alpha=90°$时，试画出 u_{T1}、u_d 的波形，并计算 U_d、I_d 的值。

3-4 三相半波可控整流电路，反电动势阻感负载，$U_2=100V$，$R=1\Omega$，$L=\infty$。求当 $\alpha=30°$、$E=50V$ 时的 U_d、I_d，并作出 u_d 与 i_T 的波形。

3-5 在三相桥式全控整流电路中，电阻性负载，如果有一个晶闸管不能导通，此时的整流波形如何？如果有一个晶闸管被击穿而短路，对其他晶闸管有什么影响？

3-6 三相全控桥式整流电路，阻感负载，$R=5\Omega, L=\infty$，$U_2=220\text{V}$。求 U_d、I_d、I_D 和 I_2 的数值，并作出 u_d、i_D 和 i_2 的波形。

3-7 三相全控桥式整流电路对触发脉冲的相位和宽度有何要求？如何鉴别三相桥式全控电路主回路与触发脉冲的相序？

3-8 三相桥式半控整流电路，电感性负载，为防止失控，负载两端并接续流二极管。已知 $U_2=100\text{V}$，$R=10\Omega$，当 $\alpha=120°$时，试画出 u_{T1}、u_d、i_{T1} 波形，并计算 U_d、I_d 的值及流过晶闸管的电流平均值 I_{Dt}、有效值 I_T 和续流二极管的电流平均值 I_{dD}、有效值 I_D。

第 4 章

晶闸管的正确使用及保护

晶闸管自 20 世纪 50 年代问世以来，其功率容量发展很快，目前额定电流可达几千安，额定电压可达几千伏。但是，在某些应用场合，如大型电解设备中，要求工作电流达几十万安；而高压直流输电中，要求工作电压高达几十万伏。这样大的电流和电压，单只晶闸管已无法承受，必须将多只晶闸管串并联运行，同时应采取各种散热与保护措施。

4.1 晶闸管的正确使用

4.1.1 晶闸管的正确选择

在实际装配与维修晶闸管设备时，需要从可靠性、经济性与可行性三方面考虑来选择晶闸管的型号。一般说来，首先按具体电路要求计算出所需晶闸管的有关参数；然后再考虑环境温度、散热条件、负载性质等因素的影响，并对计算结果加以修正；最后根据上述计算数据查阅晶闸管手册、产品合格证或特性参数，选取满足要求的晶闸管。

实际上，晶闸管的特性参数较多，我们往往只选择晶闸管的正反向重复峰值电压 U_{DRM}、U_{RRM}及晶闸管通态平均电流 $I_{T(AV)}$ 这三个主要参数。

（1）晶闸管电压等级的选择。晶闸管承受的正反向电压与电源电压、控制角 α 及晶闸管电路的形式有关，同时考虑到电源电压的波动及抑制后的过电压，可按下面的经验公式来估算晶闸管的额定电压，即

$$U_{DRM} \geqslant (1.5 \sim 2)U_{DM} \tag{4-1}$$

$$U_{RRM} \geqslant (1.5 \sim 2)U_{RM} \tag{4-2}$$

式中：U_{DM}、U_{RM}分别为晶闸管在工作中可能承受的实际最大正、反向峰值电压。

（2）晶闸管电流等级的选择。晶闸管的电流过载能力差，一般按电路最大工作电流来选择。由于晶闸管在不同控制角 α 时，通过晶闸管电流的波形系数 K_f 不同，其电流有效值也不同。而电流通过晶闸管管芯的发热情况是由电流有效值决定的，这样会使计算显得很复杂。因此，习惯上以晶闸管全导通时为例，按下面的经验公式来估算晶闸管的工作电流平均值，即

$$I_{T(AV)} = \frac{K_f}{1.57m_K} I_L \tag{4-3}$$

式中：K_f 为通过晶闸管电流的波形系数；I_L 为最大负载电流平均值；m_K 为主电路中并联导通的晶闸管数（见表 4-1）。

表 4-1　晶闸管并联导通数

主回路形式	单相半波	单相桥式　单相全波	三相桥式　三相半波	三相双反星
m_K	1	2	3	4

4.1.2 影响晶闸管选择的一些因素

具体选择晶闸管时，除了依据上述的估算外，还要考虑到负载的性质和实际工作条件。

(1) 负载为容性时，接通时充电电流较大；负载是电动机时，其启动电流较大，一般是正常工作电流的7倍以上。对于这类负载，选管时应适当增加晶闸管的电流容量。

(2) 晶闸管设备在交流电路中使用时，很少处于全导通状态，导通角一般不到180°，若要满足输出的额定平均电流不变，就要在导通期间通过比全导通时更高的峰值电流。也就是说，在输出电流平均值相同的情况下，导通角小的电流峰值比导通角大的电流峰值要大。因此，晶闸管的导通角小时，其允许输出的平均电流应比全导通时低。在不同导通角下工作的晶闸管，其实际允许的平均电流应等于晶闸管手册给出的 $I_{T(AV)}$ 乘以相应的系数。一般当导通角为180°、120°、90°、60°、30°时，要乘上相应的系数，分别为1、0.83、0.71、0.54、0.38。

(3) 晶闸管手册或出厂合格证上标注的通态平均电流是在额定结温和环境温度为40℃时测定的，如果工作环境温度超过40℃，晶闸管的实际容量会下降。

(4) 大容量晶闸管的工作条件若不符合规定的条件，如强迫风冷风速不够，风冷改为自然冷却，这时晶闸管的电流容量应降低40%；如果风冷改为水冷，则可提高40%。

4.1.3 晶闸管使用注意事项

电工设备中的晶闸管大多工作在大电流状态，使用中除了要采用必要的过电流、过电压保护等措施外，还要注意：

(1) 正确计算和合理选择晶闸管的主要参数，并留有足够的安全裕量。在多只晶闸管同时使用时，尽量选择触发特性一致的管子，如稍有偏差，可在门极电路中串电阻来调整。

(2) 严格遵守规定的工作条件。空气冷却时，环境温度应在30～40℃之间；水冷却时，应在40～50℃之间。空气相对湿度应不大于85%，晶闸管周围环境中不应有腐蚀金属和破坏绝缘及导电的粉尘。

(3) 要符合规定的冷却条件。一般额定电流3A以下的晶闸管依靠金属管壳和引线散热；5A以上的要安装相应的散热器，散热器与管壳之间应接触良好。一般散热方式为：20A以下的靠空气自然冷却；30～100A要求以5m/s以上的风速进行风冷；200A以上的可以用风冷，也可以用水冷或油类冷却；800A以上的必须采用液冷。

(4) 晶闸管的门极过载能力差，门极要有适当的保护措施。触发脉冲电压或电流要大于晶闸管手册或产品合格证上提供的额定值，但绝不能超过允许的极限值。

(5) 严禁用兆欧表来检查晶闸管的绝缘情况。

(6) 在安装或更换晶闸管时，应十分重视晶闸管与散热器的接触面状态和拧紧程度，可在接触面涂一层薄硅油。

4.2 晶闸管的保护

晶闸管的热容量很小，承受过电压和过电流能力差，瞬时的过电压或者过电流都可能造成晶闸管损坏，因此必须重视晶闸管的保护。同时，在高电压、大电流的工作场合，如高压直流输电需要进行高压大电流的整流和逆变，单只普通晶闸管不能满足电压与电流的要求，这样就需要对晶闸管进行串并联的连接。在对晶闸管进行串并联连接时，也需要对晶闸管采取相应的各种保护措施。

在电力电子电路中，除了电力电子器件参数选择合适、驱动电路设计良好外，采用合适的过电压保护、过电流保护、du/dt 保护和 di/dt 保护也是必要的。

4.2.1　过电压的产生及过电压保护

电力电子装置中可能发生的过电压分为外因过电压和内因过电压两类。

(1) 外因过电压。主要来自雷击和系统中的操作过程等外部原因，包括：

1) 操作过电压。由分闸、合闸等开关操作引起的过电压，电网侧的操作过电压会由供电变压器电磁感应耦合或由变压器绕组之间存在的分布电容静电感应耦合过来。

2) 雷击过电压。由雷击引起的过电压。

(2) 内因过电压。主要来自电力电子装置内部器件的开关过程，包括：

1) 换相过电压。由于晶闸管或者与全控型器件反并联的续流二极管在换相结束后不能立刻恢复阻断能力，因而有较大的反向电流流过，使残存的载流子恢复。而当其恢复了阻断能力时，反向电流急剧减小，这样的电流突变会因线路电感而在晶闸管阴、阳极之间或与续流二极管反并联的全控型器件两端产生过电压。

2) 关断过电压。全控型器件在较高频率下工作，当器件关断时，因正向电流的迅速降低而由线路电感在器件两端感应出过电压。

图 4-1 示出了各种过电压保护措施及其配置位置，各电力电子装置可视具体情况只采用其中的几种。其中 RC_3 和 RCD 为抑制内因过电压的措施，其功能已属于缓冲电路的范畴。在抑制外因过电压的措施中，采用 RC 过电压抑制电路是最为常见的，其典型连接方式见图 4-2。RC 过电压抑制电路可接于供电变压器的两侧（通常供电网一侧称网侧，电力电子电路一侧称阀侧），或电力电子电路的直流侧。对大容量的电力电子装置，可采用图 4-3 所示的反向阻断式 RC 电路。有关保护电路的参数计算，可参考相关的工程手册。采用雪崩二极管、金属氧化物压敏电阻、硒堆和转折二极管（BOD）等非线性元器件来限制或吸收过电压，也是较常用的措施。

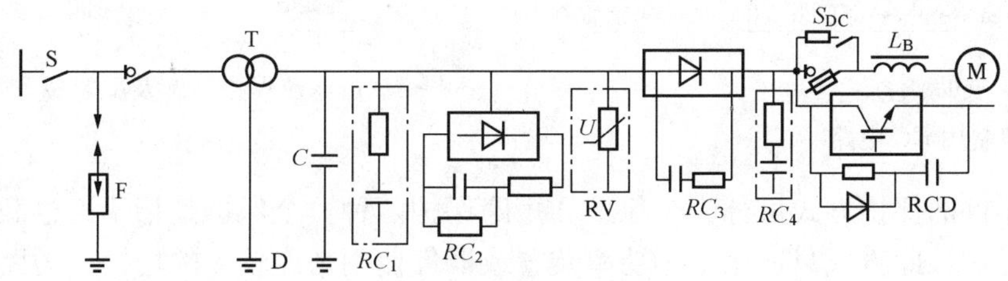

图 4-1　过电压抑制措施及配置位置

F—避雷器；D—变压器静电屏蔽层；C—静电感应过电压抑制电容；
RC_1—阀侧浪涌过电压抑制用 RC 电路；RC_2—阀侧浪涌过电压
抑制用反向阻断式 RC 电路；RV—压敏电阻过电压抑制器；
RC_3—阀器件换相过电压抑制用 RC 电路；
RC_4—直流侧 RC 抑制电路；RCD—阀器件
关断过电压抑制用 RCD 电路

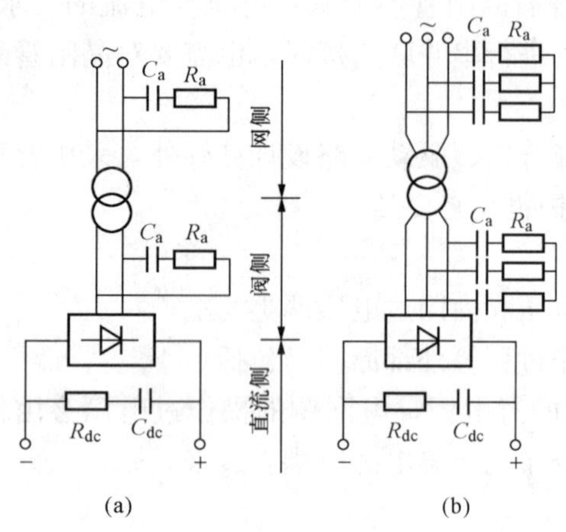

图 4-2 *RC* 过电压抑制电路连接方式

(a) 单相；(b) 三相

4.2.2 过电流保护

电力电子电路运行不正常或者发生故障时，可能会发生过电流。过电流分过载和短路两种情况。图 4-4 给出了各种过电流保护措施及其配置位置，其中采用快速熔断器、直流快速断路器和过电流继电器是较为常用的措施。一般电力电子装置均同时采用几种过电流保护措施，以提高保护的可靠性和合理性。在选择各种保护措施时，应注意要相互协调。通常，电子电路作为第一保护措施；快速熔断器仅作为短路时部分区段的保护；直流快速断路器整定在电子电路动作之后实现保护；过电流继电器整定在过载时动作。

采用快速熔断器（简称快熔）是电力电子装置中最有效、应用最广的一种过电流保护措施。在选择快熔时应考虑：

（1）电压等级应根据熔断后快熔实际承受的电压来确定。

（2）电流容量应按其在主电路中的接入方式和主电路连接形式确定。快熔一般与电力半导体器件串联连接，在小容量装置中也可串接于阀侧交流母线或直流母线中。

（3）快熔的 I^2t 值应小于被保护器件的允许 I^2t 值。

（4）为保证熔体在正常过载情况下不熔化，应考虑其时间—电流特性。

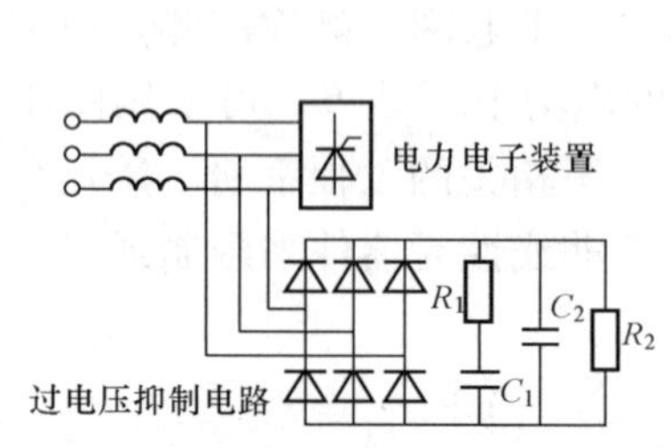

图 4-3 反向阻断式过电压抑制用 *RC* 电路

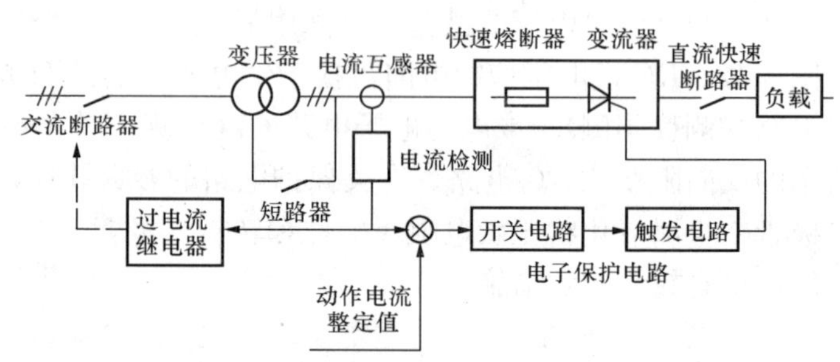

图 4-4 过电流保护措施及配置位置

快熔对器件的保护方式可分为全保护和短路保护两种。全保护是指不论过载还是短路均由快熔进行保护，此方式只适用于小功率装置或器件使用裕度较大的场合。短路保护方式是指快熔只在短路电流较大的区域内起保护作用，此方式需与其他过电流保护措施相配合。快熔电流容量的具体选择方法可参考有关的工程手册。

对一些重要的且易发生短路的晶闸管设备，或者工作频率较高，很难用快速熔断器保护的全控型器件，需要采用电子电路进行过电流保护。除了对电动机启动的冲击电流等变化较慢的过电流可以利用控制系统本身调节器对电流进行限制外，需设置专门的过电流保护电子电路，检测到过电流之后直接调节触发或驱动电路，或者关断被保护器件。

此外，常在全控型器件的驱动电路中设置过电流保护环节，这样对器件过电流的响应是最快的。

4.2.3　缓冲电路

缓冲电路（Snubber Circuit）又称为吸收电路，其作用是抑制电力电子器件的内因过电压、du/dt、过电流、di/dt，减小器件的开关损耗。缓冲电路可分为关断缓冲电路和开通缓冲电路两种。关断缓冲电路又称为 du/dt 抑制电路，用于吸收器件的关断过电压和换相过电压，抑制 du/dt，减小关断损耗；开通缓冲电路又称为 di/dt 抑制电路，用于抑制器件开通时的过电流和 di/dt，减小器件的开通损耗。关断缓冲电路和开通缓冲电路结合在一起，称为复合缓冲电路。还可以用另外的分类方法：缓冲电路中储能元件的能量如果消耗在其吸收电阻上，则称为耗能式缓冲电路；如果缓冲电路能将其储能元件的能量回馈给负载或电源，则称为馈能式缓冲电路，或称为无损吸收电路。

如无特别说明，通常缓冲电路专指关断缓冲电路，而将开通缓冲电路叫作 di/dt 抑制电路。图 4-5（a）给出的是一种缓冲电路和 di/dt 抑制电路的电路图；图 4-5（b）所示为开关过程集电极电压 u_{CE}和集电极电流 i_C 的波形，其中虚线表示无 di/dt 抑制电路和缓冲电路时的波形。

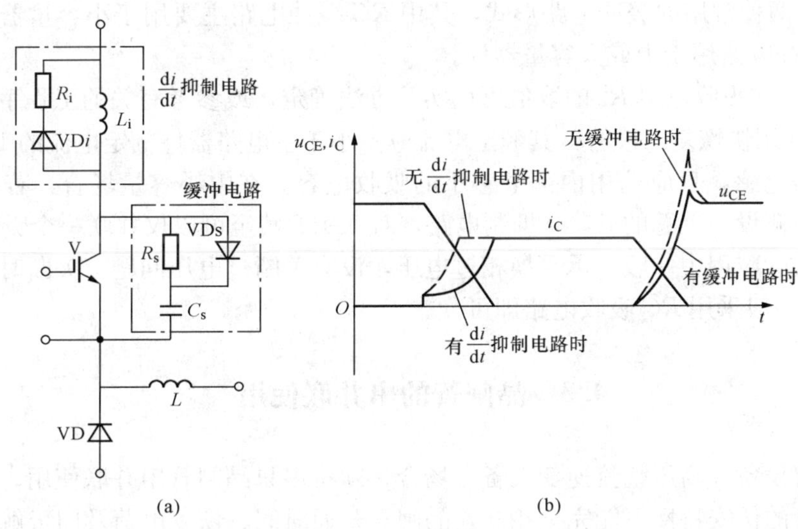

图 4-5　di/dt 抑制电路和充放电型 RCD 缓冲电路及波形

（a）电路；（b）波形

在无缓冲电路的情况下，绝缘栅双极晶体管 V 开通时电流迅速上升，di/dt 很大，关断时 du/dt 很大，并出现很高的过电压。在有缓冲电路的情况下，V 开通时，缓冲电容 C_s 先通过 R_s 向 V 放电，使电流 i_C 先上一个台阶，以后因为有 di/dt 抑制电路的 L_i，i_C 的上升速度减慢。R_i、VD_i 是在 V 关断时为 L_i 中的磁场能量提供放电回路而设置的。在 V 关断时，负载电流通过 VD_s 向 C_s 分流，减轻了 V 的负担，抑制了 du/dt 和过电压。因为关断时电路中电感的能量要释放，所以还会出现一定的过电压。

图 4-6 给出了关断时的负载曲线。关断前的工作点在 A，无缓冲电路时，u_{CE}迅速上升，在负载 L 上的感应电压使续流二极管 VD 开始导通，负载线从 A 移动到 B，之后 i_C 才下降到漏电流的大小，负载线随之移动到 C；有缓冲电路时，由于 C_s 的分流，使 i_C 在 u_{CE}开始

上升的同时就下降，因此负载线经过 D 到达 C。可以看出，负载线在到达 B 时很可能超出安全区，使 V 受到损坏，而负载线 ADC 是很安全的。而且，ADC 经过的都是小电流、小电压区域，器件的关断损耗也比无缓冲电路时大大降低。

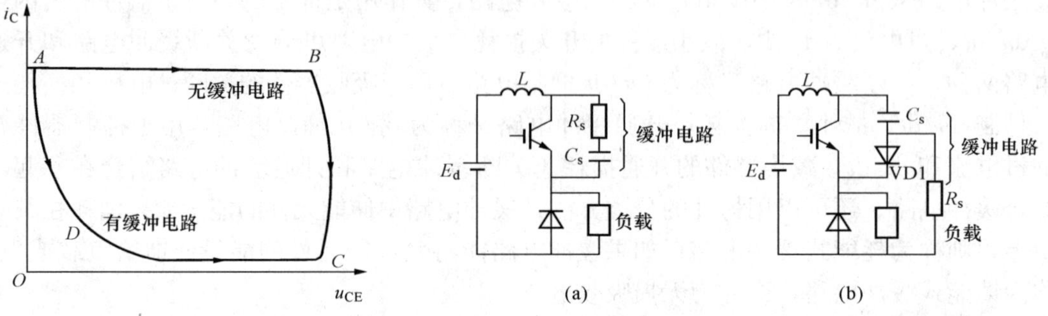

图 4-6　关断时的负载线

图 4-7　另外两种常用的缓冲电路

(a) RC 缓冲电路；(b) 放电阻止型 RCD 缓冲电路

图 4-5 所示的缓冲电路被称为充放电型 RCD 缓冲电路，适用于中等容量的场合。图 4-7示出了另外两种常用的缓冲电路形式，其中 RC 缓冲电路主要用于小容量器件，而放电阻止型 RCD 缓冲电路用于中或大容量器件。

缓冲电容 C_s 和吸收电阻 R_s 的取值可用实验方法确定，或参考有关的工程手册。吸收二极管 VD_s 必须选用快恢复二极管，其额定电流应不小于主电路器件额定电流的 1/10。此外，应尽量减小线路电感，且应选用内部电感小的吸收电容。在中小容量场合，若线路电感较小，可只在直流侧设一个总的 du/dt 抑制电路，对 IGBT 甚至可以仅并联一个吸收电容。

晶闸管在实际应用中一般只承受换相过电压，没有关断过电压问题，关断时也没有较大的 du/dt，因此一般采用 RC 吸收电路即可。

4.3　晶闸管的串并联使用

在大型电解设备、高压整流逆变设备等场合，须将多只晶闸管串并联使用。

由于晶闸管的伏安特性不能完全相同，晶闸管开通时间、恢复电荷及门极触发特性的分散性等原因，简单的串联或并联会引起晶闸管电压和电流的不均衡，可能导致晶闸管电路的工作不正常，甚至损坏。所以在晶闸管串并联运行时，除了尽量选择特性参数相同的管子外，还必须考虑采用适当的均压保护措施和均流保护措施，以保证晶闸管的正常工作。

4.3.1　晶闸管的串联

晶闸管有 5 种串联工作状态，分别是正向阻断状态、开通过程、导通状态、阻断恢复关断过程和反向阻断状态。在串联使用时，除了导通状态外，其他 4 种工作状态都必须考虑均压保护。其中，正向阻断与反向阻断状态的均压称为静态均压，开通过程和关断过程的均压称为动态均压。

4.3.1.1　静态均压

由于晶闸管的漏电流不同，阻断状态时串联运行的各晶闸管承受的电压也不均匀，最常用的均压方法是在晶闸管两端并联合适的均压电阻，如图 4-8 所示。

R 的取值一般按式（4-4）确定，即

$$R \leqslant \left(\frac{1}{k_u} - 1\right)\frac{U_{\mathrm{RM}}}{I_{\mathrm{RM}}}(\Omega) \tag{4-4}$$

式中：U_{RM}为正反向重复峰值电压较小者；I_{RM}为对应于U_{RM}的额定重复峰值漏电流；k_u 均压系数，一般取0.8～0.9。

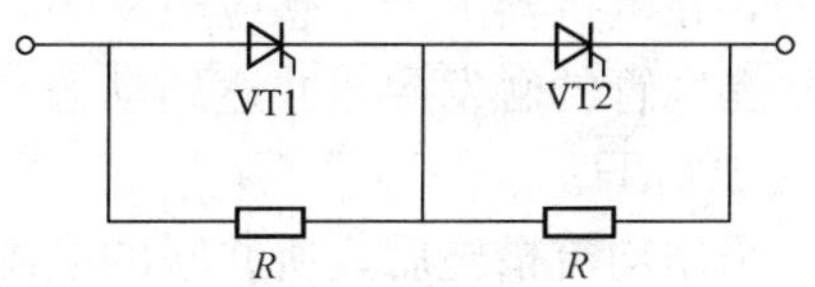

图4-8　晶闸管两端并联均压电阻

均压电阻 R 的功率由式（4-5）确定，即

$$P_R = K\left(\frac{U_{\mathrm{AM}}}{n_{\mathrm{S}}}\right)^2 \frac{1}{R}(\mathrm{W}) \tag{4-5}$$

式中：U_{AM}为晶闸管串联支路电压的工作峰值；n_{S} 为串联元件数目；K 为均压系数，单相电路（导电 180°）取 0.25，三相电路（导电 120°）取 0.45，直流电路取 1。

R 比晶闸管的漏电阻小得多，这样可使晶闸管两端的并联阻值基本相等，使晶闸管在阻断状态下承受的电压基本相等。

4.3.1.2　动态均压

由于晶闸管的结电容、开通与关断时间、触发特性及反向恢复电荷等差异，在开通和关断过程中会出现瞬时电压不均衡。如关断晶闸管时，后关断的晶闸管可能在关断瞬间承受全部换向的反向电压，可能会导致反向击穿而损坏。解决方法是采用动态均压措施，将瞬时出现的过电压抑制在晶闸管的允许值之内，保护晶闸管不被击穿损坏。动态均压方法与晶闸管关断过电压保护方法一样，也是在每个晶闸管两端并联阻容吸收电路。阻容吸收电路的电阻 R 和电容 C 参数计算方法比较繁琐，可以按相关经验数据选取。

此外，为了减少晶闸管元件开通时间的差异而造成的动态不均压，要求触发脉冲前沿陡，触发脉冲电流足够大，以尽可能使晶闸管开通时间保持一致。

4.3.2　晶闸管的并联

每个晶闸管的正向导通压降皆有所不同，当晶闸管直接并联时，触发导通之后，正向压降大的晶闸管承担较小的电流，正向压降小的晶闸管承担较大的电流，严重时可能导致承受较大电流的晶闸管过流损坏。因此在晶闸管并联运行时要采取均流措施，常用措施是采用串联电阻器或均流电抗器。

4.3.2.1　串联均流电阻

如图4-9（a）所示，串在晶闸管电路里的电阻 R 上的压降是晶闸管压降的1～2倍，其阻值的计算式为

$$R = (1 \sim 2)\frac{U_{\mathrm{T(AV)}}}{I_{\mathrm{T(AV)}}} \tag{4-6}$$

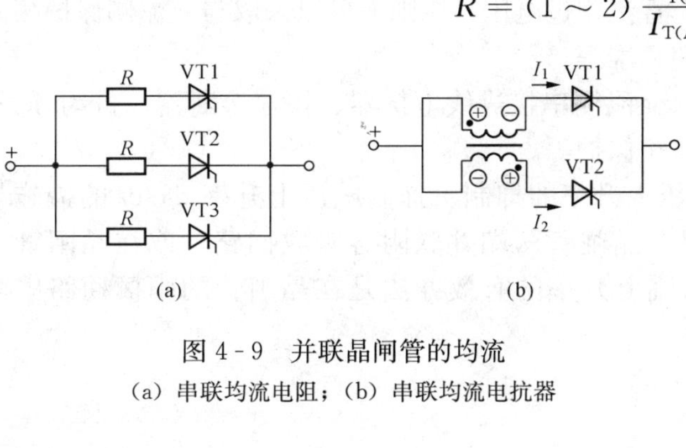

这种串联电阻 R 的均流电路由于存在电阻功耗，所以只适用于小功率场合。

(a)　(b)

图4-9　并联晶闸管的均流
（a）串联均流电阻；（b）串联均流电抗器

4.3.2.2　串联均流电抗器

在大功率设备中可串联电抗器，电抗器有限制电流变化率的作用，可达到动态均流的效果。如图4-9（b）所示，当VT1先导通，电流 I_1

增大，在电抗器上产生感应电动势，此感应电动势的作用是促使 I_1 减小、I_2 增大，有利于并联晶闸管的触发导通并达到动态均流的目的。而且电抗器能量损耗很小。一般 L 取值在 $10 \sim 100\mu H$。

采用均流措施后，所并联的晶闸管上的电流分配仍不会完全均等，因而在晶闸管并联运行时应把其额定电流降低使用，一般乘以系数 0.8～0.9。

根据以上分析可知，晶闸管在串联或并联运行时，不仅应使电压、电流均匀分配，还必须使所有串、并联的晶闸管同时导通和同时关断。如果门极得到的触发信号不一致，则串联时最后导通的晶闸管将承受全部正向电压；并联时先导通的晶闸管通态电压很低，未导通的晶闸管便更不容易导通。为此，要求触发脉冲信号前沿要陡，并有足够的脉冲宽度，以保证晶闸管能迅速一致地开通。

以上所述是晶闸管电路在高电压工作下的串联均压措施和大电流工作下的并联均流措施。而当晶闸管电路在高电压且大电流条件下工作时，常常采取串并联混联接线方式。这时一般有“先串后并”链式接线和“先并后串”网式接线两种形式。

此外，在大电流高电压设备中，还广泛采用整流变压器二次侧分组整流，然后再成组串联或成组并联。前者每组都是独立的整流装置，没有均压问题；后者每个变压器漏电抗如合适，可代替均流电抗器，不合适可另加均流电抗器。总之，在晶闸管进行串并联应用时，必须根据具体情况采取合理的均压、均流措施。

本 章 小 结

本章在介绍晶闸管正确使用注意事项及晶闸管的选择方法之后，主要讨论了晶闸管的保护。在高电压大电流的大容量场合，晶闸管的热容量很小，承受过电压和过电流能力差，瞬时的过电压或过电流都有可能造成晶闸管损坏，单只普通晶闸管不能满足要求，因此必须重视晶闸管串并联连接与保护。在电力电子电路中，晶闸管的串并联连接方式需要均压和均流措施，对使用中的过电压和过电流进行保护。

常见的串联均压方式分为静态均压和动态均压两种情况。其中，静态均压一般采用电阻均压方式，动态均压采用阻容吸收电路。并联均流方式可以采用电阻均流和电抗器均流。

晶闸管的过电压一般有晶闸管关断过电压、交流侧过电压、直流侧过电压三种情况。对于关断过电压，一般采用阻容吸收电路保护措施；对于交流侧过电压，一般采用阻容吸收电路保护、压敏电阻和硒堆保护措施；对于直流侧过电压，原则上可以采取与交流侧保护相同的方法，主要应用非线性元件压敏电阻和硒堆等。

晶闸管的过电流保护常用方法是采取交流侧串接进线电抗器、快速熔断器、自动开关、过流继电器保护装置，以及限流与脉冲移相保护等。

此外，还要考虑对电流上升率和电压上升率的抑制。抑制电压上升率 du/dt 的措施与晶闸管的关断过电压保护基本相同，即在晶闸管两端并联阻容吸收回路，或在晶闸管交流进线侧串入进线空心电感等。限制电流上升率的有效办法是在晶闸管的阳极回路串联电感。

思考与练习题

4-1　晶闸管使用有哪些注意事项？

4-2　导致晶闸管过电压的因素有哪些？一般采取哪些保护措施？各种保护元件有什么特点？如何选取？

4-3　晶闸管电路发生过电流的主要原因有哪些？可以采取哪些过电流保护措施？它们起保护作用的先后次序应怎样配合？

4-4　快速熔断器与普通熔断器有何不同？如何选择快速熔断器？

4-5　电压上升率和电流上升率过大的原因是什么？对晶闸管有何危害？常用的抑制方法有哪些？

4-6　晶闸管两端并联阻容吸收电路可起到哪些保护作用？

4-7　指出图 4-10 所示电路中数字标号所示保护元件的名称是什么？分别起到哪些保护作用？

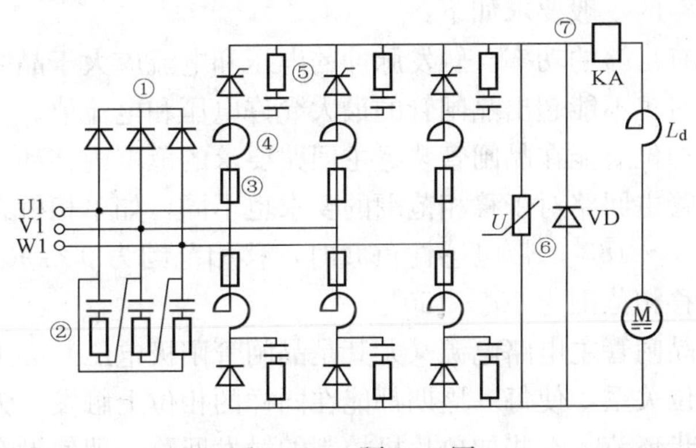

图 4-10　题 4-7 图

4-8　何种情况下要对晶闸管进行串并联连接？这时分别需要采取哪些措施来保证晶闸管正常工作？

4-9　动态均压与静态均压有何区别？其采取的措施分别是什么？均压电阻如何选取？

4-10　均流措施有哪些常见措施？它们适用的场合是什么？

第5章

晶闸管触发电路

对于普通晶闸管这类半控型电力电子器件，为了使其能够根据要求迅速由阻断状态转入导通状态，必须满足器件承受正向阳极电压和在门极加触发信号两个条件。这个触发信号是由触发电路提供的。触发信号可以用交流正半周的一部分，也可以用直流信号，还可以用短暂的正向脉冲或脉冲列。采用性能良好的触发电路，可以使电力电子器件工作在较理想的开关状态，缩短开关时间，减少开关损耗，对装置的运行效率、可靠性和安全性都有重要意义。

5.1 对触发电路的要求

晶闸管对触发电路的一般要求如下：

(1) 触发脉冲应有足够的功率。触发脉冲的电压和电流应大于晶闸管要求的最小值，并留有一定的裕量；同时也不能超出晶闸管的最大允许电压和电流值。

(2) 触发脉冲的相位应能在晶闸管装置主回路要求的范围内移动，即满足移相范围的要求。不同类型的晶闸管主回路对于移相范围的要求也不同，如单相桥式全控整流电路带阻性负载时，移相范围为0°～180°；带电感性负载时，移相范围为0°～90°。对于既作整流又作逆变的变流装置，其移相范围为30°～150°。

(3) 触发脉冲与晶闸管主电路电源（尤其是晶闸管阳极电压）必须同步，两者频率应相同，即要有固定的相位关系，使每一周期都能在同样的相位上触发。为满足这一要求，一般相控触发电路都有同步环节，有些如单片机控制的触发回路，即使没有明显的同步环节，也要具有类似的同步功能。

(4) 触发脉冲的波形要符合要求，有足够的宽度与前沿陡度。例如整流电路带电感性负载，脉冲的宽度要宽些，一般为1ms，达到工频50Hz波形的18°；而普通晶闸管的开通时间为6μs，一般要求脉宽达到0.05ms即可；对于多个晶闸管作串并联运用时，为改善均压和均流，脉冲的前沿陡度希望大于1A/μs。

具体的触发电路种类较多，简易的有阻容移相触发电路、单结晶体管触发电路等。控制精度高且实用的装置，采用同步电压为正弦波或锯齿波的晶闸管触发电路和集成化晶闸管触发电路等。

触发电路通常采用单独的低压电源供电，为了避免彼此之间的干扰，应与主电路进行电气隔离。常用的方法是在触发电路与主电路之间连接脉冲变压器，但此类变压器需要专门设计。为避免来自于主电路的干扰进入触发电路，可考虑采用静电屏蔽及并联电容等抗干扰措施。

5.2 单结晶体管触发电路

单结晶体管触发电路在单相及要求不高的三相晶闸管触发电路中应用较为广泛，单结晶体管组成的触发电路具有线路简单、运行可靠、触发脉冲前沿陡、抗干扰能力强及很好的温度补偿性能等优点。

5.2.1　单结晶体管的结构和特性

单结晶体管的结构是在一块高电阻率的 N 型硅半导体基片上，引出两个欧姆（即纯电阻）接触的电极：第一基极 b1 和第二基极 b2。在两个基极间靠近 b2 处，用合金法或扩散法渗入 P 型杂质（如金属铝），并引出发射极 e，单结晶体管共有上述 3 个电极。当 b2、b1 间加正向电压后，e、b1 间呈高阻特性，这个电阻为 4～10kΩ。但是 e 的电位达到 b2、b1 间电压的某一比值（如 50%）时，e、b1 间立刻变为低电阻，这是单结晶体管最基本的，也是最大的特点。

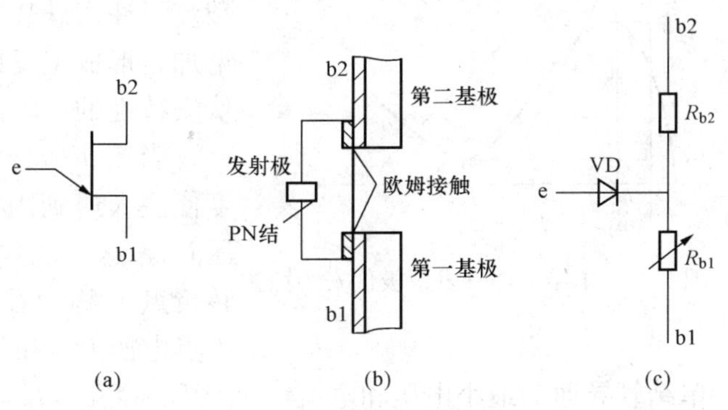

图 5-1　单结晶体管的符号、结构及等效电路
（a）符号；（b）结构；（c）等效电路

图 5-1 为单结晶体管的符号、结构及等效电路。

图 5-1（c）中的二极管 VD 等效于单结晶体管内部的 PN 结，R_{b1}是 b1 基极和 PN 结间的电阻，R_{b2}是 b2 基极和 PN 结间的电阻。

图 5-2 为单结晶体管基本测试电路与等效电路，当 E_{bb}为一定值时，开关 S 接通，则 A 点和 b1 基极间的电压为

$$U_A = \frac{R_{b1}}{R_{b1}+R_{b2}}E_{bb} = \eta E_{bb} \tag{5-1}$$

式中：η 为分压比，是单结晶体管的主要参数，一般为 0.3～0.9。

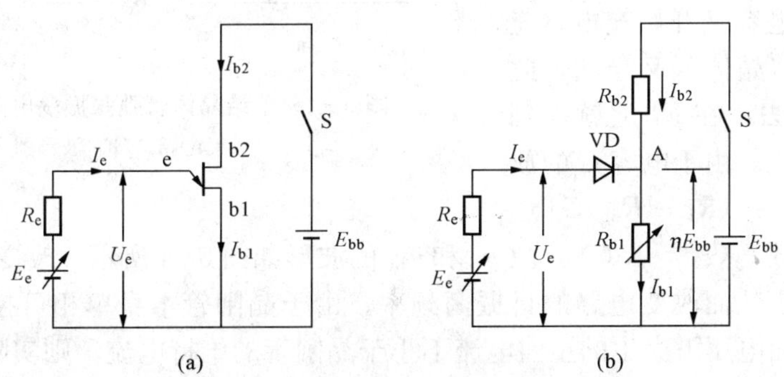

图 5-2　单结晶体管基本测试电路与等效电路

当 U_e 从零逐渐增加但 $U_e \leqslant U_A$ 时，单结晶体管的 PN 结处于反向偏置状态，只有很小的反向漏电流，这时，单结晶体管处于截止工作区。直到当发射极电位 U_e 与 U_A（即 ηE_{bb}）的电位差高于二极管 VD 的管压降（约 0.7V）时，单结晶体管开始导通，这个电压称为峰点电压 U_P，$U_P = U_e = \eta E_{bb} + U_D$ 。此时的发射极电流称为峰点电流，用 I_P 表示。图 5-3 所示为单结晶体管发射极伏安特性。二极管 VD 导通后，大量的载流子流入 A 点和 b1 间的 N

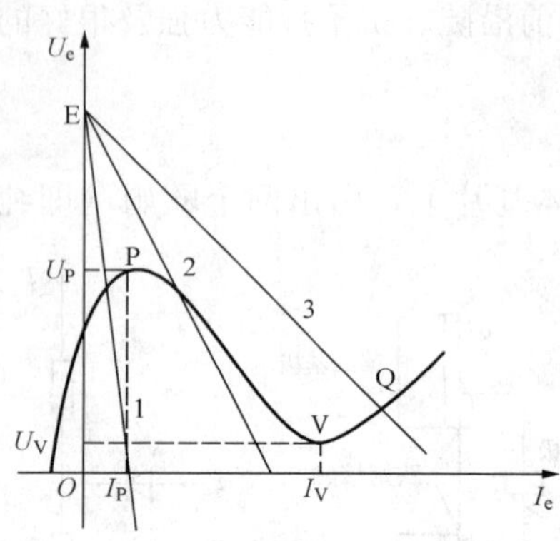

图 5-3 单结晶体管发射极伏安特性

型硅片，因此 R_{b1} 迅速减小。硅片上的分压也发生变化，U_A 下降，因而 U_e 也下降。从外电路看，$U_e = E_e - I_eR_e$，由于 I_e 增加，U_e 虽然下降，但由于 U_A 下降更多，故 PN 结处于更大的正向偏置电压下，因而更多的载流子注入硅片中，促使 R_{b1} 进一步减小，I_e 又进一步增加，形成正反馈。这一过程表明它已进入单结晶体管伏安特性的负阻区，如图 5-3 中 PV 段所示。

当 I_e 增大至一定程度时，N 型硅片内载流子的浓度使注入遇到阻力，欲使 I_e 继续增大，就必须增大电压 U_e，这一现象称为饱和。由负阻区转化到饱和区的转折点 V 称为谷点，与谷点对应的电压和电流分别称为谷点电压 U_V 和谷点电流 I_V。谷点电压和谷点电流是维持单结管导通的最小电压和电流，一旦 $U_e<U_V$、$I_e<I_V$，单结晶体管将由导通转换为截止。

需要注意的是，图 5-3 中的伏安特性是当 E_{bb} 为某一固定值（如 15V）时作出的，如果 E_{bb} 的数值改变，U_P 和 U_V 值也随之改变。当 E_{bb} 很小时，U_P 和 U_V 也很小。

5.2.2 单结晶体管弛张振荡电路

图 5-4 是单结晶体管的弛张振荡电路与输出波形。设电源未接通时，电容 C 上的电压 u_C 为零。电源接通后，C 经电阻 R_e 充电，u_C 逐渐升高，当 u_C 达到单结晶体管的峰点电压 U_P 时，单结晶体管导通，电容 C 经 e、b1 向电阻 R_1 放电，于是在 R_1 上输出一个脉冲电压。当电容放电至 $u_C = U_V$，并趋向更低时，单结晶体管截止，R_1 上的脉冲电压结束。之后电容又开始充电，充电到 U_P 时，单结晶体管又导通，此过程一直重复下去，在 R_1 上就得到一系列的脉冲电压。由于电容 C 的放电时间常数 $\tau_1[\tau_1 = (R_1 + R_{b1})C]$ 远小于充电时间常数 $\tau_2(\tau_2 = R_eC)$，故 u_C 和 u_{b1} 的波形如图 5-4 所示。改变 R_e 的大小，可以改变充电的速度，从而改变电路的自振荡频率。由于晶闸管本身单相可控的特性，其导通后，若在外加正向电压下产生的正向电流不小于晶闸管的维持电流，则实际起控制作用的将是 R_1 上输出的第一个脉冲，在一个周期内改变它出现的时刻，即可改变主回路中晶闸管导通的时刻，从而实现对晶闸管控制角 α 的改变。

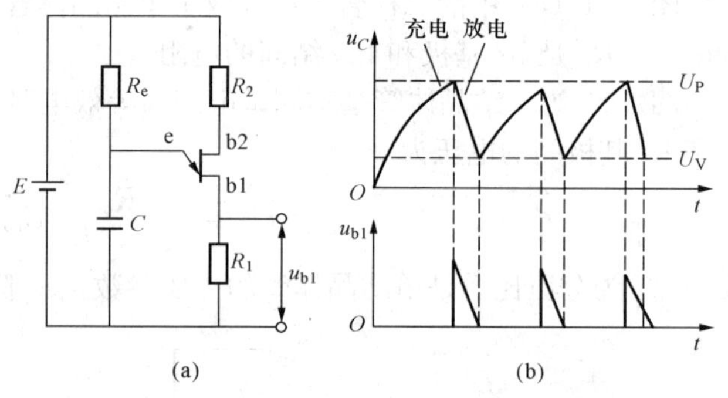

图 5-4 单结晶体管弛张振荡电路与波形图

(a) 电路；(b) 波形图

需要注意，若 R_e 的值太大或太小，单结晶体管将处于如图 5-3 所示的直线 1 和直线 3 的工作状态，电路将发生自激振荡。R_e 太大时，较小的 I_e 能在 R_e 上产生大的压降，使 u_C 升不到 U_P，单结晶体管就不能工作到负阻区。而当 R_e 太小时，单结晶体管导通后一次的 I_e 将一直大于 I_V，单结晶体管不能关断。所以，要使电路振荡，R_e 的值应满足下列条件（见图 5-3 中的直线 2）：

$$E_e - I_P R_e > U_P \tag{5-2}$$

$$E_e - I_V R_e < U_V \tag{5-3}$$

整理后，得

$$\frac{E_e - U_V}{I_V} < R_e < \frac{E_e - U_P}{I_P} \tag{5-4}$$

在实际应用中，通常是以调节 R_e 的大小来控制电容 C 的充电时间 τ_2。为了使 R_e 不至于调节得过小出现单结晶体管不能关断的情况，一般解决的方法是在单结晶体管的发射极回路中多串联一只定值的限制电阻。

电路中，R_1 一般取值很小，约为几十欧，若忽略电容的放电时间，上述电路的自振荡频率近似为

$$f = \frac{1}{T} = \frac{1}{R_e C \ln\left(\frac{1}{1-\eta}\right)} \tag{5-5}$$

R_1 上的脉冲电压宽度主要取决于电容的放电时间常数 τ，$\tau \approx R_e C$。R_2 是为避免温度对振荡频率和输出脉冲幅值的影响而设置的，因为单结晶体管的 U_D 具有负的温度系数，当温度升高时，U_D 反而减小，导致峰点电压 U_P（$U_P = \eta E_{bb} + U_D$）也减小，从而使振荡电路频率和输出脉冲幅值不稳定。又由于 R_{bb}（$R_{bb} = R_{b1} + R_{b2}$）具有正的温度系数，加入 R_2 后，温度升高时，R_{bb}增大，使 R_2 上的压降略减小，则加在管子 b1、b2 上的电压 E_{bb}略升高，从而补偿具有负温度系数的 U_D 的减小，使峰点电压值基本不变。

5.2.3　单结晶体管的同步和移相触发器

如图 5-5（a）所示，触发电路为一单结晶体管同步与移相触发电路，回路为一单相桥式半控整流电路。主电路中的晶闸管只有在承受正向电压的半周内才可能触发导通，为了使晶闸管 VT1 和 VT3 每次导通的控制角 α 都相同并固定下来，触发脉冲必须在电源电压每次过零且滞后 α 角时出现。这样触发脉冲与电源电压的相位配合才能实现同步。

本振荡电路采用变压器一次侧接主电路电源，二次侧触发电路经整流、稳压削波得到梯形波，作为触发电路电源和同步信号。当主电路电压由正至负过零时，触发电路的电压也过零，单结晶体管的 E_{bb}也降到零，满足电容 C 放电完毕，下一个半波再从零开始充电以起到同步作用。从图 5-5（b）还可看出，每半周中电容充放电不止一次，晶闸管由第一个脉冲触发导通，后面的脉冲不起作用。

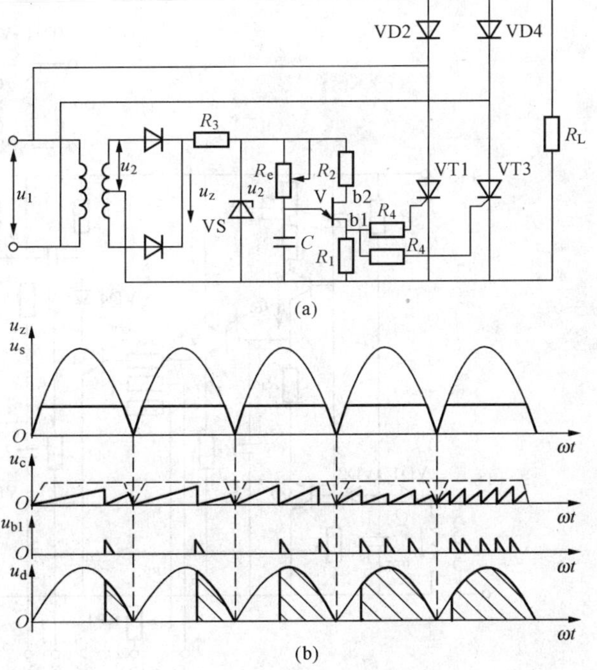

图 5-5　单结晶体管同步移相触发器与主电路工作波形

（a）电路；（b）主电路工作波形

改变 R_e 就可改变电容充电速度，达到改变控制角 α 的目的。图 5-5（b）中给出改变 R_e 后，不同的 u_c、u_{b1} 和 u_d 的波形，可见 R_e 越小，α 越小，输出电压越大。

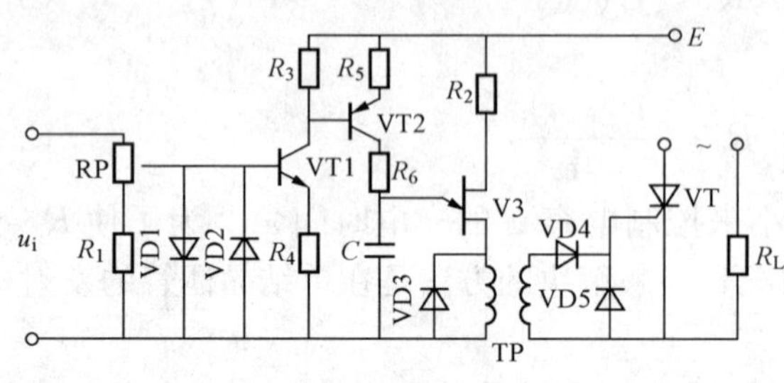

图 5-6 与控制系统相连接的三极管移相单结晶体管触发电路

实际应用中，用晶体管来代替电位器 R_e，如图 5-6 所示三极管移相控制电路中的 V2 可实现自动控制移相。另外，脉冲也可通过脉冲变压器 TP 输出，以实现两个脉冲之间以及触发电路和主电路之间的隔离。

单结晶体管触发电路较简单，易调整，输出脉冲前沿陡，但触发功率小，脉冲较窄，可用的移相范围为 0°～150°，故一般用于小容量系统中。

5.3 锯齿波同步触发电路

大、中功率的变流器对触发电路的精度要求较高，要求触发功率较大，故广泛应用的是晶闸管触发电路。晶闸管触发电路的种类很多，如以同步信号来区分，常用的有锯齿波同步电路和正弦波同步电路两种。这里主要介绍同步电压为锯齿波的晶闸管触发电路。

图 5-7 所示电路是同步信号为锯齿波的晶闸管触发电路。此电路输出可以是双窄脉冲，也可以是单窄脉冲，能够输出强脉冲，比较适用于有两相晶闸管同时导通的电路，如三相全

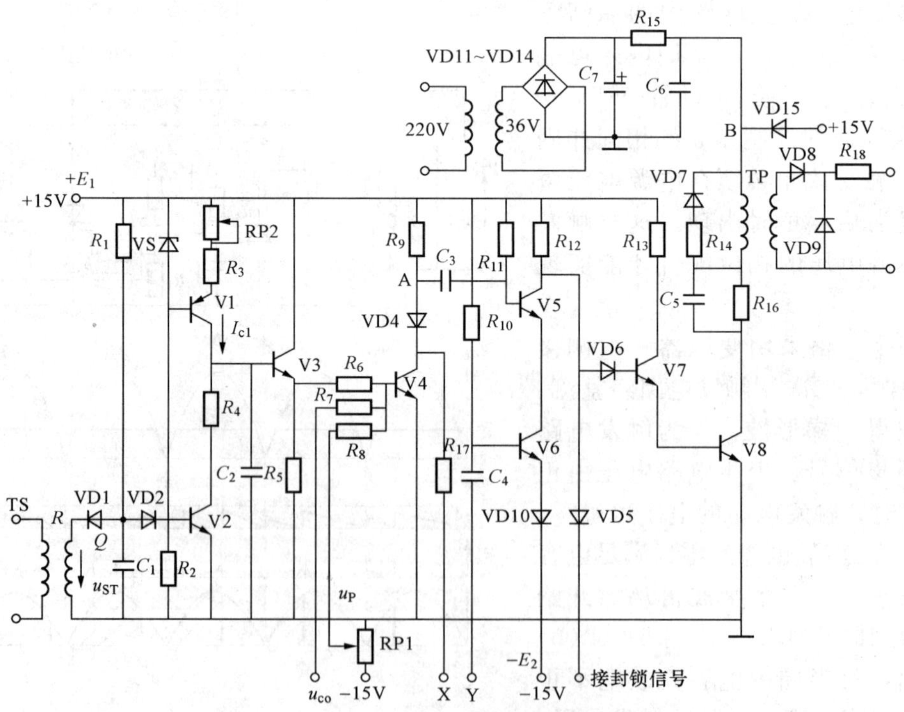

图 5-7 同步电压为锯齿波的晶闸管触发电路

控桥式整流电路。该电路可分成三个基本环节，分别是脉冲的形成与放大、锯齿波的形成及脉冲移相、同步环节。此外，电路中还有专门的强触发和双窄脉冲形成环节。下面分别介绍各部分电路的工作原理。

5.3.1 脉冲的形成与放大

图 5-8 为此电路的脉冲形成与输出部分电路，脉冲形成环节由三极管 V4、V5 组成；放大环节由 V7、V8 组成。控制电压 u_{co} 加在 V4 的基极上，触发脉冲由脉冲变压器 TP 二次侧输出。TP 一次绕组接在 V8 集电极电路中。当控制电压 $u_{co}=0$ 时，V4 截止。$+E_1$（+15V）电源通过 R_{11} 供给 V5 一个足够大的基极电流，使 V5 饱和导通，所以 V5 的集电极电压 U_{V5C} 接近于 $-E_2$（−15V）（实际还相差一个 V5 发射结压降 0.7V）。此时 V7、V8 处于截止状态，无脉冲输出。另外，电源的 $+E_1$（+15V）经 R_9、V5 发射结到 $-E_2$（−15V）对电容 C_3 充电，充满后电容两端电压约 30V（即 E_1+E_2）。

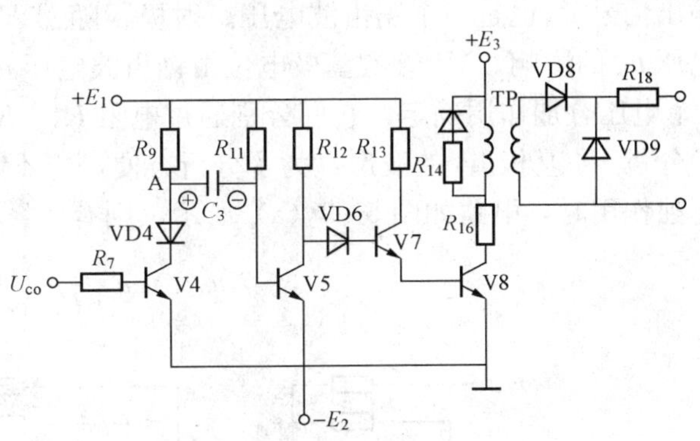

图 5-8 脉冲的形成与输出电路

当控制电压 u_{co} 由 0V 升高至约 0.7V 时，V4 导通，A 点电位从接近 $+E_1$（+15V）迅速降低至 1V 左右，由于电容 C_3 两端电压不能突变，所以 V5 基极电位迅速降至约 −30V，于是 V5 发射结反偏置，V5 由饱和导通立即转为截止。它的集电极电压 U_{V5C} 由 $-E_1$（−15V）迅速上升到 +2.1V（VD6、V7、V8 中 3 个 PN 结正向结压降之和），于是 V7、V8 导通，触发脉冲经脉冲变压器 TP 输出；同时，电容 C_3 经电源 $+E_1$、R_{11}、VD4、V4 放电并反向充电，使 V5 基极电位又逐渐上升，直到 $U_{V5B}>-E_2$（−15V），V5 又重新导通，这时 U_{V5C} 又降到接近于 $-E_2$，使 V7、V8 截止，输出脉冲终止。

可见，脉冲前沿由 V4 导通时刻确定，V5（或图 5-7 中 V6）截止持续时间即为脉冲宽度。所以脉冲宽度与反向充电回路时间常数 τ 有关，$\tau=R_{11}C_3$。R_{13} 和 R_{16} 为 V7、V8 的限流电阻，用于防止由于 V5 长时间截止使 V7、V8 长时间过电流而烧坏。

5.3.2 锯齿波的形成及脉冲移相

锯齿波同步移相的原理是：利用受正弦同步信号电压控制的锯齿波电压作为同步电压，再与直流控制电压 u_{co}、偏移电压 u_p 组成并联控制，进行电流叠加，从而控制晶体管 V4 的截止与饱和导通。

锯齿波电压形成的方案较多，如采用恒流源电路、自举式电路等。图 5-7 中所示为恒流源电路方案，电路由 V1、V2、V3 和 C_2 等元件组成，其中 V1、VS、RP2 和 R_3 为一恒流源电路。当 V2 截止时，恒流源电流 I_{c1} 对电容 C_2 充电，所以 C_2 两端电压 u_c 为

$$u_c=\frac{1}{C_2}\int i\mathrm{d}t \tag{5-6}$$

其中

$$i=I_{c1}$$

所以有

$$u_c=\frac{I_{c1}}{C_2}t \tag{5-7}$$

u_c 按斜率 $\frac{I_{c1}}{C_2}$ 线性增长，即 V3 的基极电位 u_{b3}按线性增长。调节电位器 RP2，即可改变 C_2 的恒定充电电流 I_{c1}，即 RP2 用来调节锯齿波的斜率。

当 V2 导通时，由于 R_4 阻值很小，所以 C_2 经 R_4、V2 迅速放电，使 u_{b3}电位迅速降到零附近。当 V2 周期性地导通和关断时，u_{b3}便形成一锯齿波，同样由 V3 构成的射极跟随器的输出信号 u_{e3}也是一个锯齿波电压。射极跟随器 V3 的作用是减小控制回路的电流对锯齿波电压 u_{b3}的影响。V4 管的基极电位由锯齿波电压 u_{e3}、直流控制电压 u_{co}、直流偏移电压 u_p 这 3 个电压叠加作用确定，它们分别通过电阻 R_6、R_7 和 R_8 与 V4 基极相接。可以采用叠加原理分析 V4 基极 b4 的波形，为了分析方便，先不考虑 V4 管的存在。只考虑锯齿波电压 u_{e3} 单独作用时，电路如图 5-9（a）所示，则有

$$u'_{e3} = u_{e3}\frac{R_7 /\!/ R_8}{R_6 + R_7 /\!/ R_8} \tag{5-8}$$

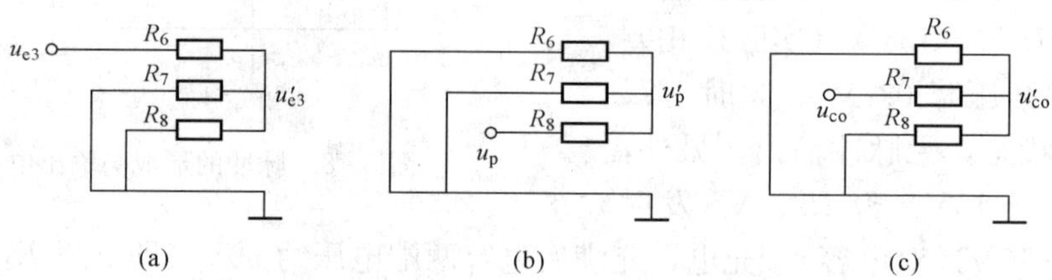

图 5-9　移相控制（V4 基极）等效电路

（a）u_{e3}单独作用时电路；（b）u_p 单独作用时电路；（c）u_{co}单独作用时电路

可见，u'_{e3} 性质没变，仍为一锯齿波，但斜率比 u_{e3} 低。

只考虑偏移电压 u_p 单独作用时的电路如图 5-9（b）所示，有

$$u'_p = u_p\frac{R_6 /\!/ R_7}{R_8 + R_6 /\!/ R_7} \tag{5-9}$$

可见，u'_p 仍为一条与 u_{co}平行的直线，但数值比 u_p 小。

只考虑直流控制电压 u_{co}单独作用时的电路如图 5-9（c）所示，有

$$u'_{co} = u_{co}\frac{R_6 /\!/ R_8}{R_7 + R_6 /\!/ R_8} \tag{5-10}$$

可见，u'_{co} 仍为与 u_{co}平行的一直线，但数值比 u_{co}小。

如果 $u_{co}=0$，u_p 为负值时，则 b4 点的电压波形 u_{b4}由 $u'_{e3}+u'_p$ 确定，如图 5-10 中由上向下第 4 个波形所示。

理论上，当 u_{co}为正值时，b4 点的波形由 $u'_{e3}+u'_p+u'_{co}$ 三者之和确定。但由于 V4 的存在，上述电压波形将会发生变化，因为当 b4 点电压等于 0.7V 后，V4 导通，之后 u_{b4}将一直被钳位在 0.7V，所以实际波形如图 5-10 中第 6 个波形图所示，图中点 M 是 V4 由截止到导通的转折点。由前面分析可知，V4 经过 M 点时电路输出脉冲。因此当 u_p 为某固定值时，改变 u_{co}就可改变 M 点的时间坐标，即改变了脉冲产生的时刻，实现脉冲移相，从而改变主回路中晶闸管整流电路输出电压的大小。

之所以要加偏移电压 u_p，是为了调整控制电压 $u_{co}=0$ 时脉冲的初始位置（即控制角 α 的初始位置，特别注意：不是 $\alpha=0°$）。例如三相全控桥整流电路带感性负载且电流连续时，脉冲初始相位应定在 $\alpha=0°$，通常对于只用作整流的控制回路，α 设为移相范围的最大值，

这样调节 u_{co}增大，即减小 α；如果是可逆系统，需要在整流和逆变两种状态下工作，这时要求脉冲的移相范围理论上约为 180°（考虑 α_{min} 和 β_{min}，实际约为 120°）。由于锯齿波波形两端的非线性，因而要求锯齿波底部宽度大于 180°，通常为 240°，此时令 $u_{co}=0$，调节 u_p 的大小使产生脉冲的 M 点移至锯齿波 240° 的中央（即 120° 处），即相应 $\alpha=90°$的位置。这时，如调整 u_{co}为正值，M 点就向前移，控制角 $\alpha<90°$，晶闸管电路处于整流工作状态；如调整 u_{co}为负值，则 M 点向后移，$\alpha>90°$，晶闸管电路处于逆变状态。

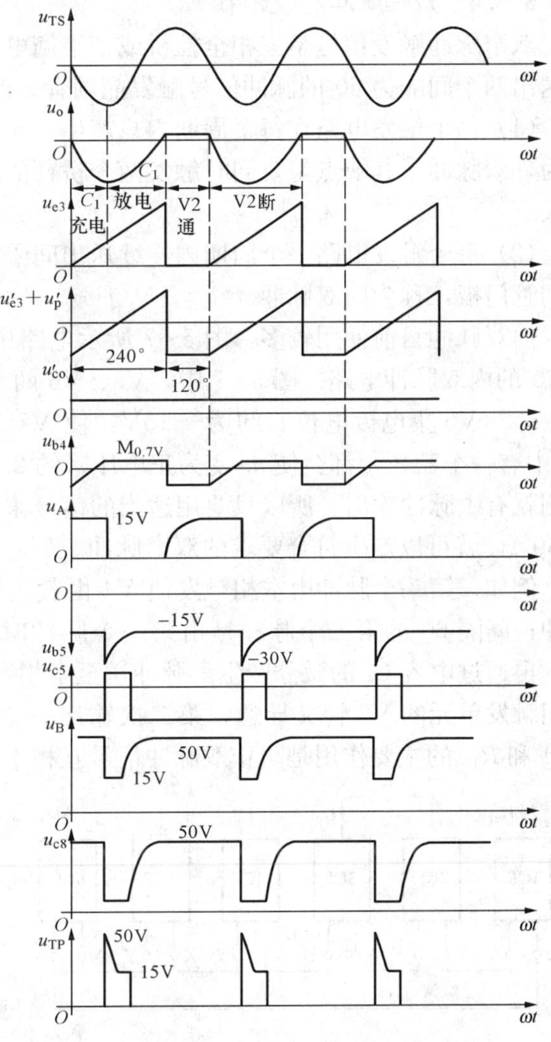

图 5-10 锯齿波触发电路各点电压波形

5.3.3 锯齿波同步电压的形成（同步环节）

在锯齿波触发电路中，触发电路与主回路的同步是指锯齿波的频率要与主回路电源的频率相同。从图 5-7 可知，锯齿波是由 V2 管来控制的，V2 由导通转为截止期间产生锯齿波，V2 截止持续时间就是锯齿波的宽度，V2 开关的频率就是锯齿波的频率。要使触发脉冲与主回路电源同步，只需使 V2 开关的频率与主回路电源频率同步。

图 5-7 中所示同步环节，由同步变压器 TS 和同步开关晶体管 V2 共同组成。同步变压器和整流变压器接在同一电源上，用同步变压器的二次电压来控制 V2 的通断作用，从而保证了触发脉冲与主回路电源同步。同步变压器二次电压 u_{TS}经二极管 VD1 间接加在 V2 的基极上。当二次电压波形在负半周的下降段时，VD1 导通，电容 C_1 被迅速充电，极性为下正上负。忽略 VD1 管压降，Q 点电位与 R 点一致，故在这一阶段 V2 因发射结反向偏置而截止。在负半周的上升段，$+E_1$ 电源通过 R_1 给电容 C_1 反向放电再充电，其上升速度比 u_{TS}慢，故 VD1 截止。当 Q 点电位达 1.4V 时，V2 导通，Q 点电位被钳位在 1.4V，直到同步脉冲变压器 TS 二次电压的下一个负半周到来时，VD1 重新导通，C_1 迅速放电后又被充电，V2 截止。如此不断循环下去，在一个正弦波周期内，V2 包括截止与导通两个状态，对应锯齿波波形恰好是一个周期，与主回路电源频率完全一致，达到同步的目的。

需要注意，Q 点电位从同步电压负半周上升段开始时刻到达 1.4V 的时间越长，V2 截止时间就越长，锯齿波就越宽，因此锯齿波的宽度是由充电时间常数 R_1C_1 决定的。

5.3.4 双窄脉冲形成环节

双窄脉冲触发信号是三相全控桥或带平衡电抗器双反星形电路触发的特殊要求，需要连续送出两个间隔为60°的脉冲信号触发晶闸管。产生双窄脉冲的方法有两种：

(1) 每个触发电路在每个周期内只产生一个脉冲，而让其同时触发两个桥臂的晶闸管，称为外双脉冲。其缺点是要同时触发两个桥臂的晶闸管，输出功率和脉冲变压器的容量都要增大。

(2) 每个触发电路一个周期内连续送出间隔为60°的两个窄脉冲，只提供给一个桥臂的晶闸管门极，称为内双脉冲。

内双脉冲目前使用较多，图5-7所示电路中便是每个触发单元一个周期内输出两个间隔60°的内双脉冲电路。图5-7中，V5、V6两个晶体管构成一个或门，当V5、V6都导通时，u_{c5}（V5集电极电位）约为－15V，使V7、V8都截止，没有脉冲输出。但只要V5、V6中有一个截止，都会使u_{c5}变为正电压（约2.1V），使V7、V8导通，脉冲变压器TP二次侧就有了脉冲输出。所以只要用适当的信号来控制V5或V6的截止（注意，需要前后间隔60°），就可以产生符合要求的双窄脉冲。

例如，第一个脉冲由本相触发使V4由截止转为导通，使V5瞬时截止，于是V8输出脉冲；间隔60°的第二个脉冲是由第一个脉冲时刻信号，经V4集电极、R_{17}、X端送至Y端，再通过电容C_4的微分产生负脉冲送至本相触发单元V6的基极，使V6瞬时截止，于是本相触发单元的V8管又导通，第二次输出一个脉冲，因而得到间隔60°的双脉冲。其中，VD4和R_{17}的主要作用是防止双脉冲信号互相干扰。

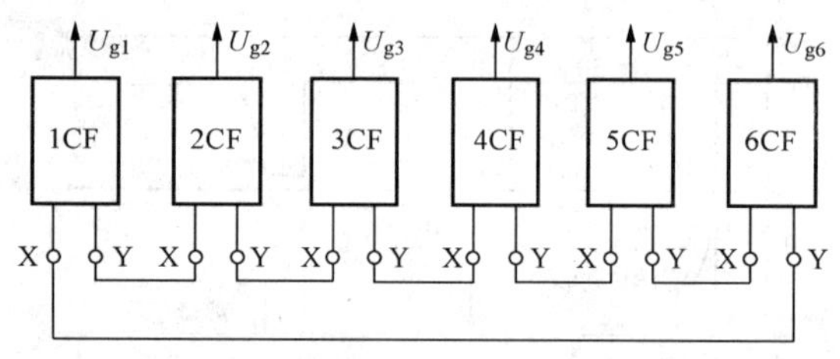

图5-11 三相全控桥触发电路X、Y端的连接

在三相桥式全控整流电路中，器件的导通次序为VT1、VT2、VT3、VT4、VT5、VT6，彼此间隔60°，为了得到内双脉冲触发电路，双脉冲环节应该这样接线：以VT1器件的触发单元而言，图5-7电路中的Y端应该接VT2器件触发单元电路的X端，因为VT2器件的第一个脉冲比VT1器件的第一个脉冲滞后60°，所以当VT2触发单元电路的V4由截止变导通时，本身输出一个脉冲，同时使VT1器件触发单元的V6管截止，给VT1器件补送一个脉冲。同理，VT1器件触发单元的X端应当接VT6器件触发电路的Y端，因为VT6器件比VT1器件超前60°导通，所以当VT1器件产生脉冲时给VT6器件补送一个脉冲。依此类推，可以确定6个器件相应触发单元电路的双脉冲环节间的相互接线。三相全控桥触发电路X、Y端的连接如图5-11所示，其中1CF～6CF为6块触发板。

5.3.5 强触发电路

强触发脉冲可以缩短晶闸管的开通时间，提高晶闸管承受di/dt的能力，有利于改善串并联器件的动态均压和均流，增强触发的可靠性，因此在大中容量系统的触发电路中都带有强触发环节。强触发脉冲形状与其他窄脉冲相比，在脉冲初期阶段输出约为通常情况下的5倍脉冲幅值，而时间只占整个脉冲宽度的很小一部分（10μs左右），减小了门极损耗，其前沿陡度在1A/μs左右。电路设计时，要考虑满足瞬时输出高电压和大电流的要求。

图 5-7 所示触发电路的强触发环节由单相桥式整流（VD11～VD14）获得 50V 电源。

在 V8 导通前，50V 电源已通过 R_{15} 向 C_6 充电。所以 B 点电位已升到 50V。当 V8 导通时，C_6 经过脉冲变压器 TP、R_{16}（C_5）、V8 迅速放电。由于放电回路电阻较小，电容 C_6 两端电压衰减很快，B 点电位 u_B 迅速下降。当 u_B 稍低于＋15V 时，二极管 VD15 由截止变为导通。虽然这时 50V 电源电压较高，但它向 V8 提供较大的负载电流，在 R_{15} 上的电阻压降较大，不可能向 C_6 提供超过＋15V 的电压，因此 u_B 电位被钳制在＋15V。当 V8 由导通再次转为截止时，50V 电源又通过 R_{15} 向 C_6 充电，使 B 点电位再升到 50V，准备下一次强触发。

注意，电容 C_5 是为提高强触发脉冲前沿陡度而附加的。

5.4　集成化晶闸管移相触发电路

集成电路可靠性高，技术性能好，体积小，功耗低，调试方便。随着集成电路制作技术的提高，晶闸管触发电路的集成化必将普及，它是发展的必然趋势，现正逐步取代分立式电路。以下介绍国产 KC05（KJ005 基本相同）移相触发、KC42 脉冲列调制形成器、KC41 六路双脉冲形成器电路的工作原理，以及由集成电路组成的三相触发电路。

5.4.1　KC05 集成移相触发器

图 5-12 所示为 KC05 集成移相触发器的应用实例。KC05 集成移相触发器是 16 管脚双列直插式集成触发电路，主要应用于双向晶闸管及反并联晶闸管线路的交流相位控制。该器件具有锯齿波线性好、移相范围宽、控制方式相对简单、输出电流大，以及有失交保护等优点，是交流调压电路的理想控制器件，同时也适用于半控或全控桥式整流电路的相位控制。

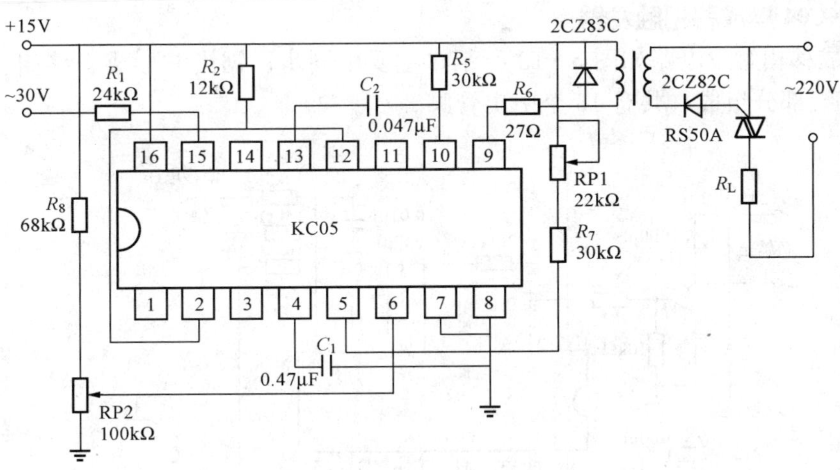

图 5-12　KC05 集成移相触发器应用于小型直流电机控制实例

KC05 由同步检测电路、锯齿波形成电路、移相电压和锯齿波电压综合比较放大电路、触发脉冲形成及功率放大电路，以及失交保护电路等构成。

5.4.1.1　各管脚功能及作用

15、16 端为同步电压输入端，16 端同时是＋15V 电源输入端。内部电路对外接的电容

C_1 充电至 8V 左右，同步过零结束，C_1 电容恒流放电，形成线性下降的锯齿波。锯齿波下降的斜率由 5 端外接的锯齿波斜率电位器 RP1 调节。锯齿波经电压比较放大，再经外接 R_5 、C_2 微分，形成宽度由 R_5 、C_2 决定的脉冲，脉冲经功率放大后，在 9 端能够得到输出电流为 200mA 的触发脉冲。从而控制主回路中晶闸管的导通时间，实现小型直流电动机转速的调节。

对多路集中控制或三相交流调压线路，要求各路、各相输出取得较好一致性，可以将各块 KC05 电路 3 端引出端连在一起来保证锯齿波幅度一致。

5.4.1.2 KC05 集成移相触发器电参数

电源电压：+15V DC，允许波动±5%（±10%功能正常）。

电源电流：≤2mA。

同步电压：≥10V。

同步输入端允许最大同步电流：3mA（有效值）。

移相范围：≥170°（同步电压 30V，同步输入电阻 10kΩ）。

移相输入端偏置电流：≤10μA。

锯齿波幅度：≥7～8.5V。

输出脉冲：

脉冲宽度 100μs～2ms（通过改变脉宽阻容元件达到）。

脉冲幅度 ≥13V。

最大输出能力 200mA（吸收脉冲电流）。

输出反压 $BU_{ceo}\geq 18$V。

允许使用环境温度：−10～70℃。

5.4.2 KC04 集成移相触发器

KC04 集成移相触发电路如图 5-13 所示，主要由同步、锯齿波形成、移相、脉冲形成和功率放大等五部分组成，共有 16 个引出管脚。

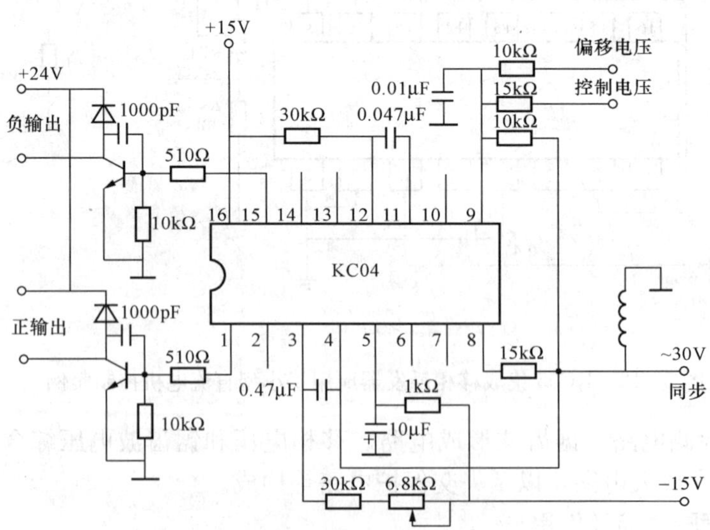

图 5-13 KC04 集成移相触发电路

5.4.2.1　各管脚的功能及作用

16 端接 +15V 电源，3 端通过 30kΩ 电阻和 6.8kΩ 电位器接 −15V 电源，7 端接地。正弦同步电压经 15kΩ 电阻接至 8 端，进入同步环节。3、4 端之间接 0.47μF 电容，与集成电路内部三极管构成电容负反馈锯齿波发生器。9 端为锯齿波电压、负直流偏置电压和控制移相电压综合比较输入。11、12 端之间接 0.047μF 电容后接 30kΩ 电阻，再接至 +15V 电源，与集成电路内部三极管构成脉冲形成环节，脉宽由时间常数 0.047μF×30kΩ 决定。13 和 14 端是提供脉冲列调制和脉冲封锁控制端。1 和 15 端输出相位相差 180°的两个窄脉冲。

5.4.2.2　KC04 集成移相触发器电参数

电源电压：±15V DC，允许波动±5%。

电源电流：正电流≤15mA，负电流≤8mA。

移相范围：≥170°（同步电压为 30V，同步输入电阻 15～30kΩ）。

锯齿波幅度：≥10V（以锯齿波出现平顶为准）。

输出脉冲：

　脉冲宽度　400μs～2ms（改变脉宽电容得到）；

　脉冲幅度　≥13V；

　最大输出能力　100mA（流出脉冲电流）；

　输出反压　$BU_{ceo}\geqslant 18V$（测试条件 $I_e \leqslant 100\mu A$）。

正负半周脉冲相位不均衡范围：≤±3°。

使用环境温度：−10～70℃。

5.4.3　KC42 脉冲列调制形成器

在需要宽触发脉冲输出的场合，为了减小触发电源功率及脉冲变压器体积，提高脉冲前沿陡度，常采用脉冲列触发方式。

图 5-14 为 KC42 脉冲调制形成器内部电路结构简图，它主要适用于单相半控、单相全控桥、三相半控、三相全控桥整流电路等电路中作脉冲调制源。

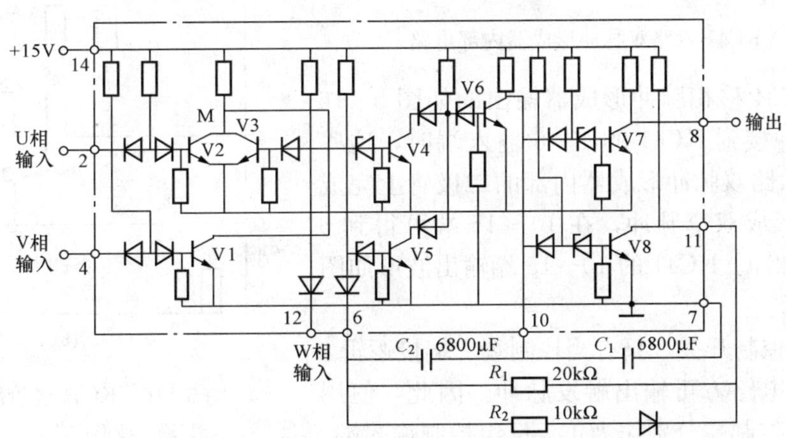

图 5-14　KC42 脉冲列调制形成器内部电路结构图

现以 KC42 脉冲列调制形成器控制三相全控桥式整流电路为例介绍其工作过程。KC42 脉冲调制器的 2、4、12 端需要接收前端 3 片集成移相触发器的输出；KC42 内部 V1、V2、

V3 构成或非门电路；V5、V6、V8 组成环形振荡器；V8 控制振荡器的起振与停振；V6 集电极输出脉冲列经 V7 倒相放大后由 8 端输出信号。

调制脉冲的频率由图 5-14 中外接电容 C_2 和 R_1 、R_2 决定，即

$$f=\frac{1}{T_1+T_2} \tag{5-11}$$

$$T_1=0.693R_1C_2 \tag{5-12}$$

$$T_2=0.693\left(\frac{R_1R_2}{R_1+R_2}\right)C_2 \tag{5-13}$$

式中：T_1 为环形振荡器导通半周时间；T_2 为环形振荡器截止半周时间。

5.4.4 KC41 六路双脉冲形成器

KC41 六路双脉冲形成器不仅具有双脉冲形成功能，还具有电子开关控制封锁功能。图 5-15 所示为 KC41 内部电路图。

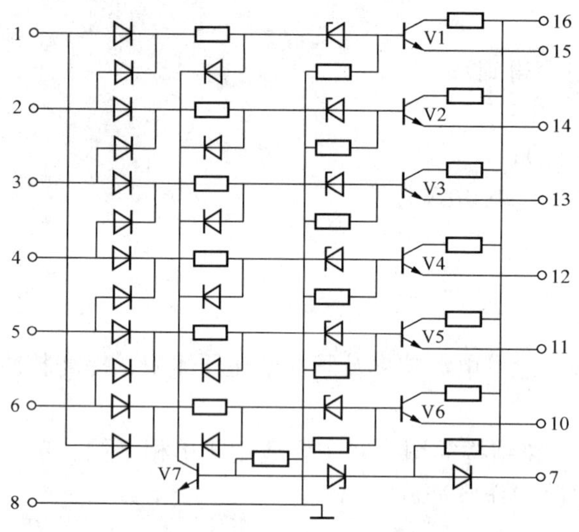

图 5-15 KC41 六路双脉冲形成器内部电路

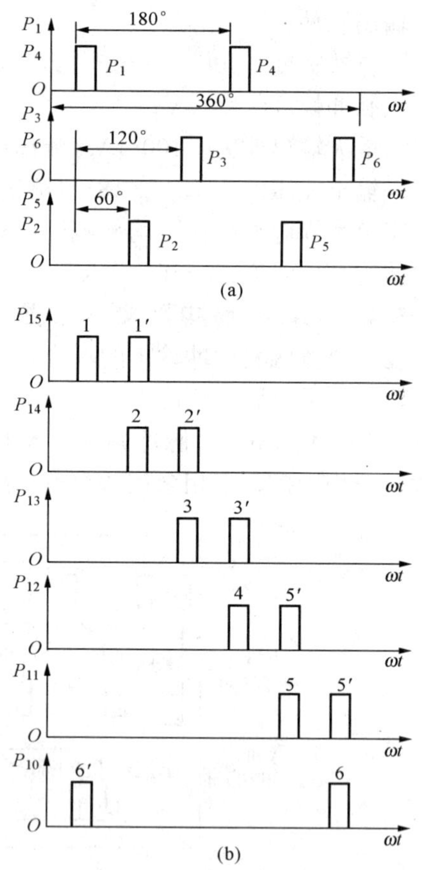

图 5-16 KC41 各管脚波形

(a) 输入波形；(b) 输出波形

将 3 块 KC04 移相脉冲形成器输出的如图 5-16 (a) 所示的脉冲接到 KC41 的 1～6 输入端时，这些信号在 KC41 六路双脉冲形成器内部的二极管上完成或逻辑功能，形成双窄脉冲，在 10～15 端可得到 6 路放大了的双脉冲。KC41 的 10～15 端输出波形如图 5-16 (b) 所示。

V7 是电子控制开关，只有当控制端 7 端接逻辑 0 时，V7 截止，电路方可输出触发脉冲。因此，使用两块 KC41，两控制端分别作为正、反组控制输入端，即可组成正、反组可逆系统。

5.4.5 由集成元件组成的三相触发电路

利用上述的 KC04、KC41 和 KC42 集成电路可以构成一个三相触发电路，如图 5-17 所示。从图中可见，这个触发电路由 3 块 KC04、1 块 KC41 与 1 块 KC42 组成。

同步电压 u_{TA}、u_{TB}、u_{TC}分别加到 3 块 KC04 的 8 输入端上，3 块 KC04 的 13 输出端产生相位差为 180°的脉冲，分别送到 KC04 的 2、4、12 输入端，由 KC42 的 8 输出端可获得相位差为 60°的脉冲列。将此脉冲列再送回到每块 KC04 的 14 端，经 KC04 鉴别后，由每块 KC04 的 1 和 15 端送至 KC41，组合产生所需的双窄脉冲列。从 KC41 的 10～15 端输出后还可经外接的晶体管再次进行功率放大后得到 800mA 的触发脉冲，即可控制 6 只大功率晶闸管。

以上触发电路的信号均为模拟量。本电路优点是结构简单、组件体积小、可靠性高、调整维修方便；其缺点是易受电网电压影响、触发脉冲不对称度较高、控制精度有问题，解决的办法之一是搭建数字模式触发电路。

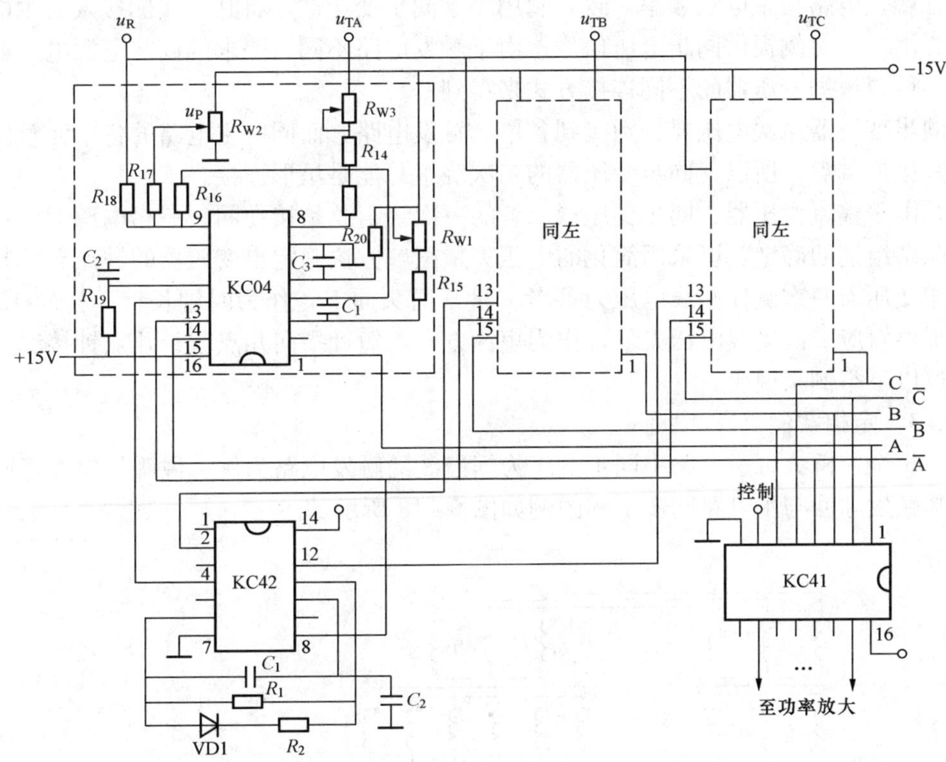

图 5 - 17　集成元件构成的三相 6 路脉冲形成电路

5.5　触发脉冲与主电路电压的同步及防止误触发的措施

5.5.1　触发电路同步电源电压的选择

5.5.1.1　同步的意义

在组装、调试晶闸管装置时，常会碰到这样一种故障：单独检查主电路和触发电路都正常，但连接起来工作不正常，输出电压的波形不规则。这种故障往往是由于主电路与触发电路不同步造成的。

所谓同步，是指给触发电路提供与晶闸管所承受的电源电压保持合适相位关系的电压，使其触发脉冲的相位出现在被触发的晶闸管承受正向电压的区间，确保主电路各晶闸管在每一个周期内按相同的顺序和控制角被触发导通。我们将提供给触发电路的合适相位的电压称为同步信号电压，正确选择同步信号电压与晶闸管所承受电源电压的相位关系称为同步或定相。同步或定相问题是三相变流电路重点要解决的问题，对于采用集成触发器的电路而言，其同步定相问题则相对简单。

5.5.1.2 实现同步的方法

触发电路要与主电路电压取得同步，首先二者应由同一电网供电，保证电源频率一致；其次要根据主电路的形式选择合适的触发电路；最后依据整流变压器的联结组别、主电路线路形式、负载性质确定触发电路的同步电压，并通过同步变压器的正确连接实现。

为保证触发电路与主电路频率一致，利用一个同步变压器，将其一次侧接入为主电路供电的电网，由其二次侧提供同步电压信号。由于触发电路不同，要求的同步电源电压的相位也不一样，可以根据变压器的不同连接方式来得到。

由于同步变压器二次电压要分别接到各单元触发电路，而同一主电路的各单元触发装置一般有公共接地端点，所以，同步变压器的二次绕组只能是星形连接。

同时，由于整流变压器、同步变压器二者的一次绕组总是接在同一三相电源上，对于同步变压器联结组别的确定，可采用简化的电压矢量图解方法确定出变压器的钟点数。其表示法是以三相变压器一次侧任一线电压为参考矢量，箭头向上，作为时钟长针，指向 12 点位置，然后画出对应二次侧线电压矢量，作为短针方向，短针指向几点就是几点钟接法。基本方法可通过以下举例来说明。

5.5.1.3 定相实例

现以三相全控桥式可逆电路中同步电压为锯齿波的触发电路为例，说明如何选择同步电源电压。其触发脉冲与主电路同步定相图例如图 5-18 所示。

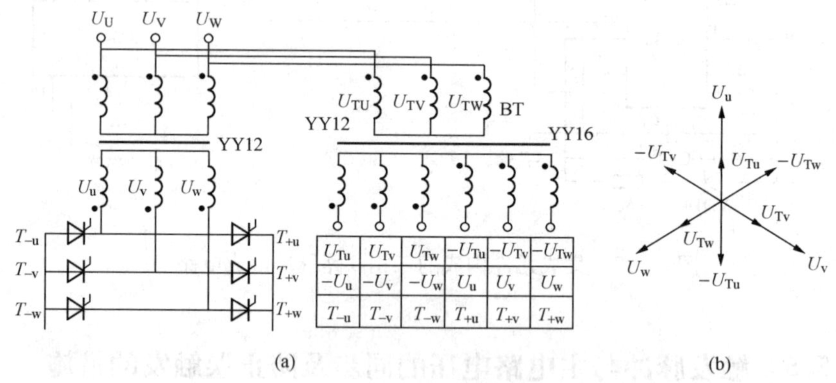

图 5-18 触发脉冲与主电路同步定相图例

(a) 电路；(b) 电压相量图

图 5-18 (a) 所示三相全控桥式整流电路中，6 个晶闸管的触发脉冲依次相隔 60°，所以输入的同步电源电压相位也必须依次相隔 60°。图中，这 6 个同步电压通过一台具有两组二次绕组的三相变压器获得，因此只要一个触发电路的同步电压相位符合要求，即可获得其他 5 个合适的同步电压。下面以某一相为例，分析如何确定同步电源电压。

若采用图 5-7 所示锯齿波同步的触发电路，同步信号负半周的起点对应于锯齿波的起点，适当选取 R_1C_1 参数，可使同步锯齿波信号的宽度为240°。考虑到锯齿波起始段的非线性，故留出60°裕量，电路要求的移相范围是30°～150°，可加直流偏置电压使锯齿波中点与横轴相交，作为触发脉冲的初始相位，对应于 $\alpha=90°$，此时置控制电压 $U_C=0$，输出电压 $U_0=0$。$\alpha=0°$ 是自然换相点，对应于主电源电压相角 $\omega t=30°$，所以 $\alpha=90°$ 的位置即主电源电压120°相角处。

因此，由某相交流同步电压形成锯齿波的相位及移相范围刚好对应于与它相位相反的主电路电源，即主电路 $+\alpha$ 相晶闸管的触发电路应选择 $-\alpha$ 相作为交流同步电压。其他晶闸管触发电路的同步电压可同理推出。

由以上分析可知，当主电源变压器接法为 Yy_0 时，同步变压器应采用 Yy_6 接法获得－u、－v、－w各相同步电压；采用 Yy_0 接法以获得＋u、＋v、＋w各相同步。电压相量图及对应关系如图5-18（b）所示。

各种系统同步电源与主电路的相位关系是不同的，应根据具体情况选取同步变压器的连接方法。三相变压器有24种接法，可得到12种不同相位的二次电压。变流器的主回路为其他接法时，读者可按照上述方法求得各晶闸管的同步电压及同步变压器联结组的接法。

5.5.2 防止误触发的措施

环境的电磁干扰常会影响晶闸管触发电路的工作可靠性。交流电网正弦波质量不好，特别是电网同时供给其他晶闸管装置时，晶闸管的导通可能引起电网电压波形畸变。采用同步电压为锯齿波的触发电路，可以避免电网电压波动的影响。

造成晶闸管误导通，多数是由于干扰信号进入控制电路而引起的。通常可采用如下措施加以避免：

（1）脉冲变压器一、二次侧间加静电隔离。

（2）应尽量避免电感元件靠近控制电路。

（3）控制回路导线采用金属屏蔽线，且金属屏蔽线应接地。

（4）选用触发电流较大的晶闸管。

（5）在控制极和阴极间并联一个0.01～0.1F电容，可以有效地吸收高频干扰。

（6）在控制极和阴极间加反偏电压。一般可以把稳压管接到控制极与阴极之间，也可用几个二极管反向串联，利用管压降代替反压作用。反压值一般取3V左右。

本章小结

晶闸管触发电路的作用是产生符合要求的门极触发脉冲，确保晶闸管由阻断转为导通；是向晶闸管门、阴极间提供触发电压和电流的控制晶闸管导通的电路。

按组成组件分类，触发电路可分为简单触发电路、单结晶体管触发电路、晶体管触发电路、集成电路触发电路和计算机数字触发电路等。单结晶体管触发电路结构简单、抗干扰、易调试、输出脉冲前沿陡，常用于中小容量晶闸管的触发控制。而晶体管触发电路与集成触发器则常用于大容量晶闸管的触发控制。

在明确对触发电路要求的基础上，重点熟悉单结晶体管触发电路、同步电压为锯齿波的触发电路的组成与工作原理，熟悉由KC42与KC41组成的三相桥式相控整流触发电路，掌握触发电路与主电路实现电压同步的方法。

思考与练习题

5-1　由晶闸管组成的主电路中，对触发电路有哪些基本要求？为什么必须满足这些要求？

5-2　单结晶体管自激振荡电路是根据单结晶体管的什么特性组成工作的？振荡频率的高低与什么因素有关？

5-3　移相式触发电路通常由哪些基本环节组成？

5-4　同步电压为锯齿波的触发电路中，控制电压、偏移电压、同步电压的作用各是什么？各采用什么电压？如果缺少其中一个电压的作用，触发电路的工作状态会怎样？

5-5　锯齿波触发电路有什么优点？锯齿波的底宽由什么元件参数决定？输出脉宽如何调整？双窄脉冲与单窄脉冲相比有什么优点？

5-6　设三相桥式全控可逆整流电路采用同步电压为锯齿波的触发器，若其主电源变压器接成 Dy11，同步变压器应如何连接？

5-7　什么叫同步？如何实现同步？

5-8　防止误触发的措施有哪些？

第6章

有源逆变电路

前面讨论的是将交流电通过晶闸管变换为直流电供给负载的可控整流电路，即可控整流的问题。但在生产实践中，常常有与整流过程相反的要求，即要求利用晶闸管电路将直流电变换为交流电，即逆变的问题。例如采用晶闸管装置供电的电力机车，在机车下坡运行时，机车上的直流电动机由于机械能的作用将作为直流发电机运行，机车的位能转变为电能，回馈至交流电网，以实现电动机制动。又如运转的直流电动机，要让它能迅速制动，也可让电动机作发电运行，把电动机的动能转变为电能，反送回电网。像这种把直流电转变成交流电的过程，定义为逆变。把直流电转换成交流电的电路，称为逆变电路。同一套晶闸管电路，既可工作在整流状态，也可工作在逆变状态。对于可控整流电路，满足一定条件就可工作于有源逆变，其电路形式未变，只是电路工作条件转变，是变流电路（装置）的形式之一。

变流装置工作在逆变状态时，如果其交流侧接在交流电源上，电源成为负载，把直流电逆变为同频率的交流电反送到电网中去，这样的逆变叫有源逆变。有源逆变电路常用于直流可逆调速系统、交流绕线型异步电动机串级调速，以及高压直流输电等方面。

如果变流装置的交流侧不是接至交流电网，而是接至负载，即把直流电逆变为某一频率或可调频率的交流电供给负载，这样的逆变称为无源逆变。无源逆变问题将在后面讨论，本章只讨论有源逆变。

6.1 有源逆变电路的工作原理

6.1.1 电网与直流电动机间的能量转换

图6-1是晶闸管变流器接直流电动机电枢系统的能量转换示意图，我们来讨论图中三个电路的能量转换关系。

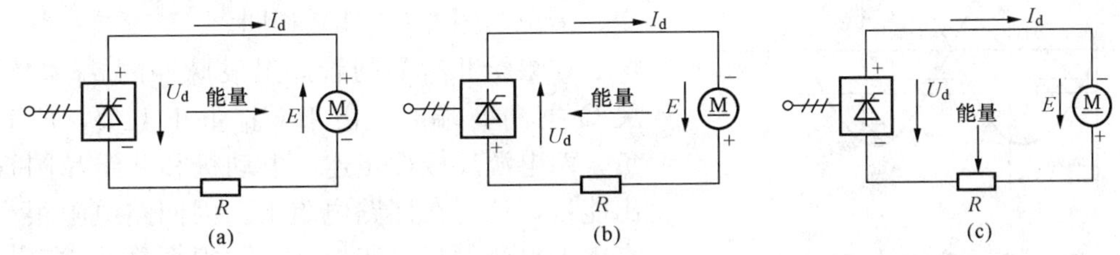

图6-1 电网与直流电动机间的能量转换

(a) 可控整流电路；(b) 有源逆变电路；(c) 事故状态

图6-1 (a) 所示为可控整流电路。输出电压U_d极性上正下负，接电动机电枢，电动机通电运转，电枢反电动势E极性为上正下负，$|U_d| \geqslant |E|$，回路中有电流I_d。从接线方式看，这是两电源同极性相连，电流从电位高的变流器正端流出，流向电位低的电动机电枢反电动势正极。因而，变流器把电网交流能量变成直流能量供给电动机和电阻R消耗，变

流器工作于整流状态，电动机运行在电动状态。

图 6 - 1（b）所示为有源逆变电路。电动机的电动势 E 的极性是下正上负，晶闸管在电动机电动势 E 的作用下，在电源的负半波导通，变流器输出电压为下正上负，$|U_d|<|E|$。由于晶闸管的单向导电性，仍有图示方向的电流。此时电动机供出能量，变流器将电动机供出的直流能量的一部分变换为与电网同频率的交流能量送回电网，电阻消耗一部分能量，变流器工作于逆变状态，电动机则运行在发电制动状态。

图 6 - 1（c）所示为事故状态。电动机的电动势 E 极性下正上负，变流器输出电压极性为上正下负，这种情况是两电源反极性相连，电流仍如图中所示。可以看出，电流都从两电源正极流出，两电源都供出能量，消耗在回路电阻上。由于回路电阻很小，将有很大的电流，相当于短路，造成事故。这种情况在实际电路的工作中是不允许发生的。

6.1.2 有源逆变的工作原理与工作条件

6.1.2.1 有源逆变工作原理

图 6 - 2（a）中有两组晶闸管全控桥式电路，假设首先将开关 Q 掷向 1 位置，Ⅰ组晶闸管的控制角 $\alpha_{\mathrm{I}}<90°$，如图 6 - 2（b）所示，输出电压 $U_{d\mathrm{I}}$ 上正下负，电动机反电动势为 E，有 $|U_{d\mathrm{I}}|\geqslant|E|$，Ⅰ组晶闸管工作在可控整流状态，供出能量，电动机作电动运行，流过电枢的电流为 i_1。电动机工作在电动状态，吸收能量，情况与图 6 - 1（a）相同。

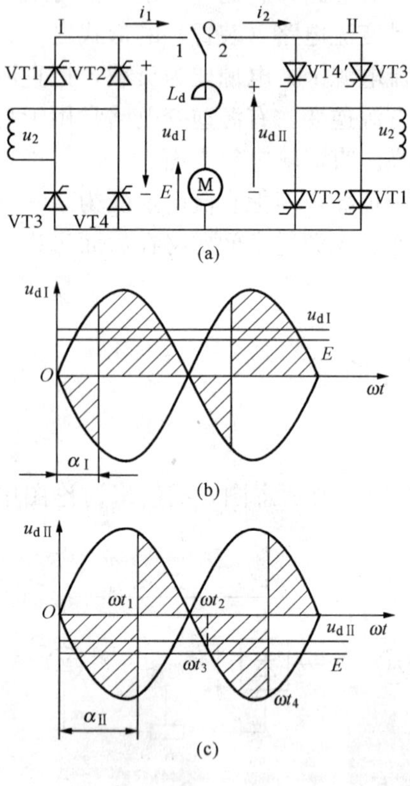

图 6 - 2 有源逆变工作原理

（a）电路；（b）$u_{d\mathrm{I}}$波形；（c）$u_{d\mathrm{II}}$波形

如果给Ⅱ组晶闸管加触发脉冲，而且 $\alpha_{\mathrm{II}}>90°$，Ⅱ组晶闸管输出电压 $|U_{d\mathrm{II}}|<|E|$，实际极性为上正下负，如图 6 - 1（c）中正负号所示。如果这时开关 Q 掷向 2 位置，由于机械惯性，电动机的转速暂不变，因而 E 也不变，Ⅱ组晶闸管在 E 和 u_2 的作用下导通，产生电流 i_2，方向如图 6 - 2（a）所示。此时电动机供出能量，运行在发电制动状态，Ⅱ组晶闸管吸收能量送回交流电源，这就是有源逆变，情况与图 6 - 1（b）相同。

如果给Ⅱ组晶闸管加触发脉冲的 $\alpha_{\mathrm{II}}<90°$，开关 Q 掷向 2 端时，由于 $U_{d\mathrm{II}}$ 下正上负，E 上正下负，两电源反极性相连，电动机和Ⅱ组晶闸管都供出能量，消耗在回路电阻上。因回路电阻很小，将有很大电流，相当于短路，故很容易造成事故。这与图 6 - 1（c）所示的短路事故状态相同。

图 6 - 2（c）所示的情况是假定 E 不变，且平均电压 $|U_{d\mathrm{II}}|<|E|$ 时，电路工作在有源逆变状态。实际上电路并不是完全工作在有源逆变状态的。在 $\omega t_1\sim\omega t_2$ 这段时间内，u_2 为正半周，输出电压瞬时值 u_d 的极性下正上负和 E 反极性相连，两电源均供出能量，Ⅱ组晶闸管工作在整流状态。只是这段时间比较短，同时由于回路中有比较大的电感，电流不会升到很大。$\omega t_2\sim\omega t_3$ 这段时间，u_2 负半周，输出

电压瞬时值上正下负。Ⅱ组晶闸管作为电源来讲是电流从正极流入，吸收能量回送电网，工作在有源逆变状态。$\omega t_3 \sim \omega t_4$ 这段时间内，$|U_{dⅡ}| > |E|$，如果回路中无足够大的电感，晶闸管将因承受反向电压而关断，就不能继续进行有源逆变了。如果回路中有足够大的电感，在 ωt_3 时刻后，由于电流减小，电感中的感应电动势将与 E 的方向一致，维持电流连续，晶闸管 VT1′、VT4′继续导通，直至 ωt_4 时另一桥臂晶闸管 VT2′、VT3′触发导通，使 VT1′、VT4′承受反压而关断，开始下一个周期的工作。所以，要保证有源逆变连续进行，回路中必须串有足够大的电感。

6.1.2.2　有源逆变工作条件

在 $\omega t_1 \sim \omega t_4$ 这一期间内，电路工作在有源逆变状态的时间要大于工作在整流状态的时间。因为 $\alpha > 90°$，因而也就保证了整流时间（电源正半波）小于有源逆变时间（电源负半波），从一周期平均值来看，电路工作在有源逆变状态。

通过上述工作原理分析，可以总结出实现有源逆变的条件如下：

（1）必要条件。

1）全控桥的控制角 $\alpha > 90°$，保证晶闸管大部分时间在电压负半波导通；

2）直流侧要有直流电源 E，其大小要大于由 α 决定的直流输出电压 U_d，即 $|E| > |U_d|$，其方向要使逆变电路的晶闸管承受正向电压。

（2）充分条件。为了保证在逆变过程中电流连续，使有源逆变连续进行，回路中也要有足够大的电感 L_d。

由于半控桥式晶闸管电路或接有续流二极管的电路不可能输出负电压，而且也不允许在直流侧接上反极性的直流电源，因而这些电路不能实现有源逆变。

6.1.2.3　逆变角 β

当变流器运行于逆变状态时，控制角 $\alpha > 90°$，整流电压的平均值 U_d 为负值，计算 $\cos\alpha$ 需要换算。如果令 $\alpha = \pi - \beta$，则 $\cos\alpha = \cos(\pi - \beta) = -\cos\beta$，于是整流电压可以写成 $U_d = U_{d0}\cos\alpha = -U_{d0}\cos\beta$，这样求 U_d 就是正值了。因为 β 多用于逆变状态，所以称为逆变角。

下面以三相半波整流电路为例，介绍 β 角的基本概念。

图 6-3 画出了 4 种不同的控制角 α。如果分别在 ωt_1、ωt_2、ωt_3、ωt_4 等时刻触发晶闸管，对应的控制角分别为 $\alpha_1 = 60°$、$\alpha_2 = 90°$、$\alpha_3 = 120°$、$\alpha_4 = 180°$。根据前面讲的 $\alpha = \pi - \beta$，

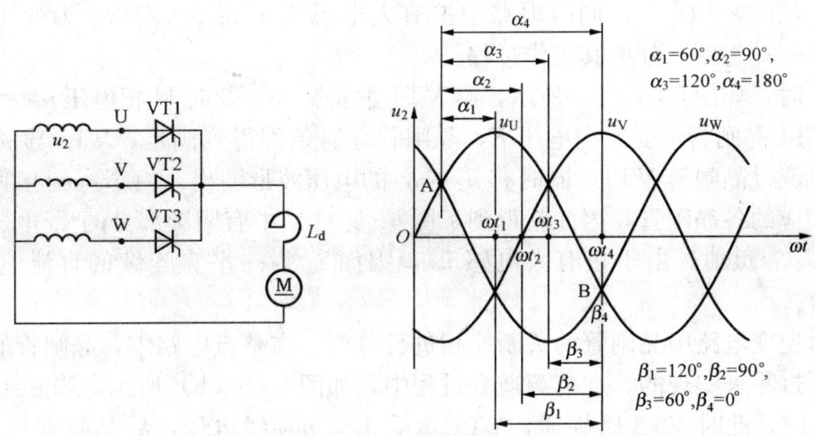

图 6-3　三相半波整流电路逆变角 β 的表示法

即$\beta=\pi-\alpha$，因此控制角α_1、α_2、α_3、α_4对应的逆变角则分别为$\beta_1=120°$、$\beta_2=90°$、$\beta_3=60°$、$\beta_4=0°$。在波形图中，把$\alpha=180°$处作为计算β的起点（图6-3中的B点$\beta=0°$），向左推算，即得出β的大小。例如在ωt_1处触发晶闸管VT1，这时$\alpha=60°$。相当于$\beta_1=120°$。而在ωt_3处触发VT1的时候，$\alpha_3=120°$，此时$\beta_3=60°$。

可见，α和β的区别是它们从两个方向表示晶闸管VT的触发时刻，从图6-3中的A点算到ωt_1的角度是α_1，从B点算到ωt_1的角度就是β_1。不论是用α_1表示还是用β_1表示，触发晶闸管的时刻是相同的。

图6-4所示为单相全控桥式整流电路中，α分别为60°、120°、180°和β分别为120°、60°、0°的一一对应关系。

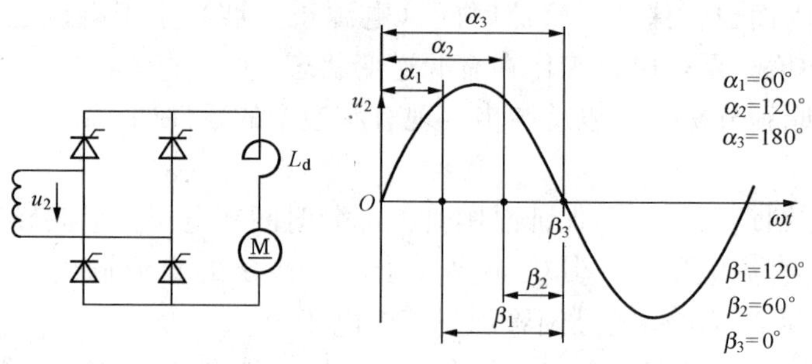

图6-4 单相全控桥式整流电路控制角α与逆变角β的对应关系

6.2 三相有源逆变电路

单相全控桥式电路工作在有源逆变的工作情况与单相全波电路基本相同，而在实际生产中最常见的有源逆变电路有三相半波和三相桥式有源逆变电路两种。

6.2.1 三相半波有源逆变电路

图6-5（a）为三相半波有源逆变主电路图。根据有源逆变实现的条件，晶闸管VT1、VT2、VT3的控制角必须是$\alpha>90°$，即$\beta<90°$。输出的整流平均电压$U_d=-U_{d0}\cos\beta=-1.17U_2\cos\beta$，$U_d$在图6-5中的实际方向为下正上负；电动机反电动势$E$方向为下正上负，大小为$|E|>|U_d|$；同时电路中接有大电感$L_d$；$u_U$、$u_V$、$u_W$为变压器二次相电压。下面以$\beta=30°$为例，分析其工作过程。

当$\beta=30°$时，如图6-5（b）所示，给VT1触发脉冲，此时U相电压$u_U=0$，但是在整个电路中，VT1晶闸管承受正向电压E，晶闸管导通条件得到满足，VT1导通。由E提供能量，有电流流过晶闸管VT1，同时有$u_d=u_U$的电压波形输出。由于有相互间隔120°的脉冲轮流触发相应的各晶闸管，因此就得到了图6-5（b）中有阴影部分的u_d电压波形，其直流平均电压U_d为负值。由于接有大电感L_d，因而i_d为一平直连续的直流电流I_d，如图6-5（d)所示。

下面再对逆变电路中晶闸管的关断换相进行分析。在整流电路中，晶闸管的关断是靠承受反压或电压过零来实现的。在有源逆变过程中，如图6-5（b）所示，当$\alpha=150°$，即$\beta=30°$时触发VT1，此时VT3已导通，VT1承受正向u_{UW}线电压，故晶闸管具备导通条件。一旦VT1导通后，若不考虑换相重叠角的影响，则VT3承受反向u_{WU}线电压而被迫关断，完成了由VT3向VT1的换相过程。其他晶闸管的换相过程与此类似。可见，逆变电路的换相规律还是同整流时情况一样。依照一定的换相顺序，相对于中点0而言，使阳极处于高电位的晶闸管导通，形成反向电压去关断处于低电位的晶闸管。

图6-5（c）画出了$\beta=30°$时VT1管承受的电压u_{T1}的波形，在一周期内导通120°，紧接着后面的120°内VT2导通，VT1关断，VT1承受u_{UV}线电压，最后120°内VT3管导通，VT1管承受u_{UW}线电压。与整流比较，管子承受的电压波形，整流时总是负面积大于正面积，逆变时总是正面积大于负面积，当$\beta=0°$时正面积最大。当$\alpha=\beta$时，正负面积相等，整流与逆变管子的电压波形形状完全相同。管子承受的最大正反向电压皆为$\sqrt{6}U_2$。

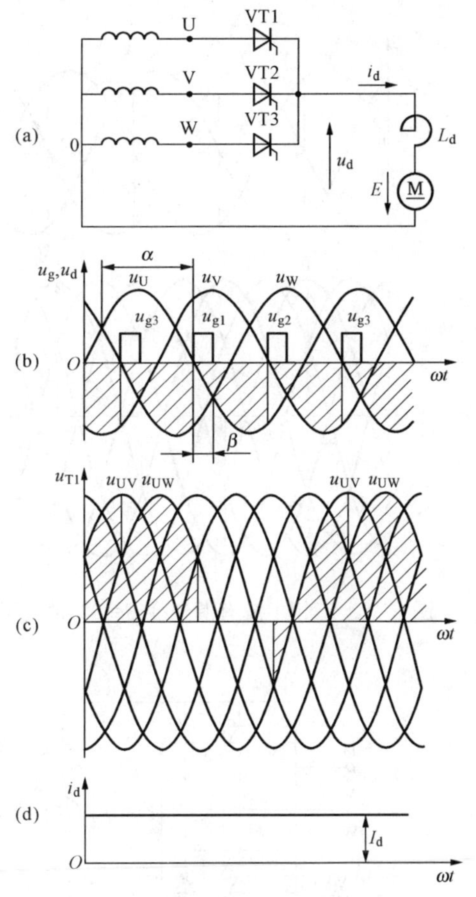

图6-5　三相半波有源逆变电路

（a）电路；（b）u_g，u_d波形；（c）u_{T1}波形；（d）i_d波形

三相半波有源逆变电路直流侧电压平均值计算公式为

$$U_d=U_{d0}\cos\alpha=-U_{d0}\cos\beta=-1.17U_2\cos\beta \tag{6-1}$$

这与工作在整流状态时的计算公式差别是多了"—"号。整流时电压上正下负，而逆变时则下正上负。输出直流电流平均值的计算公式为

$$I_d=\frac{E-U_d}{R_\Sigma} \tag{6-2}$$

式中：R_Σ为主回路总电阻。

由于晶闸管的单向导电性，电流的方向仍和整流时一样。由电流的方向和电源的极性可以明显地看出，电动机的反电动势E供出能量，而逆变电路吸收直流能量，将其变成和电源同频率的交流能量送到电网中去，另一部分消耗在回路电阻上。

图6-6和图6-7分别画出了$\beta=90°$和$\beta=60°$时逆变电压波形和晶闸管VT1承受的电压波形。具体工作过程分析同上述方式一样，这里不再赘述。

6.2.2　三相桥式有源逆变电路

图6-8（a）中，U、V、W为三相交流电源，VT1～VT6组成桥式整流电路。电动机电枢电动势E上负下正，电枢回路中串有电感L_d，若晶闸管的逆变角$\beta<90°$（$\alpha>90°$），则电路满足实现有源逆变的条件。现以$\beta=30°$为例，分析其工作过程。

图6-8（b）中，在ωt_1处触发晶闸管VT1与VT6，此时线电压u_{UV}为负半波，给VT1和VT6施以反向电压。但是$|E|>|u_{UV}|$，而E给VT1、VT6施以正向电压，因而VT1、VT6两管导通，有电流i_d流过回路，如图6-8（c）所示等效电路。列出此时的回路方程式为

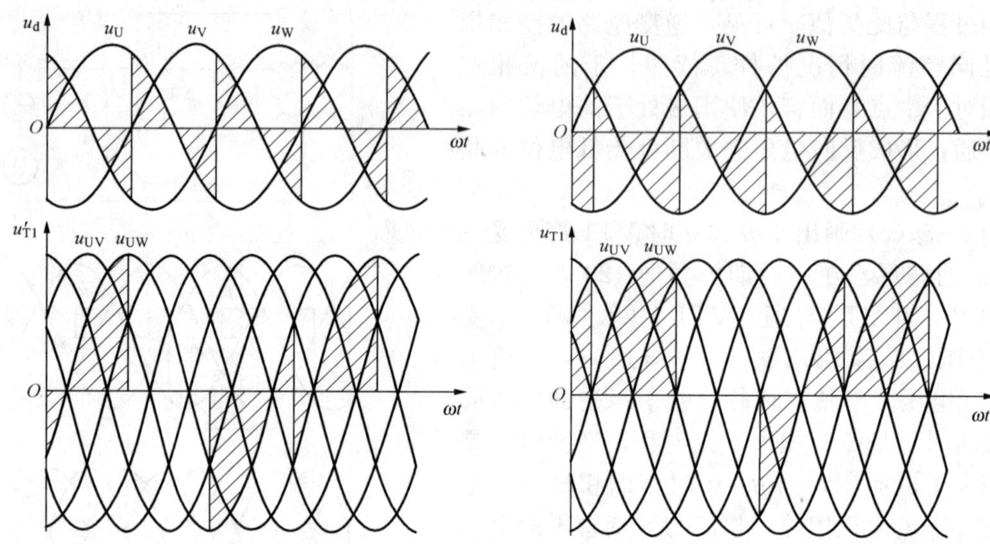

图 6-6 三相半波有源逆变 $\beta=90°$时电压波形　　图 6-7 三相半波有源逆变 $\beta=60°$时电压波形

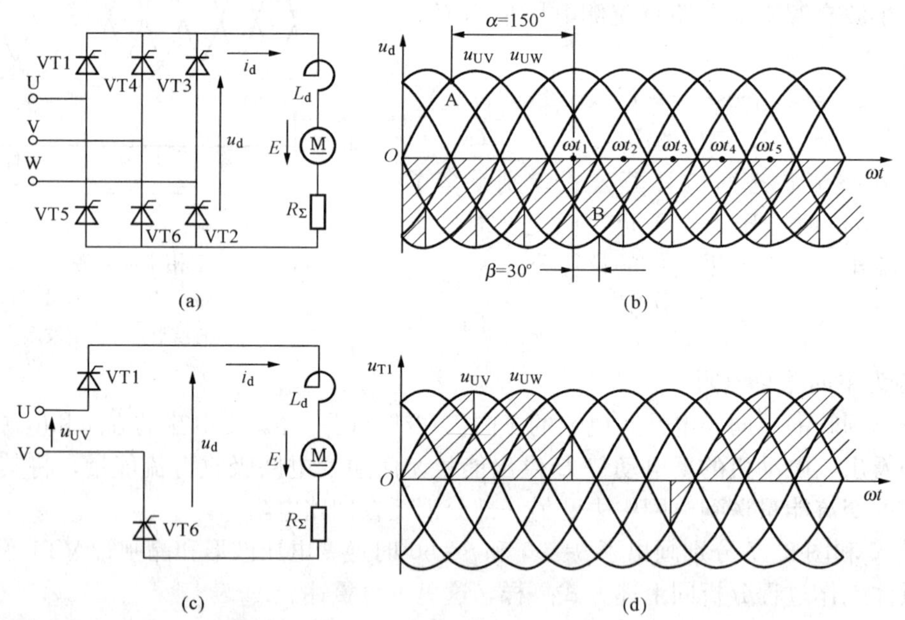

图 6-8 三相桥式逆变电路

(a) 电路；(b) u_d 波形；(c) 等效电路；(d) u_{T1}波形

$$E + u_{UV} - L\frac{di_d}{dt} - i_d R_\Sigma = 0$$

由于 VT1、VT6 导通，所以 ωt_1 以后的期间 $u_d = u_{UV}$，如图 6-8（b）所示。显然电压 u_{UV}负半波经 60°后到达 ωt_2 时刻，若触发脉冲为双窄脉冲，VT1 仍然处于导通状态。VT2 触发之前，由于 VT6 导通而承受正向电压 u_{VW}，所以一旦触发，即可以导通。若不考虑换相重叠角，当 VT2 导通之后，VT6 因承受反向电压 u_{VW} 而关断，完成了由 VT6 到 VT2 的换相。在 ωt_2～ωt_3 期间，$u_d = u_{VW}$，由 ωt_2 经 90°到 ωt_3 处，触发 VT2、VT3，VT2 仍旧导通，而 VT1 此时却因承受反向电压 u_{UV} 而关断，又进行一次由 VT1 到 VT3 换相。按照 VT1～VT6 的换相顺序不断循环下去，晶闸管 VT1～VT6 依次导通，每瞬时保持两元件导通，电动机直流能量经三相桥式逆变电路转换成交流能量送到电网中去了，从而实现了有源逆变。

三相桥式电路在逆变工作状态下的数量关系如下：

直流平均电压　$$U_d = -2.34U_2\cos\beta \tag{6-3}$$

直流平均电流计算公式与三相半波有源逆变电路相同，即

$$I_d = \frac{E - U_d}{R_\Sigma}$$

晶闸管承受的电压波形示于图 6-8（d）中，同三相半波一样，承受正向电压的时间多于反向电压的时间，最大值为$\sqrt{6}U_2$。

图 6-9 画出了 $\beta=60°$ 和 $\beta=90°$ 时输出电压和晶闸管承受的电压波形图，在此就不一一分析了。

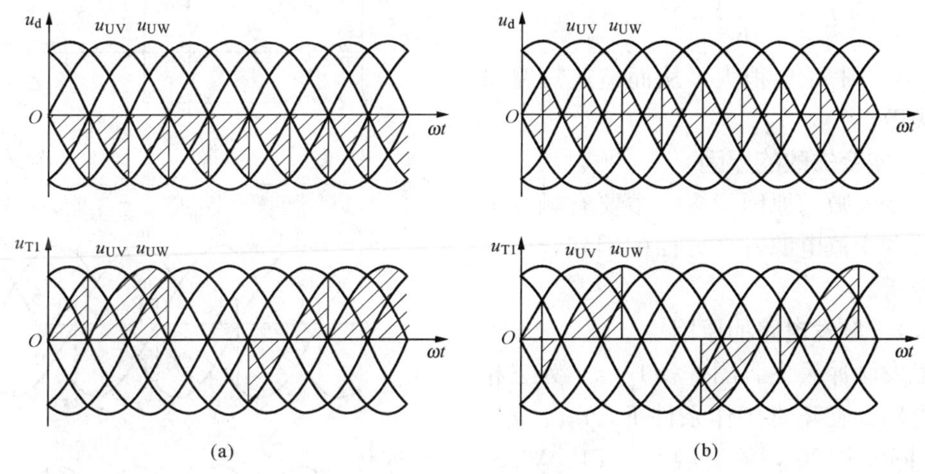

图 6-9　三相桥式逆变电路波形图
(a) $\beta=60°$；(b) $\beta=90°$

由以上分析可见，三相桥式有源逆变电路有如下特点：

(1) 电动机负载的反电动势的极性与整流时应相反，而且保证 $|E| > |u_d|$。电动机输出能量经逆变电路变成交流能量送给电网。

(2) 工作在有源逆变状态时，β 必须在 0°～90°范围内。输出电压的波形大部分或全部在相应线电压的负半波。

(3) 为分析问题方便，在画波形图时往往采用线电压波形。对于确定 β 角的起始点，要根据整流时线电压的自然换相点算起，当 $\alpha=180°$时，$\beta=0°$。例如，在图 6-8 中，以线电压 u_{WV} 换相到 u_{UV} 为例，整流时 α 的起算点为 A 点，而逆变时 β 的起点为 B 点。

(4) 同整流时的情况一样，为了确保在启动或电流断续时，其阴极组和共阳极组各有一只晶闸管导通，触发脉冲必须采用宽度大于 60°的宽脉冲，或者采用双窄脉冲。逆变电路对

触发脉冲有严格的要求，稍有不慎，就可能出现逆变失败。

6.3 逆变失败及最小逆变角的确定

在前面已经讲过，电路工作在有源逆变状态时，晶闸管大部分时间或全部时间导通在电压负半波。电压负半波时，晶闸管承受电源反向电压，因而晶闸管的导通主要是靠电动机反电动势 E。从整个电路来说，u_d 和 E 两电源同极性相连接，如图 6-10 所示，电流为

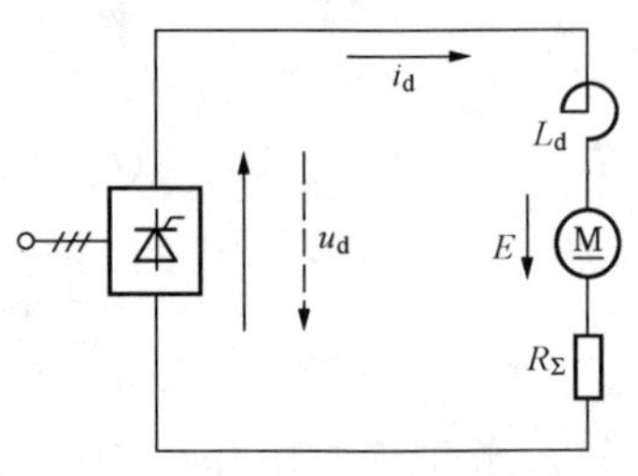

图 6-10 有源逆变失败时逆变电路电压极性

$$I_d = \frac{E - U_d}{R_\Sigma}$$

由于（E—U_d）数值较小，电流 I_d 不会很大，为一正常工作电流。当某种原因使晶闸管换相失败，本来在负半波导通的晶闸管会一直导通到正半波，使输出电压 U_d 极性反过来。如图 6-10 虚线表示的上正下负，U_d 和 E 变成反极性相连。这时电流将为

$$I_d = \frac{E + U_d}{R_\Sigma} \qquad (6-4)$$

由于 R_Σ 很小，则 I_d 会很大，从而造成短路事故和逆变失败。

6.3.1 逆变失败的原因

造成逆变失败的原因很多，主要有触发电路、晶闸管和交流电源等多方面的因素，下面分别进行分析。

6.3.1.1 触发电路的原因

（1）触发脉冲丢失。图 6-11（a）为三相半波逆变电路。在正常工作条件下，u_{g1}、u_{g2}、u_{g3} 触发脉冲间隔 120°，轮流触发 VT1、VT2、VT3 晶闸管。ωt_1 时刻，u_{g1} 触发 VT1 晶闸管，在此之前 VT3 已经导通，由于此时 u_U 虽为零值，但 u_W 为负值，因而 VTI 承受正向 u_{UW} 线电压而导通，VT3 关断。到达 ωt_2 时刻，在正常情况下应有 u_{g2} 触发信号触发 VT2 导通，VT1 关断。图 6-11（b）中，假定由于某种原因 u_{g2} 丢失，VT2 虽然承受正向 u_{VW} 线电压，但无触发信号无法导通，VT1 就无法关断，继续导通到正半波。到 ωt_3 时刻，u_{g3} 触发 VT3，由于 VT1 此时仍然导通，VT3 承受 u_{UW} 反向电压，不能满足导通条件，因而 VT3 不能导通，而 VT1 仍然继续导通，输出电压

(a)
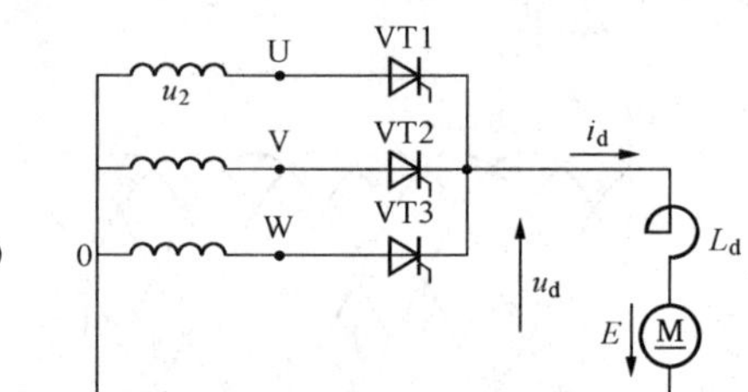

(b)
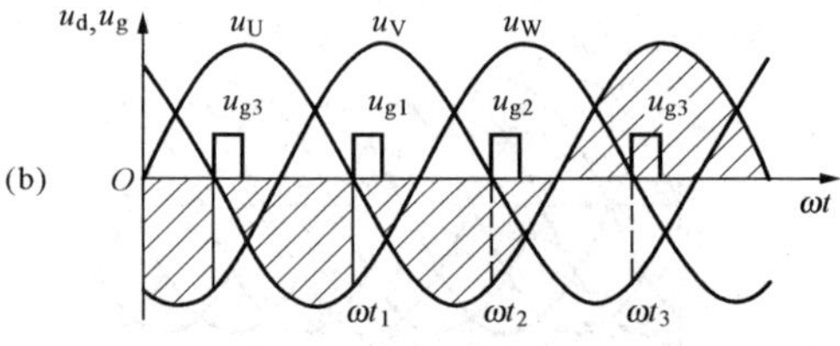

(c)
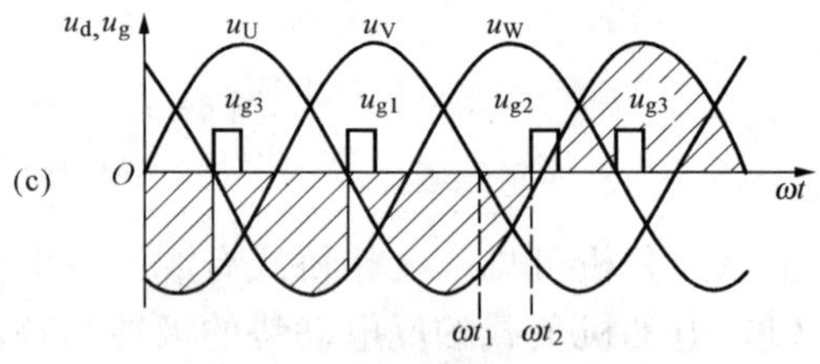

(d)
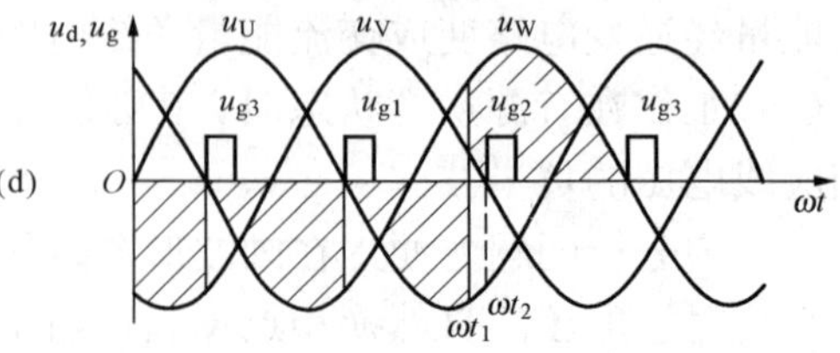

图 6-11 三相半波有源逆变失败波形
（a）电路；（b）触发脉冲丢失；（c）触发脉冲分布不均匀；（d）晶闸管本身原因

U_d 变成上正下负，和 E 反极性相连，造成短路事故，逆变失败。

(2) 触发脉冲分布不均匀（脉冲延迟）。如图 6-11（c）所示，本应在 ωt_1 时刻触发 VT2 管，关断 VT1 管，但是由于脉冲延迟至 ωt_2 时刻出现，或触发电路三相间隔不均匀，使 u_{g1} 和 u_{g2} 之间大于 120°，使 u_{g2} 出现延迟。此时 VT2 承受反向电压，因而不满足导通条件。VT2 不导通，VT1 继续导通，直到导通至正半波，形成短路，造成逆变失败。

(3) 逆变角 β 太小。如果触发电路没有保护措施，在移相控制时，β 角太小也可能造成逆变失败。由于整流变压器存在漏抗，存在换相重叠角 γ。当 $\beta<\gamma$ 时，如图 6-12 中放大部分所示，在正常工作情况下 ωt_1 时刻触发 VT2，VT1 关断，VT2 导通，完成 VT1 到 VT2 的换相。由于 β 太小，在过 ωt_2 时刻（对应 $\beta=0°$），换流尚未结束，即 VT1 没关断。过 ωt_2 时刻 U 相电压 u_U 大于 V 相电压 u_V，VT1 管承受正向电压而继续导通。VT2 管导通短时间后又受反向电压关断，同触发脉冲 u_{g2} 丢失一样，造成逆变失败。

6.3.1.2 晶闸管本身的原因

无论是整流还是逆变，晶闸管都在按一定规律关断导通，电路处于正常工作状态。倘若晶闸管本身没有按预定的规律工作，就可能造成逆变失败。例如：应该导通的晶闸管导通不了（这与前面说的丢失脉冲的效果是一样的），就会造成逆变失败；在关断状态下误导通了，也会造成逆变失败。如图 6-11（d）所示，VT2 本应在 ωt_2 时刻导通，但由于某种原因在 ωt_1 时刻 VT3 导通了。一旦 VT3 导通，使 VT1 承受反向电压 u_{WU} 而关断。在 ωt_2 时刻触发 VT2 管，由于此时 VT2 管承受反向电压 u_{WV}，所以 VT2 管不会导通，而 VT3 管继续导通，导致逆变失败。除晶闸管本身不导通或误导通外，晶闸管连接线的松脱、保护器件的动作等原因也会引起逆变失败。

6.3.1.3 交流电源方面的原因

三相交流电源有时因某种原因（如一相熔丝熔断引起缺相、突然停电等）也会造成逆变失败。电源缺一相的情况与一相晶闸管不导通一样，导通的前一相晶闸管就会继续导通到正半波，形成短路。电源突然断电，变压器二次侧，输出电压为零。在一般情况下，电动机带动生产机械都存在一定的惯性，即不能立即停车，反电动势在瞬间也不会为零，在 E 的作用下晶闸管继续导通。由于回路电阻一般很小，电流 $I_d=E/R$ 还会很大，故造成短路事故，使逆变失败。另外，电源电压有时不稳定，波动很大，如果采用的触发电路对此没有保护措施，就会工作不可靠。例如前面讲的正弦波同步的触发电路，受电源电压波动的影响就比较大。在电源电压波动时，虽然控制电压 U_c 未变，触发脉冲也能移相，但如果逆变电路工作在 $\beta=0°$ 或 $\beta=90°$ 附近，就会由于电源电压的波动而造成逆变失败。因此，逆变电路采用正弦波触发电路往往都带有尖脉冲，或在最小 β 角处外加一固定脉冲。如果采用锯齿波触发电路，则受电源电压波动的影响就比较小。

除了上述原因之外，电路换相时间不足等原因也能造成逆变失败。

6.3.2 最小逆变角的确定及限制

根据上述各种逆变失败原因的分析，可以总结出这样一条规律：对于三相半波逆变电路而言，晶闸管的换相必须在电压负半波换相点之前完成，否则逆变就有可能失败。

6.3.2.1 最小逆变角的确定

要保证在电压换相点之前完成换相，触发脉冲必须有超前的电角度，即最小 β 角应根据以下因素确定：

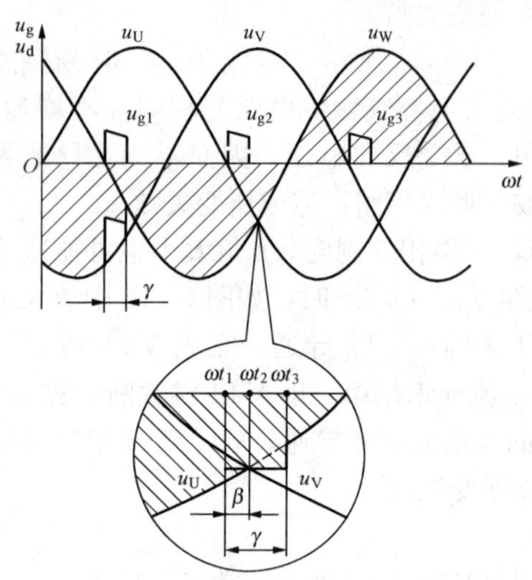

图 6-12 换流失败波形与换相重叠角

(1) 换相重叠角 γ。由于整流变压器存在漏抗，因而晶闸管在换相时存在换相重叠角 γ，如图 6-12 所示。在 γ 期间，两晶闸管都导通，即在此期间内晶闸管换相尚未成功。如果$\beta<\gamma$，则在 ωt_2 时刻，$\beta=0°$处换相没有结束，一直延至ωt_3时刻，此时 $u_U>u_V$，即 VT1 晶闸管不能关断，VT2 管不能导通，逆变失败。γ 随变流装置不同、工作电流不同而不同，一般需考虑 15°～25°电角度。

(2) 晶闸管关断时间 t_g 所对应的电角度 δ_0。晶闸管本身由通态到关断也需要一定的时间，这由管子自身参数决定，一般约为 200～300μs。此段时间折合到电角度（$\delta_0=\omega t_g$）约为 4°～5°。

(3) 安全裕量角 θ_α。在前面叙述逆变失败原因时曾明确指出，由于触发器各元件的工作状态（如受温度等的影响）会发生变化，会使触发脉冲的间隔（如三相半波电路间隔 120°）出现不均匀现象，即触发脉冲不对称的现象。这样就可能出现间隔距离大的那相触发脉冲延迟，造成晶闸管不能顺利换相。再考虑到电源电压波动、电源电压波形畸变等因素，还必须留一个安全裕量角 θ_α，一般取 $\theta_\alpha=10°$。

综合上述各种因素，所需要的最小超前角 β_{min}为

$$\beta_{min}\geqslant\gamma+\delta_0+\theta_\alpha=(15°\sim20°)+(4°\sim5°)+10°=30°\sim35° \tag{6-5}$$

最小逆变角 β_{min}所对应的时间即为电路提供给晶闸管保证可靠关断的时间。在这段时间内，晶闸管在相邻管触发后承受反向电压，可以使其由导通状态被关断。如果在此段时间内晶闸管未能可靠关断，随后又承受正向电压，这样晶闸管就无法关断，会一直导通下去，造成逆变失败。从安全角度看，β_{min}越大越好。但是 β_{min}取得太大虽然安全，能避免逆变失败，但是电压调节范围小了，这也是不希望的。因而 β_{min}的确定既要保证电路工作安全，又要考虑电压调节范围不致太小，这就是取 $\beta_{min}=30°$的根据。

6.3.2.2 限制最小逆变角常用的方法

(1) 在设计要求比较高的逆变电路时，为了保证 $\beta\geqslant\beta_{min}$，常在触发电路中附加一组固定脉冲。这组固定脉冲出现在 $\beta=\beta_{min}$时刻，不能移相，见图 6-13 中的 u_{gd}。移相脉冲在固定脉冲之前时，固定脉冲不起作用。如图中 u_{g1} 在 ωt_1 触发 VT1 导通，当 $\beta=\beta_{min}$，ωt_2 时刻又有固定脉冲 u_{g1}，因 VT1 已导通，再加触发脉冲信号对电路工作没有影响。如果移相脉冲 u_{g1} 由于某种原因移至 u_{gd1}之后，如图中 ωt_3 时刻，则由于 u_{gd1}的作用在 u_{g1}之前触发了 VT1 管，使 VT3 关断，

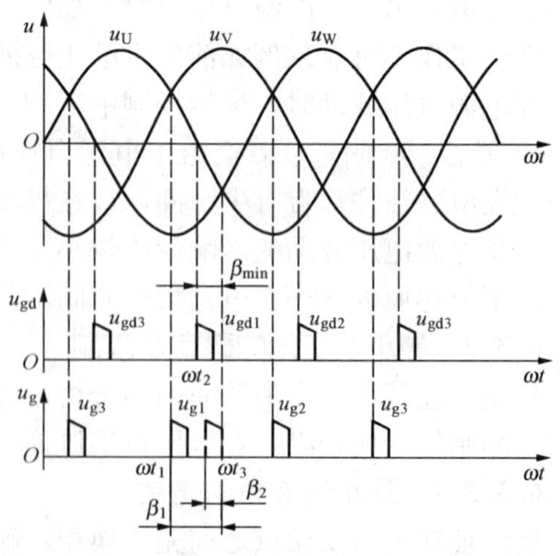

图 6-13 在 β_{min}处设置固定脉冲

VT1 导通，保证在 β_{min}之前完成换相，此时 u_{g1}不起作用。这样就保证了在 β_{min}前得到可靠触发，避免了逆变失败。

（2）设置一套逆变角的保护电路。当 β 角小于最小逆变角 β_{min}时，由于提供的换相时间不足，容易造成逆变失败。当逆变角 β 太大超过 90°时，变流器将进入整流状态，逆变也不能正常进行。因此，有的设备特别设计了最大最小逆变角保护电路。最大最小逆变角保护电路的原理是：当 β 过小或过大时，主电路电流急剧增大，此时由电流互感器转换成电压信号，反馈到触发电路，使触发电路的控制电压 U_e 发生变化，进而使脉冲移至正常工作范围。

（3）触发脉冲的移相大部分都采用垂直移相控制，即控制电压 U_e 的变化对应 β 角的变化。对于已确定的设备，应该有最大 β 对应 $|U_e|$ 最大值，最小 β 对应 $|U_e|$ 最小值。如果根据此值给 U_e 两端加以限幅电路，那么 U_e 的变化范围就确定了，对应 β 的变化范围也确定了。这样就避免了由于 U_e 变化而引起 β 角超范围所引起的逆变失败。

6.4　有源逆变电路的应用

6.4.1　用接触器控制直流电动机正反转的电路

在各种机械装置中，作为电能转换为机械能的直流电动机，在使用中经常需要频繁地进行启动、调速及正反转换向等控制。其工作性能与它的励磁方式密切相关，通常直流电动机的励磁方式有直流他励、直流并励、直流串励和直流复励四种。直流并励和他励方式具有较硬的机械特性，即当负荷力矩发生较大变化时，电动机转速变化较小，但工作电流变化较大。一般地，直流他励或并励电动机若采用直接启动方式，启动电流为电动机额定电流的 10～20 倍，所以除了小功率电动机之外，一般情况下都不允许直接启动，而必须考虑采用降压启动方式。正反转切换有两种方式，一是改变励磁电流方向，二是改变电枢电流方向。前者由于励磁绕组匝数多、电感大，在进行反接时因电流突变将产生很大的自感电动势，对电机和电器都不利，同时由于利用继电器瞬时切换励磁绕组极性时，励磁电流会出现为零的情况，若不加保护措施，有可能会造成“飞车”。所以直流电动机的正反转切换一般都采用第二种方式。

采用切换直流电动机电枢极性改变电枢电流方向的方法进行正反转切换的具体方式有两种：

（1）“正转—反转”直接切换方式。由于电动机的惯性，当电枢电压极性突变，电动机由正转转换为反转时，电动机实际上经历着反接制动和直接启动的过程，即正转→反接制动→直接启动→反转的过程。而反接制动过程开始瞬间，电枢绕组的电压将接近 2 倍端电压，若不加限流电阻加以限制，将因电枢电流过大而损坏电动机。所以该种方式仅限于要求迅速反转的场合，且通常只在小功率直流电动机上采用。

（2）“正转—停—反转”间接切换方式。为了避免上述直接切换方式对电动机和设备造成的伤害，在大功率直流电动机拖动系统的正反转控制中，常采用这种间接方式。实际上在这种方式下，电动机经历着能耗制动和降压启动的过程，即正转→能耗制动→停→反向降压启动→反转的过程。

图 6-14 是用接触器构成的具有能耗制动与降压启动环节的正反转控制电路。图中，R

为他励励磁绕组放电回路电阻；R_1 和 R_2 是两级降压启动电阻；R_3 是能耗制动电阻；KI1 为过流继电器，防止电枢电流过载或短路；KI2 为欠流继电器，防止励磁绕组失电造成“飞车”事故。KT1、KT2、KM2 和 KM3 构成电阻降压启动控制电路。KA、KAL、KAR、KM1、KML、KMR、KMB 等构成正反转控制和能耗制动控制电路。电动机由“正转”至“制动停车”的切换过程简述如下。

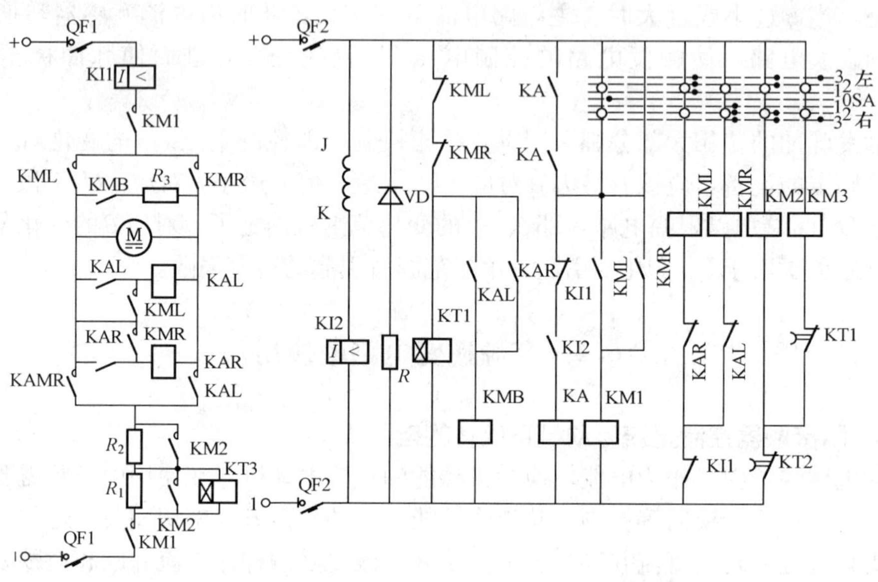

图 6-14 具有能耗制动与降压启动环节的正反转控制电路

假设，主令开关 SA 处于“左 3”位置（假设当前为正转状态）接触器 KM1、KM2、KM3 吸合，左转接触器 KML 得电吸合，右转接触器 KMR 失电断开。电流由电源正极通过过流继电器 KI1、接触器 KM1、KML 主触点，经电极电枢，通过接触器 KML、KM3、KM2、KM1 主触点回到电源负极。电动机处于正常正转状态，同时电压继电器 KAL 得电自锁。

本电路要求首先制动停车，才能进入反转状态。当主令开关打至“0”位置时，左转接触器 KML 失电断开，从而切断 KM1 线圈电源，KM1 触点断开，断开主电源，但电动机由于惯性仍按原方向运转，电枢切割磁场而产生感应电动势，使 KAL 上仍有电流流过而不释放。同时，由于 KML 失电复位，从而使制动接触器 KMB 得电吸合，能耗电阻 R_3 与电动机电枢构成闭合回路，将电动机的惯性动能变为电能消耗在 R_3 上，使电动机转速急剧下降。随着电动机转速下降，电枢感应电动势下降到不足以维持电压继电器 KAL 吸合时，KAL 释放，能耗制动过程结束。电路恢复到原始状态，以准备重新启动。需要注意的是，尽管当前电动机仍然有可能处于正向低速运转状态，此时若主令开关打至右转位置，反转启动，由于该电路具有降压启动环节，电枢电流不会过大，一般不会超过额定电流的 1.5～2.5 倍，这样就保证了电动机的正常工作和设备的安全运行。同理，电动机由右转状态至能耗制动停车过程与上述过程类似，不同的是利用了电压继电器 KAR。

降压启动是利用得电瞬间延时释放两个时间继电器 KT1 和 KT2 进行控制的，关于降压启动具体过程在此不再赘述。

从该典型接触器的控制电路上看，在正反转切换过程中，能耗制动环节将电动机的动能变为电能，最终以热能形式消耗在能耗制动电阻 R_3 上，造成了能量的浪费。同时，接触器控制电路由于有动触点的切换动作造成的电冲击，对电网和设备都会造成一定的不良影响。而利用无动触点的有源逆变电路，则可以进行不间断的连续控制，将这部分机械动能转化为电能回馈至电网，从而节约能量。

6.4.2 采用两组晶闸管反并联的可逆电路

由上述可知，利用改变直流电动机的电枢电压极性就可以改变电动机的运转方向，所以可以采用两套输出电压极性相反的晶闸管整流电路同时与电动机电枢相连，这样就构成了如图 6-15 所示的采用两套变流装置反并联连接的可逆电路。其中，图 6-15（a）是三相半波有环流接线方式；图 6-15（b）是三相全控桥式无环流接线方式。

可以看出，两个电路的共同之处是在正常运转时，若 1 组变流装置供电，2 组变流装置不工作，则电动机电枢电压极性为上正下负，电动机为正向运行；反之，若 2 组变流装置供电，1 组变流装置不工作，则电动机电枢电压极性为上负下正，电动机为反向运行。

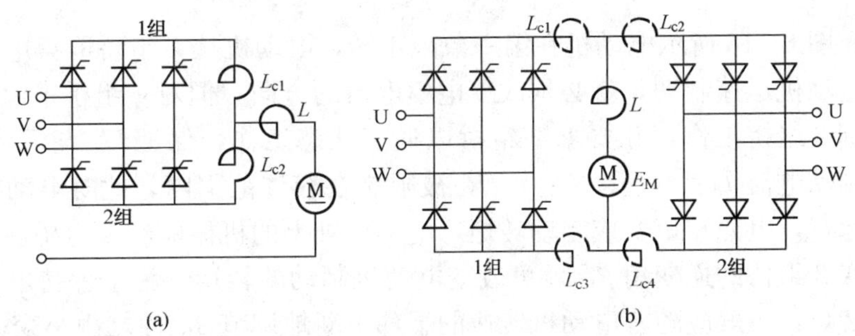

图 6-15 两组变流器的反并联可逆电路

（a）三相半波有环流接线方式；（b）三相全控桥式无环流接线方式

这里要讨论的关键问题是正反转切换过程中的有源逆变的中间过渡过程。根据对环流（不流经负载电动机，仅在两组变流器之间出现的电流）的不同处理方法，反并联可逆电路又可分为几种不同的控制方案，如配合控制有环流（即 $\alpha=\beta$ 工作制）、可控环流、逻辑控制无环流和错位控制无环流等。不论采用哪一种反并联供电线路，都可使电动机在图 6-16 所示的 4 个工作象限内运行。如果在任何时间内，两组变流器中只有一组投入工作，则可根据电动机所需的运转状态来决定该组变流器工作及相应的工作状态，即整流或逆变。

第一象限，1 组桥工作在整流状态，$\alpha_1<\pi/2$，$E_M<U_{d\alpha}$（下标 α 表示整流）。电枢电压极性上正下负，电动机正向旋转，处于电动运行状态。

第二象限，2 组桥工作在逆变状态，$\beta_2<\pi/2$，$E_M>U_{d\beta}$（下标 β 表示逆变）。电枢电压极性上正下负，电动机正向旋转，处于发电回馈制动运行状态。

第三象限，2 组桥工作在整流状态，$\alpha_2<\pi/2$，$E_M<U_{d\alpha}$。电枢电压极性上负下正，电动机反向旋转，处于电动运行状态。

第四象限，1 组桥工作在逆变状态，$\beta_1<\pi/2$，$E_M>U_{d\beta}$。电枢电压极性上负下正，电动机反向旋转，处于发电回馈制动运行状态。

可见，直流可逆拖动系统除了能方便地实现正反向运转外，还能实现回馈制动，把电动机轴上的机械能（包括惯性能、位势能）变为电能送回到电网中去，此时电动机的电磁转矩

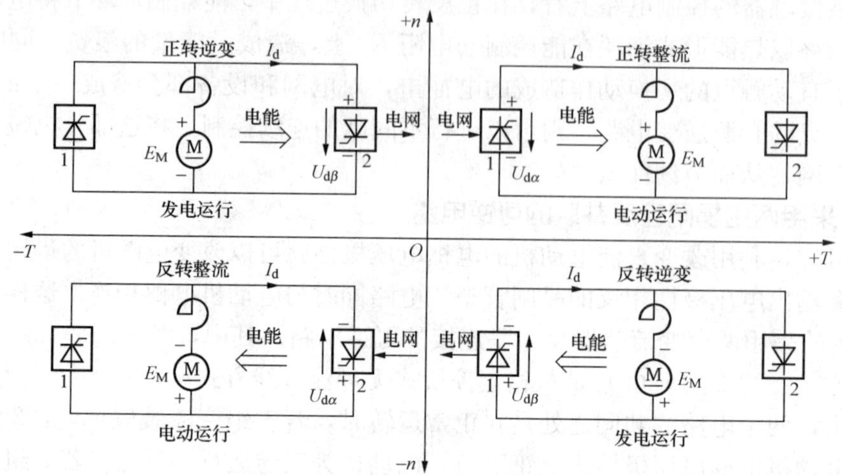

图 6-16 变流器反并联可逆电路中电动机 4 个象限工作状态

变成制动转矩。图 6-16 所示电动机在第一象限正转，电动机从 1 组桥取得电能。如果需要反转，先应使电动机迅速制动，就必须改变电枢电流的方向，但对 1 组桥来说，电流不能反向，需要切换到 2 组桥工作，并要求 2 组桥以逆变状态工作，保证 $U_{d\beta}$ 与 E_M 同极性相接，使得电动机的制动电流 $I_d=(E_M-U_{d\beta})/R_\Sigma$ 被限制在容许范围内。此时电动机进入第二象限作正转发电运行，电磁转矩变成制动转矩，电动机轴上的机械能经 2 组桥逆变为交流电能回馈电网。改变 2 组桥的逆变角 β，就可改变电动机制动的转矩。为了保持电动机在制动过程中有足够的转矩，一般应随着电动机转速的下降不断地调节 β，使之由小变大直至 $\beta=\pi/2$（转速 $n=0$）。如继续增大 β，即 $\alpha<\pi/2$，2 组桥将工作在整流状态，电动机开始反转进入第三象限的电动运行。以上就是电动机由正转到反转的全过程。同样，电动机从反转到正转，其过程则由第三象限经第四象限最终运行在第一象限上。

由以上分析可知，反并联可逆系统中，电动机从电动运行转变为发电制动运行，相应的变流器由整流转换成逆变，这一过程是不能在同一组桥内实现的。具体地说，由一组桥整流使电动机作电动运转，必须通过反极性的另一组桥来实现逆变，使电动机作发电制动运转，实现能量的回馈。此外，控制方案的不同，可逆电路中两组变流器之间的切换过程也不同。

对于图 6-15（a）所示的三相半波有环流可逆系统，如果采用配合控制有环流（即 $\alpha=\beta$ 工作制）方式，对正、反两组变流器（或桥）同时输入触发脉冲。由于两组变流器之间有单方向的脉动环流通过，两组变流器的晶闸管都能触发导通，如 1 组输出整流电压 $U_{d\alpha1}$，2 组输出逆变电压 $U_{d\beta2}$，因严格控制 $\alpha=\beta$，即 $\alpha_1=\beta_2$，故 $U_{d\alpha1}=U_{d\beta2}$，且极性一致，处于平衡状态。例如当 1 组工作在整流状态，并输出 I_d 给电动机时，$E_M<U_{d\beta2}$，2 组虽有 $U_{d\beta2}$，但没有逆变电流 I_d，不存在把电能回馈电网。把这种具备逆变条件而没有逆变电流流过的状态叫待逆变，表示该组变流器处在逆变状态下等待工作。一旦需要降速或者反向运转，可把 α 增大，$U_{d\alpha1}=U_{d\beta2}$ 并立即减小，由于电动机惯性，E_M 还来不及变化，致使 $E_M>U_{d\beta2}$，2 组变流器即从待逆变转为逆变，使反向的 I_d 经逆变器向电网回馈电能。此时的 1 组因 $U_{d\alpha1}<E_M$ 而被封锁，使它在整流状态下等待工作，无整流电流输出，称为待整流状态。如继续增大 $\alpha_1>\pi/2$，即 $\beta_1<\pi/2$，1 组转入待逆变状态，而 2 组（即 $\alpha_2<\pi/2$）进入整流状态，U_d 改变极

性，电动机反转。故在 $\alpha=\beta$ 的配合控制方式下，负载电流可逆，而且可方便地在两组变流器中流过或自由地切换，只需改变两组逆变器的控制角就能实现四象限运行。

上述 $\alpha=\beta$ 的工作制中，虽然两组逆变器的输出电压平均值相等而且平衡，即 $U_{d\alpha1}=U_{d\beta2}$，避免了两组电源间的直流环流，但是它们的瞬时值并不相等，存在着环流电压 $u_c=u_{d\alpha1}-u_{d\beta2}$（这可波形图上分析得出），因此在两组变流器间会引起脉动的环流 i_c。对于不同的角 α，i_c 值也不同，在三相半波和三相桥的反并联电路中，$\alpha=\beta=\pi/3$ 时，i_c 最大。环流不经过负载，而仅经晶闸管在两电源间流过，如不采取措施，环流将很大，致使电源短接。为了限制环流，必须在主回路内串入环流电抗器 L_c，限制环流值在额定直流输出电流的 3%～10%。

图 6-17 表示了三相半波 $\alpha=\beta=\pi/3$ 时有环流可逆电路的波形。当 1 组整流，电动机作电动运行时，$i_{d1}=I_d+i_c$。2 组在待逆变状态，只流过环流，故 $i_{d1}=-i_c$。当电动机反转时，$i_{d1}=i_c$，而 $i_{d2}=-I_d-i_c$。

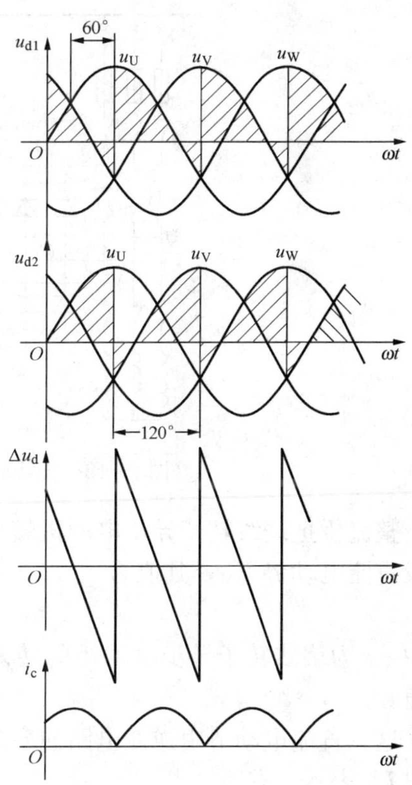

图 6-17　三相半波 $\alpha=\beta=10°$时有环流可逆电路的波形

变流器系统要在四象限运行时，总有一组变流器流过直流负载电流 I_d，故常把环流电抗器对称地串入正、反两组变流器的直流回路内，确保在环流通道内至少有一个环流电抗器发挥限制环流的作用。在图 6-15（a）中，L_{c1} 和 L_{c2} 为环流电抗器；在图 6-15（b）中，虚线设置的 $L_{c1}\sim L_{c4}$ 为环流电抗器，由于三相桥反并联有上、下两条环流通路，故电抗器数比在三相半波时多了 1 倍。

图 6-15（b）所示的无环流可逆系统工程上使用较为广泛，一般不设置环流电抗器。这种无环流可逆系统采用的控制原则是：两组桥在任何时刻只有一组投入工作（另一组关断），所以在两组桥之间就不存在环流。但当两组桥之间需要切换时，不能简单地把原来工作着的一组桥的触发脉冲立即封锁，而同时把原来封锁着的另一组却立即开通，因为已导通的晶闸管并不能在触发脉冲取消的那一瞬间立即被关断，必须待晶闸管承受反压时才能关断。如果对两组桥的触发脉冲的封锁和开放是同时进行，原先导通的那组桥不能立即关断，而原先封锁着的那组桥却已经开通，会出现两组桥同时导通的情况，因没有环流电抗器，将会产生很大的短路电流，把晶闸管烧毁。为此，首先应使已导通桥的晶闸管断流，要妥当处理主回路内电感储存的电磁能量，使其以续流的形式释放，通过使原工作桥本身处于逆变状态，形成本桥逆变，把一部分电感储存的能量回馈给电网，其余部分消耗在电动机上，直到储存的能量释放完，主回路电流变为零，才能封锁原导通晶闸管的触发脉冲，并使其恢复阻断能力。随后再开通原封锁着的晶闸管，使其触发导通。这种无环流可逆系统中，变流器之间的切换过程是由逻辑单元控制的，称为逻辑控制无环流系统。

6.4.3 绕线转子异步电动机的串级调速

串级调速是利用有源逆变的原理对绕线转子异步电动机调速的方法之一，具有结构简单、效率高、节能等优点。其调速范围可以很宽，考虑到变流器的容量不致太大，其调速范围一般不大于2～3。电动机容量越大，节能效果越显著。

图6-18为绕线转子异步电动机串级调速系统的原理图。电动机的转子回路接硅整流管组成三相桥式整流电路，由于转子电压与电网电压不一定匹配，设置逆变变压器TI，其二次绕组经晶闸管组成的三相桥式逆变电路与整流桥连接。

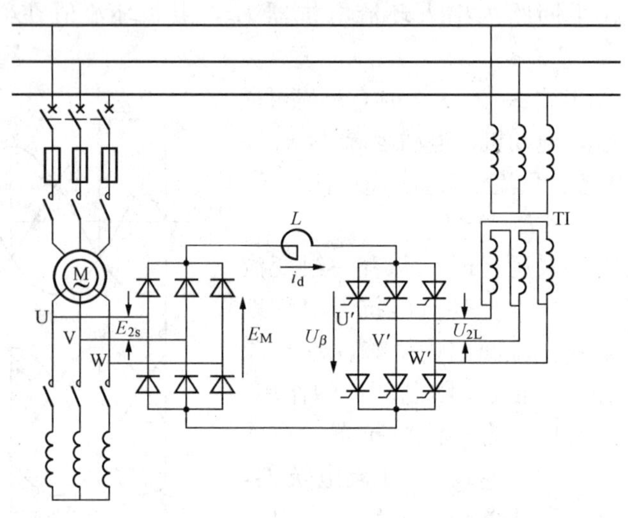

图6-18 绕线转子异步电动机串级调速系统原理图

整流桥把绕线转子异步电动机转子在不同转速下感应出的转差频率电动势$E_{2s}=sE_{20}$整流成直流电动势E_M，其值为

$$E_M = 1.35sE_{20} \tag{6-6}$$

式中：s为绕线转子异步电动机的转差率；E_{20}为绕线转子异步电动机转子开路线电压的有效值。

这一直流电动势由逆变电路逆变成交流电，再送回电网。逆变电路直流侧的逆变平均电压以U_β表示，有

$$U_\beta = 1.35U_{2L}\cos\beta \tag{6-7}$$

式中：U_{2L}为逆变变压器二次绕组线电压的有效值。

逆变电压可看作是加在异步电动机转子回路中的反电动势，只要改变逆变角，即可改变转子回路的反电动势，实现对电动机转速的控制。此时，回馈到电网的能量也将随着逆变电压U_β而改变。U_β越大，回馈到电网的能量也越大，电动机的转速则越低。

绕线转子异步电动机串级调速的工作情况大致如下：电动机的启动，一般采用接触器控制转子回路中的频敏电阻来实现。当电动机在某一转速运行时，若不计转子回路的阻抗压降，则电路工作在$E_M \approx U_\beta$情况下，如果要求调节电动机的转速，只需改变逆变电路的β角。例如增大β，逆变电压U_β便减小，使转子回路的电流增大，于是电动机升速。随着转速的升高，E_M就逐渐减小，直至E_M和U_β重新达到平衡（$E_M \approx U_\beta$），电动机就在某一较高的转速下稳定运转。同理，减小β就使电动机降速。由于β的大小能连续调节，所以异步电

动机串级调速可实现平滑无级调速。当 $\beta=\pi/2$ 时，$U_{\beta}=0$，相当于把整流电路的直流侧短接，也就等于把转子集电环 U、V、W 三点处短接，电动机在自然特性上运行，此时转子回路不再有电能回馈至电网。

逆变变压器二次线电压 U_{2L} 和异步电动机转子的转差电动势 E_{2s} 要互相配合。当整流电路和逆变电路的联结形式相同时，若不计转子回路的阻抗压降，则逆变变压器的二次线电压应为

$$U_{2L}\approx\frac{s_{max}E_{20}}{\cos\beta_{min}} \tag{6-8}$$

式中：s_{max} 为调速系统要求最低转速时的转差率（最大转差率）；β_{min} 为电路最小逆变角，通常 $\beta_{min}=\pi/6$。

至于逆变变压器的容量 S_T，则为

$$S_T\approx\frac{s_{max}}{\cos\beta_{min}}P_N \tag{6-9}$$

式中：P_N 为电动机的额定功率。

由于绕线转子异步电动机的漏抗比一般整流变压器的漏抗大得多，因此在转子电路的整流器中，其漏抗引起的换流重叠角效应的影响比较严重。虽然是自然换相，但当整流电流 I_d 大到一定值，重叠角 γ 可达 60°极限值，导致整流电压降低，使电动机的机械特性变软，最大的临界转矩亦要下降 17.4%，使用时应予以注意。

6.4.4　高压直流输电

在跨越江河、海峡输电和大容量远距离输电中，采用高压直流输电在建设成本、效率等方面有较大优越性。图 6-19（a）是高压直流输电系统的原理图，中间的直流环节没有接负载，起着传输功率的作用，通过分别控制两侧变流桥的直流电压 U_{d1} 和 U_{d2} 的极性和大小，就可以控制功率的流向。

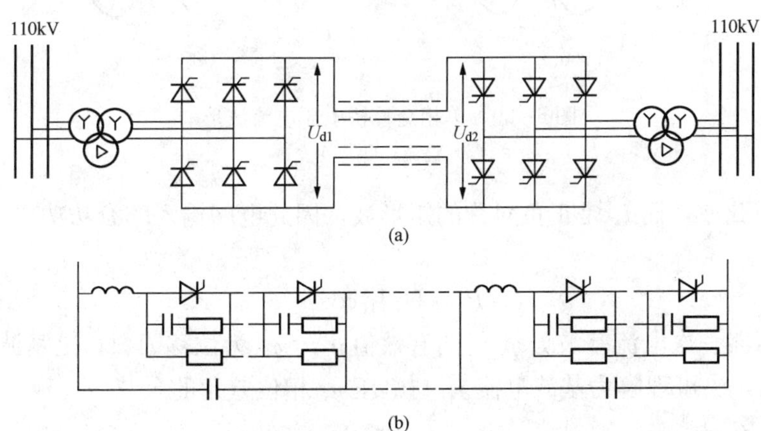

图 6-19　高压直流输变电系统

（a）原理图；（b）三相桥式连接桥臂中晶闸管的串联

高压整流和逆变用的变流器均采用三相桥式全控电路。与其他连接形式相比，三相桥式连接的每臂工作峰值电压较低，即使如此，每臂仍需许多晶闸管串联而成，如图 6-19（b）所示。为使桥臂中处于不同电位的串联晶闸管同时触发，需要有功率很大的特殊触发装置。近十

年来，为解决门极的绝缘问题，发展了光控晶闸管，光脉冲只需 0.1μs，能同时触发 300 个晶闸管，非常适宜在高电压情况下使用。目前高压直流输电发展很快，电网电压已达 750kV。

6.5 晶闸管装置的功率因数及对电网的影响

目前晶闸管变流装置的应用日益广泛，但其存在功率因数低和对电网造成波形畸变等缺点，因此必须认真研究，采取措施，把不良影响减到最小限度。

6.5.1 晶闸管装置的功率因数及其改善

晶闸管装置的功率因数定义为交流侧有功功率与视在功率之比。现以单相桥式电路为例，为了分析方便，不考虑变压器漏抗，且接大电感，负载电流平直。当电路工作在整流状态时，交流侧电压 u_1 与电流 i_1 的波形如图 6-20（a）所示，整流装置的视在功率为

$$S = U_1 I_1$$

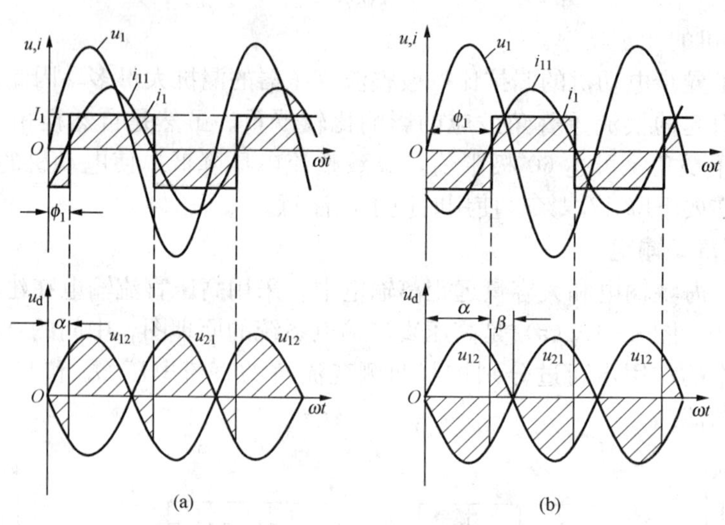

图 6-20 单相全控桥电压电流波形

（a）整流；（b）逆变

由于 u_1 是正弦波，而 i_1 是正负对称的矩形波，因此电网输入的有功功率只有基波功率，其值为

$$P = U_1 I_{11} \cos\varphi_1 \tag{6-10}$$

式中：I_{11} 为变压器一次电流基波分量 i_{11} 的有效值；$\cos\varphi_1$ 为位移因数，是基波有功功率与基波视在功率之比，也可理解为基波电流 i_{11} 与电压 u_1 相位差角的余弦。

所以功率因数为

$$\cos\varphi = \frac{P}{S} = \frac{U_1 I_{11} \cos\varphi_1}{U_1 I_1} = \frac{I_{11}}{I_1}\cos\varphi_1 \tag{6-11}$$

式中：$\frac{I_{11}}{I_1}$ 为电流畸变系数，表示电流波形含有高次谐波的程度，与整流变压器、电路形式和负载性质有关。

由式（6-11）可以看出，晶闸管装置的功率因数等于畸变系数与位移因数的乘积。对

于单相桥式电路，交流电流 i_1 可用傅氏级数展开，其基波分量为

$$i_{11} = \frac{4}{\pi} I_1 \sin\omega t \tag{6-12}$$

其有效值为

$$I_{11} = \frac{2\sqrt{2}}{\pi} I_1 = 0.9 I_1 \tag{6-13}$$

畸变系数$\frac{I_{11}}{I_1}=0.9$。由图可见，忽略换相重叠角后，位移因数角等于晶闸管的控制角，即 $\cos\varphi_1=\cos\alpha$。

因此

$$\cos\varphi = \frac{I_{11}}{I_1}\cos\alpha \tag{6-14}$$

单相桥式电路的功率因数为 $\cos\varphi=0.9\cos\alpha$。三相电路也可照此分析，得出三相桥式可控整流电路的功率因数 $\cos\varphi=0.955\cos\alpha$。

由此可见，晶闸管整流装置不像其他电气设备，其功率因数与负载性质无直接关系，主要决定于控制角的余弦。按照我国实际情况，功率因数一般取额定输出条件下的数据，如无其他规定，通常以位移因数 $\cos\varphi_1$（即 $\cos\varphi$）作为功率因数标定在产品铭牌上。

可控整流电路的功率因数随控制角 α 的增大而降低。这是因为，α 越大，电流与电压波形的相位差也越大，在负载电流一定时，变压器输入的视在功率近似不变，而输出的有功功率随整流电压的降低而减小。

变流器工作在有源逆变状态时，交流侧电压 u_1 与通过逆变返送回电网的基波电流之间的相位角差大于 90°，波形如图 6-15（b）所示。当 $\beta=0°$时，返送回电网的有功功率最大，功率因数 $\cos\varphi$ 也最大；当 $\beta=90°$，功率因数最小。综上所述，变流器工作于整流状态时，有功功率 P 为正值，且随 α 角增大而减小，而无功功率 Q 增大，功率因数下降；变流器工作在逆变状态时，有功功率为负值，随着 β 角的增大，有功功率绝对值减小，无功功率 Q 增大，功率因数也下降。

有的场合以直流输出功率 P_d 和变压器二次侧视在功率 S_2 之比来表示功率因数。

根据功率因数表达式，功率因数为畸变系数与位移因数的乘积，则功率因数低有两个原因：①波形畸变；②位移因数低。波形畸变导致功率因数低，是因为高次谐波的平均功率为零，也就是高次谐波电流都是无功电流；位移因数低导致功率因数低，是因为电压与基波电流的相位差变大。显然，为了使畸变系数增大使之接近于 1，就要设法减小高次谐波；为了使位移因数增大，就要减小控制角 α。目前采用的改善功率因数的方法有以下四种：

(1) 小控制角（逆变角）运行。对于长时间运行在深调压、深调速的晶闸管装置，可采取改变整流变压器的二次侧抽头或采用星三角变换等方法降低变压器二次侧电压，使装置尽量运行在小控制角状态。

(2) 采用两组变流器的串联供电。对于大容量且电压较高的负载，可采用图 6-21 所示的两组桥式电路串联供

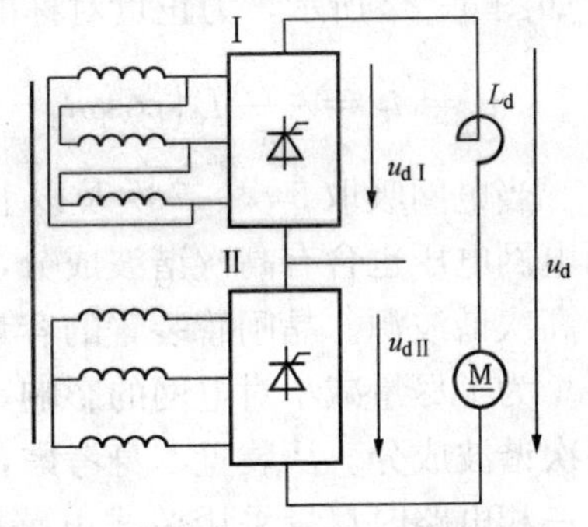

图 6-21 两组晶闸管串联供电

电。当负载要求高电压时，两组晶闸管均工作在小α值的整流状态。负载电压为两组直流电压之和，即

$$U_d = U_{d\text{I}} + U_{d\text{II}}$$

当负载需要低电压时，使Ⅰ组晶闸管仍工作在小α值的整流状态，而Ⅱ组晶闸管工作在小β值的逆变状态。此时负载电压为

$$U_d = U_{d\text{I}} - U_{d\text{II}}$$

当$\alpha_\text{I} \approx \beta_\text{II}$时，$U_d \approx 0$。这时两组桥的功率因数都比较高。若输出电压不要求负值时，即Ⅰ组不要求工作在逆变状态，则可以采用整流二极管代替晶闸管。

(3) 增加整流相数。整流相数越多，电流中高次谐波的最低次数越高，且幅值也减小，畸变因数更接近于1，从而提高了功率因数。

(4) 设置补偿电容。由于电容吸收超前电流，故电容与用电设备并联时，可以使电流与电压的相移减小，能够改善功率因数。但必须指出，电容与整流变压器并联固然可以改善功率因数，但由于电路里有高次谐波存在，如果电容与电路里的电感配合不当，就会在变流器的某个谐波附近产生谐振。这个谐振被充分放大后，可能使供电电压进一步畸变。为此，常用电感和电容串联并选择适当的电感量来避免谐振问题。

6.5.2 晶闸管装置对电网的影响

晶闸管与其他电力半导体器件的迅速发展与广泛应用，对各工业部门提高生产技术水平、改善产品质量、提高经济效益都具有重大作用。但同时随着变流装置容量的不断增大，其对供电电网可能造成的影响与危害正日益引起人们的关注与焦虑，诸如电压波形畸变、谐波噪声与干扰、功率因数的降低等。特别是当电网容量相对较小时，由于无功功率增大，导致无功冲击，使电网电压随之波动，影响波及其他由电网供电的设备。这种影响曾一度被称为“电力公害”。

谐波电流的不良影响主要有：①对于补偿用电力电容器和串联电抗器，高次谐波电流可能引起串联或并联谐振，引起热损坏、振动、闪烁等事故；②使通信线路产生杂音；③使变压器的铁心产生噪声，铁耗和铜耗增加，容量减小，箱壁或箱盖产生涡流发热；④对输电线路，谐波电流常引起线路的串联谐振，产生高压造成绝缘击穿；⑤对于感应电动机，由于高次谐波电流产生脉动转矩，使转速周期性变动，铁耗和铜耗增加；⑥对于仪用互感器，会影响电流或电压的相位差，导致测量精度下降；⑦会导致控制计算机的误动作。

以三相全控桥晶闸管电路为例，在带大电感负载、变压器电压比为1时，交流侧电流波形如图6-22所示，为正负对称的矩形波，其展开傅氏级数为

$$i_1 = i_2 = \frac{2\sqrt{3}}{\pi} I_d \left(\cos\omega t - \frac{1}{5}\sin 5\omega t - \frac{1}{7}\sin 7\omega t + \frac{1}{11}\sin 11\omega t + \frac{1}{13}\sin 13\omega t - \cdots \right)$$

当电网吸取5次、7次及以上高次谐波后，这些谐波电流在电网回路引起阻抗压降，因而电网电压也含有高次谐波成分，造成电网电压畸变。因此，晶闸管装置实际上可看成是一个高次谐波源。晶闸管装置的容量越大，高次谐波亦越大，对电网的影响也越大。

为了尽量减小对电网的影响，必须设法使流进晶闸管装置的电流尽量接近正弦波，减小高次谐波成分。从装置本身考虑，例如带电阻性负载时，应尽量运行在小控制角状态，工作于三相电路时尽量采用桥式电路而不用三相半波电路，以消除偶次谐波。变流变压器采用D/Y或Y/D联结，可使一次电流成阶梯形，更接近正弦波。对于大容量装置可增加整流相

数，如图 6 - 21 所示的供电线路，变压器两组二次绕组分别接成星形与三角形，二者线电压相位差 30°，等效为十二相整流，使两组桥的 5 次、7 次谐波电流在变压器一次侧相差 180°互相抵消；一次电流为三个阶梯波，更接近正弦波。从装置外部考虑，为使装置的谐波电流不流过电网，可采用谐波滤波器，图 6 - 23 即为 5、7、11 次谐波滤波电路，使高次谐波电流大部分流入 LC 串联谐振电路，从而使流入电网的谐波电流抑制在允许值内。

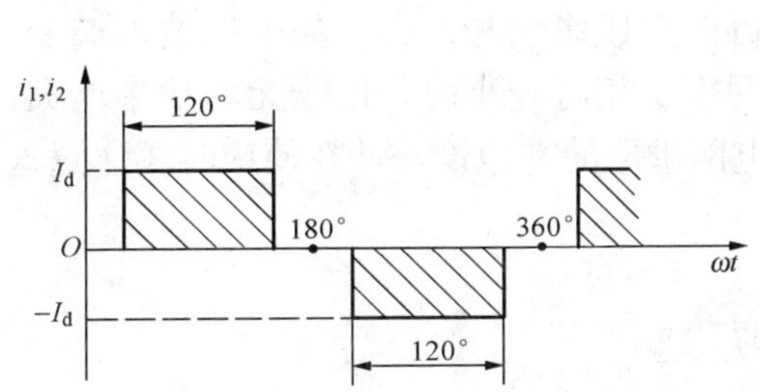

图 6 - 22　三相全控桥式电路变压器电流波形

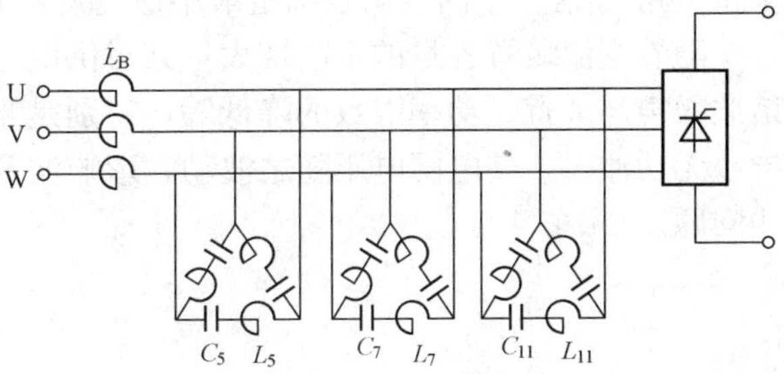

图 6 - 23　抑制谐波的滤波器

当晶闸管装置功率因数变差时，会引起供电区域电压波动。其原因是：当装置输出直流电流 I_d 不变时，装置的交流侧电流 I_1 也不变，变流装置对电网吸收的视在功率 S 基本不变。当输出直流电压降低、输出有功功率 P 减小时，吸收的电网无功功率 Q 必然变大；反之直流电压升高，则装置的无功功率 Q 减小。关系式为

$$Q = S\sin\varphi \approx S\sin\alpha$$

进一步分析推导可得出电网电压变化量为

$$\Delta U = \frac{QX}{U} \approx \frac{SX}{U}\sin\alpha$$

式中：X 为供电系统电抗；U 为供电额定电压。

由此可见，当变流装置的控制角变化时，会引起电网电压波动。在装置容量大的场合，为了保证电网电压稳定，需要进行无功功率补偿。最常用的方法是在负载侧并联电容，在 α 变化快、变化范围大的场合，需用晶闸管控制的快速无功补偿回路进行无功补偿。

本 章 小 结

逆变是将直流电能变换为交流电能的过程，即实现直—交变换。逆变是整流的逆过程。逆变电路又分为有源逆变电路和无源逆变电路。有源逆变是将直流电变成和电网同频率的交流电反送到交流电网，其能量传递方向为：直流电→逆变电路→交流电→交流电网。无源逆变是将直流电逆变为某一频率或可变频率的交流电直接供给负载，其能量传递方向为：直流电→逆变电路→交流电（频率可调）→负载。

本章重点介绍了三相半波和三相桥式有源逆变电路的工作原理和逆变的前提条件，分析了逆变失败的各种原因和保证逆变电路正常工作的最小逆变角的确定方法。同时通过对接触器控制的直流电动机正反转控制电路与两组晶闸管反并联可逆电路进行对比，理解有源逆变的实际应用方法和优点，同时介绍了几种有源逆变典型应用实例，增强读者对有源逆变的理解。

有源逆变的条件有三个，分别是：①控制角$\alpha>90°$；②直流侧有直流电源E且其大小要大于由α决定的直流输出电压U_d；③回路中要有足够大的电感L_d。有源逆变主要有三相半波和三相桥式有源逆变电路两种常见形式。

逆变失败的原因有多种，主要有触发电路的原因、晶闸管本身的原因和交流电源方面的原因。防止逆变失败的方法要从换相重叠角γ、晶闸管关断时间t_g所对应的电角度δ_0和安全裕量角θ_α这三个因素出发确定最小逆变角，并在实际电路中采取相应措施。

随着变流装置容量的不断增大，其对供电电网可能造成影响与危害，如电压波形畸变、谐波噪声与干扰、功率因数的降低等，特别是当电网容量相对较小时，由于无功功率增大，导致无功冲击，使电网电压随之波动，影响波及由电网供电的其他设备，在使用时要注意这些问题。

思考与练习题

6-1 什么叫有源逆变？有源逆变的工作原理是什么？逆变时α角至少为多少度？为什么？

6-2 说明实现有源逆变的条件，为什么半控桥和负载侧并联续流管的电路不能实现有源逆变？

6-3 为什么有源逆变工作时，变流器直流侧会出现负的直流电压，而电阻负载或大电感负载则不会出现（电感负载指正常工作时）？

6-4 在只有电阻和电感的整流电路里，能否使变流装置稳定运行于逆变状态？为什么？对于有电感和电阻的整流电路，在运行过程中是否有运行于逆变状态的时刻？如果有，这种逆变是怎样产生的？

6-5 造成逆变失败的原因有哪些？最小逆变角的含义是什么？为什么要对最小逆变角加以限制？试绘图说明。

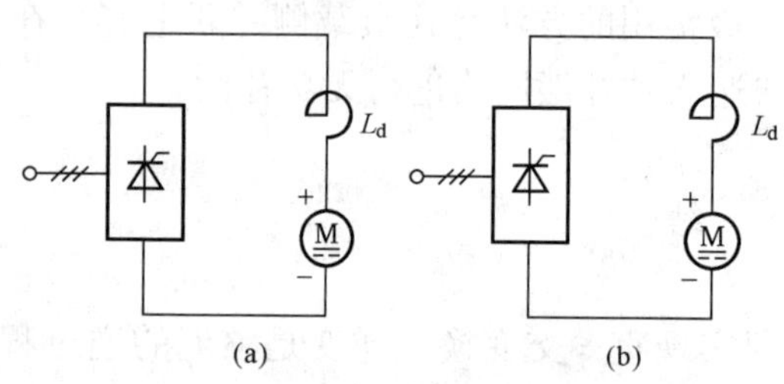

图6-24 题6-6图

(a) 整流—电动机状态；(b) 逆变—发电机状态

6-6 在图6-24中，一组晶闸管工作在整流—电动机状态，另一组晶闸管工作在逆变—发电机状态。试：

(1) 标出U_d、E及i_d的方向；

(2) 说明E与U_d的关系；

(3) 当α与β均为最小值30°时，控制角α的移相范围为多大？

6-7 如果只有一组晶闸管供电给一台直流电动机，电动机拖动位能负载，试说明什么时候产生发电制动？

6-8 试画出三相半波共阳极接法时$\beta=60°$时的U_d与晶闸管两端电压波形。

6-9 什么是环流？环流是怎样产生的？在不同α和β的情况下（$\alpha=\beta$）环流是否相同？为什么？

6-10 如果在环流回路里没有限制环流电抗器和其他电感存在，环流会不会连续？环流会怎样变化？环流限制电抗器足够大时环流怎样变化？

6-11 说明桥式反并联可逆电路有环流系统四象限运行的工作过程。说明该电路为何要用4只环流电抗器。

6-12 某晶闸管可逆供电装置为三相半波接线，变压器二次相电压有效值为230V、$R=0.3\Omega$，电动机从220V、20A稳定的电动状态下进行发电制动，要求制动前初始电流强度为40A，则初始逆变角β应多大（换相压降与管压降不计）？

6-13 晶闸管装置对电网有哪些影响？如何抑制或减小这些影响？

第7章

交流开关与交流调压电路

根据变换参数的不同，可将交流变换电路分为交流调压电路和交—交变频电路两大类。只改变输出电压的幅值而不改变频率的交流变换电路，称为交流电压控制电路，或称为交流调压电路。

交流电压控制电路包括交流调压、交流调功和交流开关三种类型。其中，采用相位控制的交流电压控制电路称为交流调压电路；采用通/断控制的交流电压控制电路称为交流调功电路；如果令交流调压电路中的晶闸管在交流电流自然过零时关断或导通，则称为晶闸管交流开关。按照控制方式的不同，可将交流电压控制电路分为相控式电路和斩控式电路。晶闸管相控式调压与相控式整流电路的控制原理相同，都是利用门极脉冲相位的变化来改变输出端电压的幅值。而斩控式电路是通过改变器件占空比来改变输出端电压有效值。按照电网相数的不同，可以将交流电压控制电路分为单相电路、三相三线制电路和三相四线制电路三种。

7.1 晶闸管交流开关

晶闸管交流开关是一种快速、理想的交流开关。晶闸管交流开关总是在电流过零时关断，在关断时不会因负载或线路电感存储能量而造成暂态过电压和电磁干扰，因此特别适用于操作频繁、可逆运行等场合。

7.1.1 简单交流开关

晶闸管交流开关的基本型式如图7-1所示。触发电路的门极触发电流可以控制晶闸管导通，从而得到阳极大电流。交流开关的工作特点是每个晶闸管在其承受正半周电压时可以触发导通；而它的关断则是利用电源负半周加在管子上的反压来实现，在电流过零时自然关断。两个反并联的晶闸管在正负半周轮流工作，使得负载得到交流电压和交流电流。

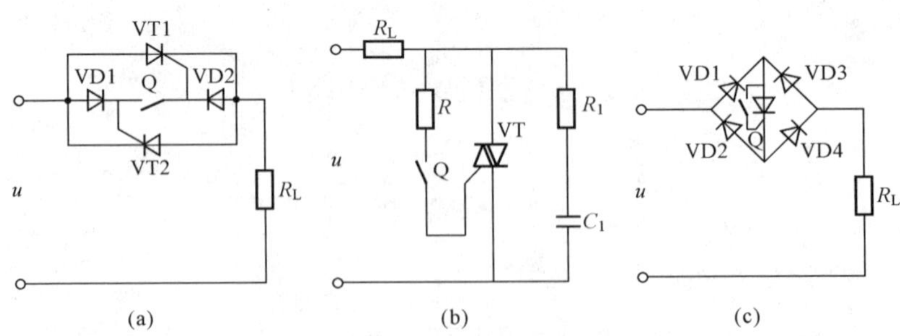

图7-1 晶闸管交流开关的三种基本型式

(a) 普通晶闸管反并联；(b) 采用双向晶闸管；(c) 只用一只普通晶闸管

图 7-1（a）为普通晶闸管反并联构成的交流开关。当 Q 合上时，靠管子本身的阳极电压作为触发电源，具有强触发性质，即使触发电流比较大的管子也能可靠触发。负载上得到的基本上是正弦电压。图 7-1（b）为采用双向晶闸管的交流开关，其线路简单，但工作频率比反并联的普通晶闸管构成的交流开关电路低（小于 400Hz）。图 7-1（c）为只用一只普通晶闸管构成的交流开关电路，管子只承受正压，但由于串联元件多，其压降损耗较大。

7.1.2　由过零触发交流开关组成的单相交流调功器

我们已经知道，在交流电压过零时给晶闸管加触发脉冲，使晶闸管在交流正半周内工作状态始终处于全导通，在交流负半周过零自然关断，称为过零触发。交流过零触发开关电路就是利用过零触发方式来控制晶闸管导通的。如果在设定的工频周期范围内，将电路接通几个周波，然后断开几个周波，通过改变晶闸管在设定周期内通断时间的比例来调节负载两端交流电压和电流，即可以达到调节负载功率的目的，这种装置称为交流调功器或周波控制器。交流调功器是在电源电压过零时触发晶闸管导通的（实际上是离零点有 3°～5°的电角度差），所以负载上得到的是基本完整的正弦波，调节的只是在设定周期 T_C 内导通的电压周波数。图 7-2 所示为全周波过零触发输出电压波形常见的两种工作方式，其中（a）图为全波连续式过零触发工作方式，（b）图为全波间隔式过零触发工作方式。

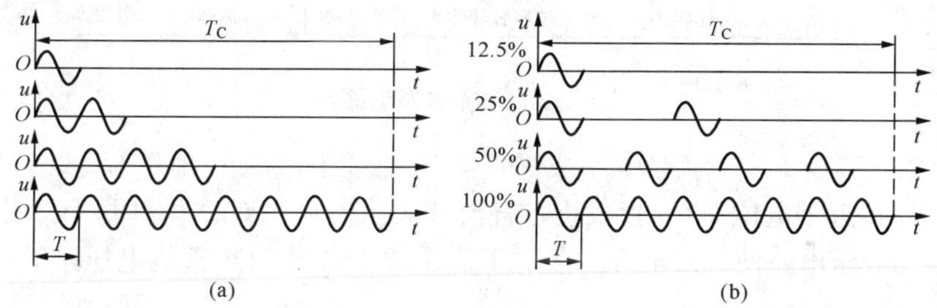

图 7-2　全周波过零触发输出电压波形
（a）全波连续式过零触发工作方式；（b）全波间隔式过零触发工作方式

根据波形分析可以得知，如在设定周期 T_C 内导通的电压周波数为 n 个，每个周波的周期为 T（50Hz，T=20ms），则调功器的输出功率为

$$P=\frac{nT}{T_C}P_n \tag{7-1}$$

输出电压有效值为

$$U=\sqrt{\frac{nT}{T_C}}U_n \tag{7-2}$$

式中：P_n、U_n 为设定周期 T_C 内全导通时，调功器的输出功率与电压有效值。

可以看出，只要改变导通周波数 n，即可改变输出交流电压或输出功率的大小。

调功器可以用双向晶闸管作为交流开关，也可以用两只普通晶闸管反并联连接作为交流开关。其触发电路可以采用集成过零触发器，也可利用分立元件组成的过零触发电路。图 7-3为全波连续式过零触发交流调功器电路原理图。其中，主电路由 VT1 和 VT2 反并联组成的交流无触点开关与负载构成。触发电路由锯齿波产生、信号综合、直流开关、同步电压与过零脉冲输出 5 个环节组成。图 7-4 为过零触发电路各点的电压波形，工作原理如下：

（1）锯齿波是由单结晶体管 V8 和 R_1、R_2、R_3、RP1、C_1 组成的弛张振荡器产生的，经射极跟随器（V1、R_4）输出，其波形如图 7-4（a）所示。锯齿波的底宽对应着一定的时间间隔（工作周期 T_C）。调节电位器 RP1，即可改变锯齿波的斜率。由于单结晶体管的分压比一定，故电容 C_1 放电电压一定，斜率减小就意味着锯齿波底宽增大（T_C 增大），反之底宽减小（T_C 减小）。

（2）控制电压（U_C）与锯齿波电压进行电流叠加后送至 V2 基极，合成电压为 u_s。当 $u_s>0$（0.7V），则 V2 导通；$u_s<0$，则 V2 截止。u_s 波形如图 7-4（b）所示。

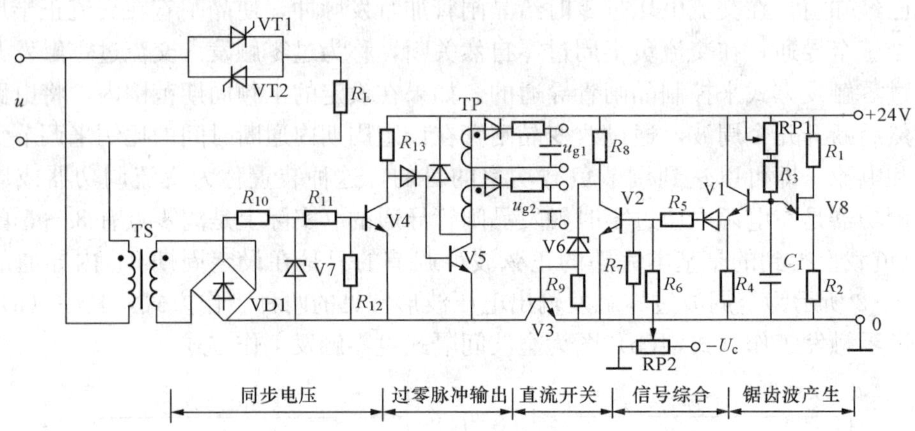

图 7-3 过零触发电路

（3）由 V2、V3 及 R_8、R_9、V6 组成一直流开关。当 V2 基极电压 $U_{be2}>0$（0.7V）时，V2 管导通，U_{be3} 接近零电位，V3 管截止，直流开关阻断；当 $U_{be2}<0$ 时，V2 截止，由 R_8、V6 和 R_9 组成的分压电路使 V3 导通，直流开关导通，输出 24V 直流电压。V3 通断时刻如图 7-4（c）所示。V6 为 V3 基极提供一阈值电压，使 V2 导通时，V3 更可靠地截止。

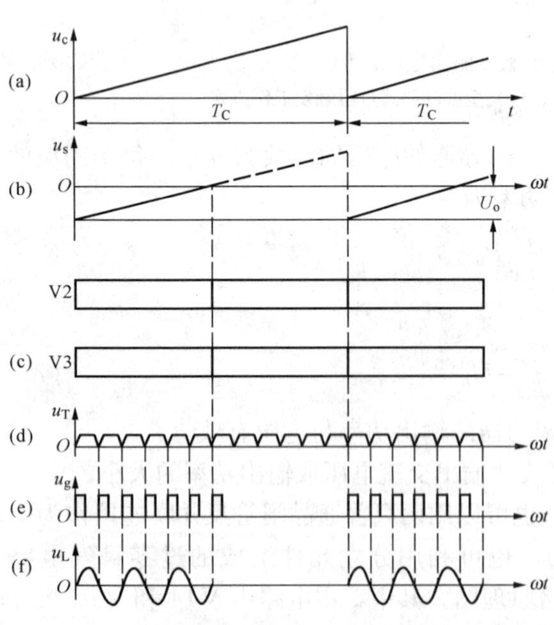

图 7-4 过零触发器电路的电压波形

（a）u_c 波形；（b）u_s 波形；（c）V3 通断时刻；（d）u_T 波形；（e）u_g 波形；（f）u_L 波形

（4）过零脉冲输出电路由 V4、R_{13}、V5 和脉冲变压器 TP 构成。由同步变压器 TS、整流桥 VD1 及 R_{10}、R_{11}、V7 组成一削波同步电压电源，如图 7-4（d）所示。它与直流开关输出电压共同控制 V4 和 V5，只有当直流开关导通期间，V4、V5 集电极和发射极之间才有工作电压，才能进行工作。在此期间，同步电压每次过零时 V4 截止，其集电极输出一正电压，使 V5 由截止变为导通，经脉冲变压器输出触发脉冲，此脉冲使晶闸管导通，如图 7-4（e）所示。于是在直流开关导通期间，便输出连续的正弦波，如图 7-4（f）所示。增大控制电压，便可加长开关导通的时间，也就增加了导通的周波数，从而增加了输出的平均功率。

采用过零触发方式的交流调功器虽然没有移相触发时高频干扰的问题，但其通断频率比电源频率低，特别是当通断比过小时，会出现低频干扰，使照明出现人眼能觉察到的闪烁，使电表指针出现摇摆等。所以交流调功器通常用于热惯性较大的电热性负载。

7.1.3　固态开关

近年来发展的一种固态开关（Solid State Relay，SSR）也称为固态继电器与固态接触器，是一种以双向晶闸管为基础构成的无触点通断组件。固态开关的几种典型电路如图 7-5 所示。

图 7-5（a）为采用光电晶体管耦合器的“0”压固态开关内部电路。1、2 为输入端（1 端为直流控制信号正极输入端，2 端为负极输入端），相当于继电器或接触器的线圈；3、4 为输出端，相当于继电器或接触器的一对触点，与负载串联后接到交流电源上。

输入端接上控制电压，使光耦器件的发光二极管 VD2 发光，光耦器件中的光敏管 V1 阻值减小，使原来导通的晶体管 V2 截止，而原来阻断的晶闸管 VT1 通过 R_4 被触发导通。输出端交流电源通过负载、二极管 VD3～VD6、VT1 及 R_5 构成通路，在电阻 R_5 上产生电压降作为双向晶闸管 VT2 的触发信号，使 VT2 导通，负载得电。由于 VT2 的导通区域处于电源电压的“0”点附近，因而具有“0”电压开关功能。

图 7-5（b）为光电晶闸管耦合器的“0”电压开关。由输入端 1、2 输入信号，光电晶闸管耦合器 B 中的光控晶闸管导通；电流经 3→VD4→B→VD1→R_4→4 构成回路；借助 R_4 上的电压降向双向晶闸管 VT 的控制极提供分流，使 VT 导通。由 R_3、R_2 与 V1 组成“0”电压开关功能电路。即当电源电压过“0”并升至一定幅值时，V1 导通，光控晶闸管则被关断。

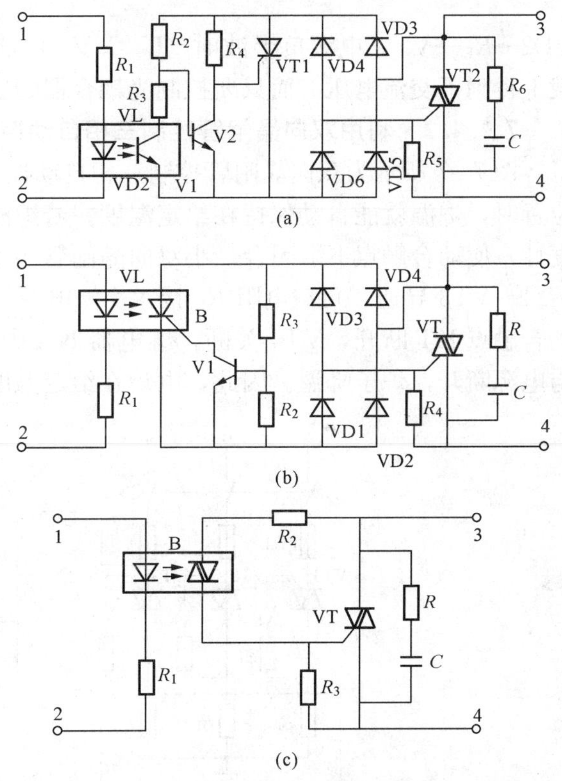

图 7-5　固态开关内部电路

（a）光电晶体管耦合器的“0”压固态开关内部电路；（b）光电晶闸管耦合器的“0”电压开关；（c）光电双向晶闸管耦合器非“0”电压开关

图 7-5（c）为光电双向晶闸管耦合器非“0”电压开关。由输入端 1、2 输入信号时，光电双向晶闸管耦合器 B 导通；3→R_2→B→R_3→4 回路有电流通过，R_3 提供双向晶闸管 VT 的触发信号。这种电路相对于输入信号的任意相位交流电源均可同步接通，因而称为非“0”电压开关。

7.1.4　交流开关电路的应用实例

7.1.4.1　采用光耦合器的交流开关电路

图 7-6 为采用光耦合器的晶闸管交流开关电路应用实例。

主电路由两只晶闸管 VT1、VT2 和两只二极管 VD1、VD2 组成。当未接通控制信号

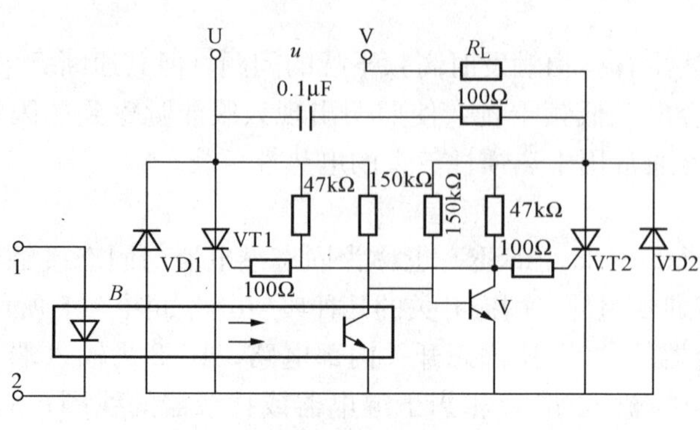

图 7-6 采用光耦合器的交流开关电路

时，1、2端没有直流控制信号，光耦合器B中的光敏晶体管截止，使晶体管V处于导通状态，两个晶闸管的门极被晶体管V旁路，因而VT1、VT2晶闸管处于截止状态，负载R_L上无电压和电流。当1、2端接入控制信号时，B光耦合器中的光敏晶体管导通，使晶体管V截止，VT1、VT2晶闸管门极得到触发电压而导通，主回路被接通。电源正半波时（例如U_+、V_-），通路为U_+→VT1→VD2→R_L→V_-；电源负半波时（U_-、V_+），通路为V_+→R_L→VT2→VD1→U_-，从而负载上得到了交流电压。而只要控制光耦合器的通断，就能方便地控制主电路的通断。

7.1.4.2 利用双向晶闸管控制三相自动控温电热炉

图7-7所示为双向晶闸管控制三相自动控温电热炉的典型电路。当开关Q拨到“自动”位置时，炉温就能自动保持在给定温度。若炉温低于给定温度，温控仪KT（调节式毫伏温度计）使动合触点KT闭合，小双向晶闸管VT4触发导通。继电器KA得电，使主电路中VT1～VT3导通。负载电阻R_L接入交流电源，炉子升温。若炉温到达给定温度，温控仪的动合触点KT断开，VT4关断，继电器KA失电，双向晶闸管VT1～VT3关断，电阻R_L与电源断开，炉子降温。因此，电炉在给定温度附近小范围内波动。

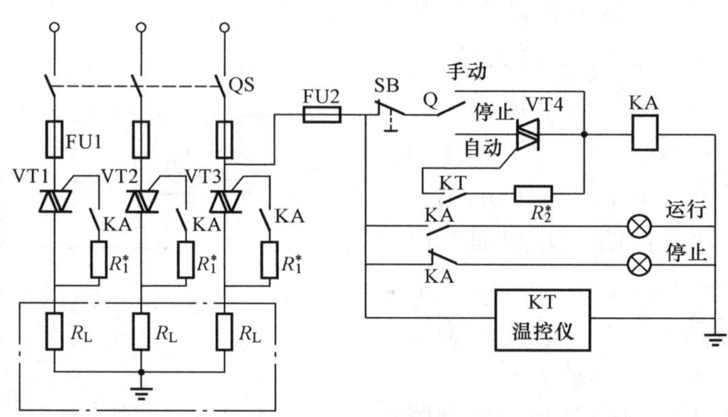

图 7-7 三相自动控温电热炉电路

双向晶闸管用电阻（主电路为R_1^*、控制电路为R_2^*）构成本相强触发电路，其阻值可由试验决定。用电位器代替R_1^*或R_2^*，调节电位器阻值，使双向晶闸管两端电压（用交流电压表测量）减到2～5V，此时电位器阻值即为触发电阻值。触发电阻通常为75Ω～3kΩ，功率大于2W。

7.1.4.3 利用固态继电器的三相异步电动机控制电路

图7-8是利用固态继电器控制三相异步电动机启、停和正反转的电路。图中有两个开关量信号，可以由数字电路或计算机提供控制信号，5个固态继电器控制正极输入端并联于控制直流电源V_{CC}，控制负极输入端分别与门电路G2、G3和G4相连。此电路基本工作原

理简述如下：

(1) 当门电路 G1 得到的“启动/停止”控制信号为“1”时，G1＝0，使得 G2＝G3＝G4＝1，5 个固态继电器 SSR1～SSR5 都得不到直流输入信号，固态继电器交流无触点开关相当于断开，电动机得不到交流电压和电流，处于停止状态。

(2) 当“启动/停止”控制信号为“0”时，G1＝1。若此时正反转控制信号为“0”，则 G4＝1，G2＝G3＝0。这时，5 个固态继电器中的 SSR1、SSR2 和 SSR4 工作，相当于交流开关闭合；同时 SSR3 和 SSR5 交流开关断开。三相异步交流电动机“1”、“2”、“3”这 3 个端子分别接入三相交流电压 U 相、V 相和 W 相，电动机处于正转状态。

(3) 若在“启动/停止”控制信号为“0”的同时，正反转控制信号为“1”，则 G2＝G4＝0，G3＝1。这时，5 个固态继电器中的 SSR1、SSR3 和 SSR5 这 3 个交流开关闭合，交流电动机“1”、“2”、“3”这 3 个端子分别接入三相交流电压 U、W 和 V 相，电动机的电压相序与上述情况相反，故电动机处于反转状态。

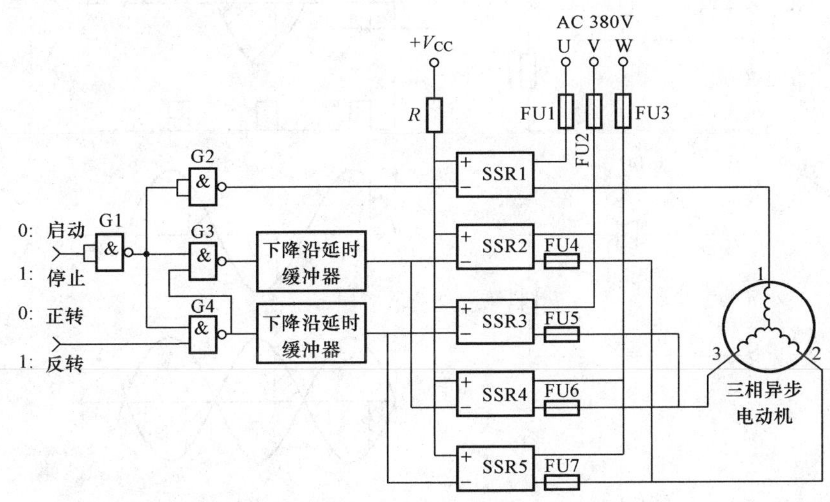

图 7-8　利用固态继电器控制三相异步电动机的电路

电路中设置两个下降沿缓冲器，是为了防止正反转工作方式突然切换时，由电动机的惯性而造成电流冲击过大而对设备造成损害，它们的作用是使电动机切换过程中有一个减速的过渡过程，即“正转”→“减速停止”→“反转启动”。例如电动机正向运行时，若正反转控制信号由“0”突变为“1”时（即由正转切换为反转时），G4 由“1”跳变为“0”，使得 G3 由“0”跳变为“1”，由于延时缓冲器为下降沿延时，所以在一定时间内，除了 SSR1 外，其他 4 个固态继电器皆为断开状态，电动机失电减速停止；当设定的延时时间到达后，G4 门输出的“0”信号才能到达 SSR3 和 SSR5，电动机开始进入反转运行状态。

熔断器 FU4～FU7 可以防止出现误触发造成 SSR2 与 SSR5，SSR3 与 SSR4 同时闭合而造成的相间短路事故，同时可作为过载过流保护之用。

7.2　单相交流调压电路

调压电路广泛应用于工业加热、灯光控制、感应电动机调压调速，以及电焊、电解、电镀、交流侧调压等场合。

通过控制晶闸管导通角的大小来达到控制交流输出电压和功率的目的，这种电路称为交流调压电路。交流调压电路主要有单相交流调压和三相交流调压两种形式，其负载一般为阻性或感性负载。

单相交流调压电路可以采用两只普通晶闸管反并联构成的交流开关组成，也可以采用一只双向晶闸管组成。后一种因其线路简单，成本低，故应用越来越广泛。

单相交流调压电路用于小功率调节，广泛用于民用电气控制。

7.2.1 电阻性负载

单相交流调压电路如图 7-9 所示，用两只普通晶闸管反并联或一只双向晶闸管组成主电路，接电阻性负载。

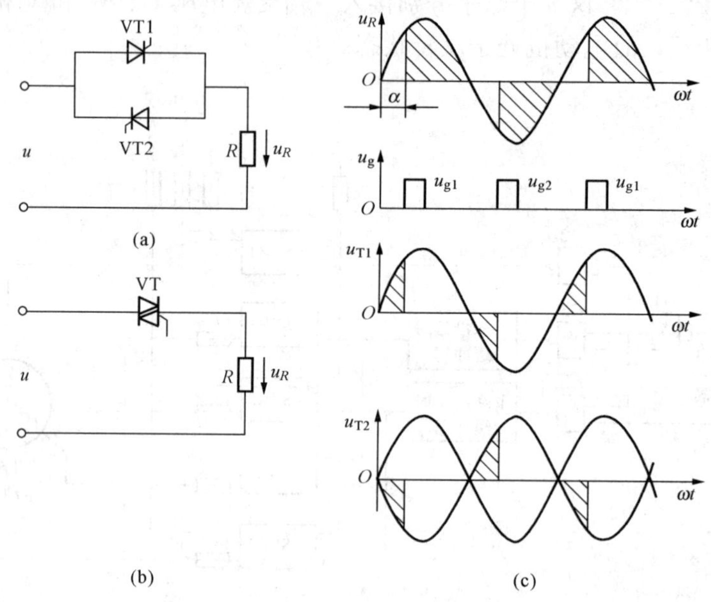

图 7-9 单相交流调压电路及波形

(a) 普通晶闸管反并联电路；(b) 由双向晶闸管组成的电路；(c) u_R、u_{T1}、u_{T2}波形图

在普通晶闸管反并联电路中，当电源电压为正半波时，在 $\omega t=\alpha$ 时触发 VT1，VT1 导通，于是有电流 i 流过负载，电阻得电，有电压 u_R；当 $\omega t=\pi$ 时，电源电压过零，$i=0$，VT1 自行关断，$u_R=0$；在电源的负半波 $\omega t=\pi+\alpha$ 时，触发 VT2 导通，负载电阻得电，u_R 变为负值；在 $\omega t=2\pi$ 时，$i=0$，VT2 自行关断，u_R 为零。下个周期重复上述过程，在负载电阻上就得到缺角的交流电压波形。u_R、u_{T1}、u_{T2} 的波形如图 7-9 所示。通过改变 α 可得到不同的输出电压有效值，从而达到交流调压的目的。

由双向晶闸管组成的调压电路，只要在正负半周的对称的相应时刻（$\omega t=\alpha$，$\omega t=\pi+\alpha$）给触发脉冲，同反并联电路一样可得到同样的交流调压。

单相电阻负载交流调压的数量关系如下。

(1) 输出交流电压有效值和电流有效值分别为

$$U=\sqrt{\frac{1}{\pi}\int_{\alpha}^{\pi}(\sqrt{2}U_2\sin\omega t)^2\,d(\omega t)}=U_2\sqrt{\frac{1}{2\pi}\sin2\alpha+\frac{\pi-\alpha}{\pi}} \tag{7-3}$$

$$I=\frac{U}{R}=\frac{U_2}{R}\sqrt{\frac{1}{2\pi}\sin2\alpha+\frac{\pi-\alpha}{\pi}} \tag{7-4}$$

（2）每个反并联晶闸管的电流平均值为

$$I_{\mathrm{d}}=\frac{1}{R}\times\frac{1}{2\pi}\int_{\alpha}^{\pi}\sqrt{2}U_2\ \sin\omega td(\omega t)=\frac{U_2}{R}\times\frac{\sqrt{2}}{2\pi}(1+\cos\alpha) \tag{7-5}$$

可以看出，当 $\alpha=0°$时，$I_{\mathrm{d}}=\frac{U_2}{R}\times\frac{1}{2\pi}=\frac{\sqrt{2}}{\pi}I$，这里 I 为输出交流电流为全波时的电流有效值。

（3）功率因数为

$$\cos\varphi=\frac{P}{S}=\frac{UI}{U_2I}=\frac{U}{U_2}=\sqrt{\frac{1}{2\pi}\sin2\alpha+\frac{\pi-\alpha}{\pi}} \tag{7-6}$$

交流调压电路的触发电路完全可以套用整流移相触发电路，但是脉冲的输出必须通过脉冲变压器隔离，两个二次绕组之间要有足够的绝缘，以免短路。图 7 - 10 为双向晶闸管和双向二极管组成的单相交流调压电路。图 7 - 10（a）为一台灯调光实用电路，加入 L、C 环节是为了增加电路的稳定性。图 7 - 10（b）在小导通角时，过大的电位器 RP 阻值使电容 C_1 充电缓慢，由于小导通角的触发电路的电源电压已过峰值，并降得很低，造成 C_1 充电电压过小，U_{C1}电压不足以击穿双向二极管，因而如图 7 - 10（c）所示实用电路另增设了 R_2、C_2 阻容电路，在小导通角时获得一个滞后的电压 U_{C2}，它给电容 C_1 增加一个充电电路，使小导通角时 U_{C1}能增大，以保证晶闸管 VT 可靠触发导通，增大调压范围。

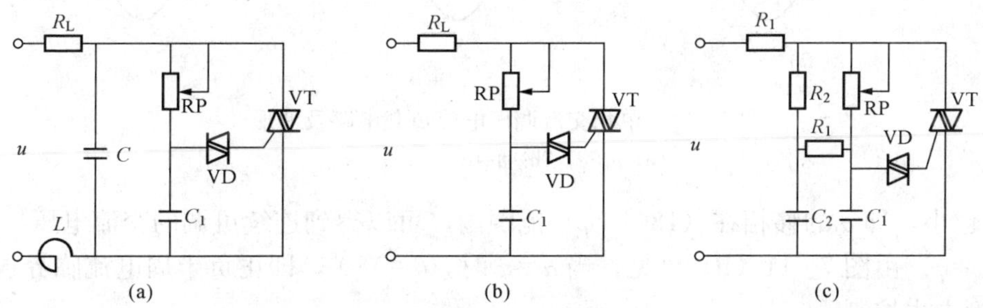

图 7 - 10　双向晶闸管单相交流调压电路

（a）台灯调光实用电路；（b）双向二极管不击穿；（c）VT 可靠触发

7.2.2　电感性负载

图 7 - 11 所示为普通晶闸管反并联接电感负载的单相交流调压电路及其工作波形。由于电感性负载电路中电流的变化要滞后于电压的变化，所以其工作波形及特点与电阻负载情况有很大不同。当电源电压由正半波过零转为反向时，由于负载电感中产生感应电动势阻止电流变化，电流还未到零，即电压过零时晶闸管不会马上关断，还要继续导通到负半周的一定电角度。晶闸管导通角 θ 的大小，不但与控制角 α 有关，还与负载功率因数角 φ（$\varphi=\arctan\frac{\omega L}{R}$）有关。导通角 θ、控制角 α 及功率因数角 φ 的关系如图 7 - 12 所示。从图中可明显看出，控制角 α 越小，则导通角 θ 越大。负载的功率因数角 φ 越大，表明负载感抗越大，自感电动势使电流过零后的持续时间越长，因而导通角 θ 越大。

下面分三种情况进行讨论。

（1）$\alpha>\varphi$。由图 7 - 11（a）电流电压波形可见，$\alpha>\varphi$ 时，$\theta<180°$，正负半波电流断续。

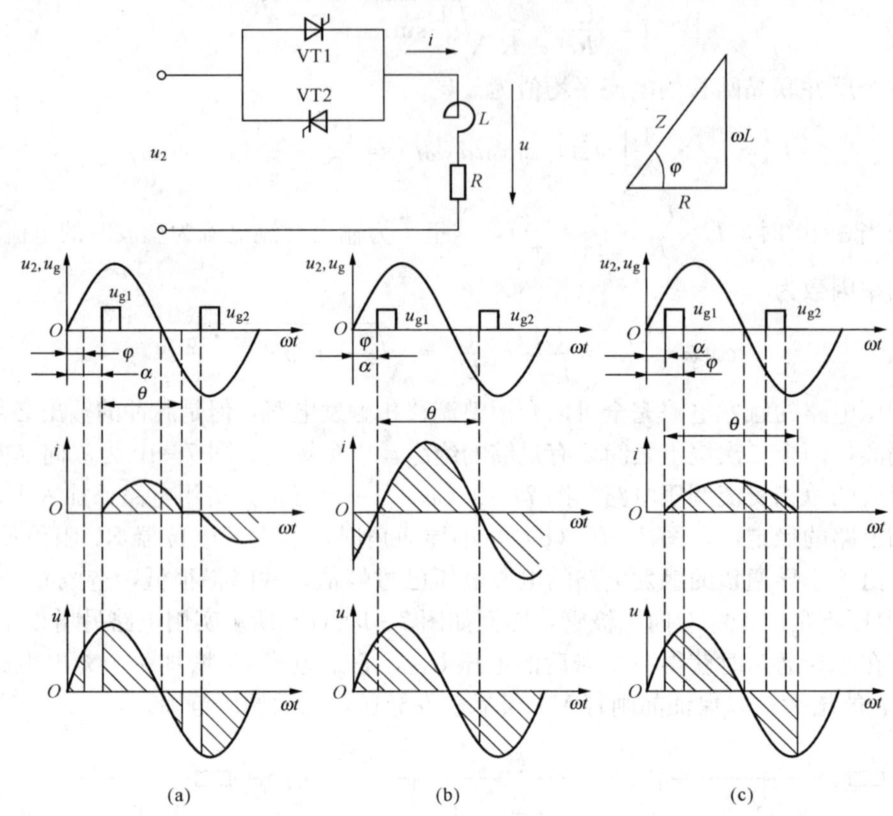

图 7-11　单相交流调压电感负载电路及波形

(a) $\alpha>\varphi$；(b) $\alpha=\varphi$；(c) $\alpha<\varphi$

α 越大，θ 越小，即 α 的移相在（$180°-\varphi$）范围内，可以得到连续可调的交流电压。

（2）$\alpha=\varphi$。由图 7-11（b）可见，当 $\alpha=\varphi$ 时，$\theta=180°$，即正负半周电流临界连续，相当于晶闸管失去控制。

（3）$\alpha<\varphi$。此种情况下，若开始给 VT1 管施以触发脉冲，VT1 管导通，而且 $\theta>180°$。如果触发脉冲为窄脉冲，当 u_{g2} 出现时，VT1 管的电流还未到零，VT1 管不能关断，VT2 管不能导通。而到 VT1 管电流到零关断时，u_{g2} 脉冲已消失，此时 VT2 管虽已受正压，但也无法导通。到第三个半波时，u_{g1} 又触发 VT1 导通。这样负载电流只有正半波部分，出现很大直流分量，电路不能正常工作。因而电感性负载时，晶闸管不能用窄脉冲触发，可采用宽脉冲或脉冲列触发。这样即使 $\alpha<\varphi$，在刚开始触发晶闸管的几个周波内，两管的电流波形还是不对称的。但过几周波后，负载电流即能得到对称连续的正弦波，电流滞后电压 φ 角，如图 7-11（c）所示。

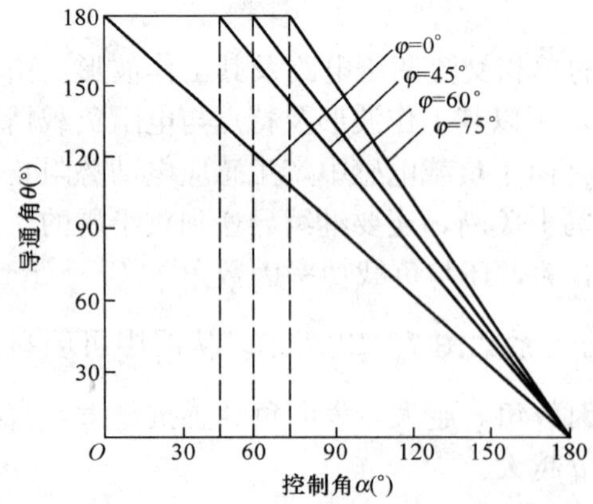

图 7-12　导通角 θ、控制角 α 及阻抗角 φ 的关系

综上所述，单相交流调压有如下特点：

(1) 电阻负载时，负载电流波形与单相桥式可控整流交流侧电流波形一致。改变控制角 α 可以连续改变负载电压有效值，达到交流调压的目的。单相交流调压的触发电路完全可以套用整流触发电路。

(2) 电感性负载时，不能用窄脉冲触发。否则当 $\alpha<\varphi$ 时，会出现一个晶闸管无法导通现象，产生很大直流分量电流。

(3) 电感性负载时，最小控制角 $\alpha_{min}=\varphi$（阻抗角），所以 α 的移相范围为 φ～180°，电阻负载 时移相范围为 0°～180°。

7.2.3　晶闸管交流稳压电路

作为交流调压电路的一个应用实例，下面介绍图 7-13 所示的简单交流稳压电路。

带抽头的自耦变压器 1、0 端为输入端；变压器高电压的 3 端接反并联晶闸管 VT1、VT2；低电压的抽头 2 端接反并联晶闸管 VT3、VT4；4、0 为输出端。当输入电压 u_{10} 在 ±10% 变化时，适当设计 1-3、1-2 间的匝数，u_{40} 可稳定在 220V 附近。其稳压原理如下。

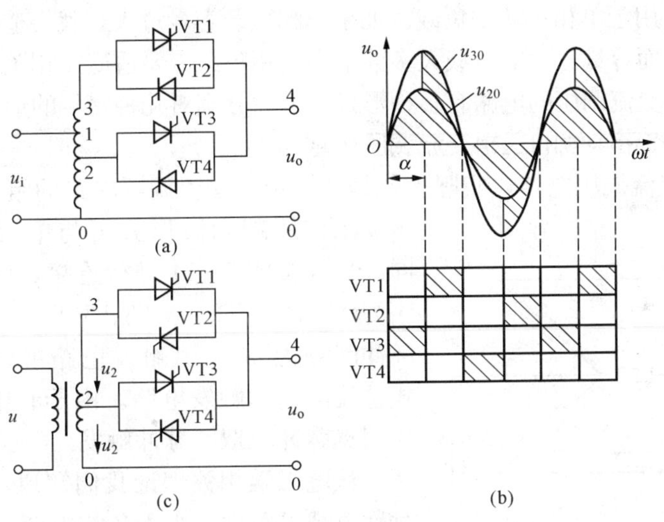

图 7-13　单相交流稳压电路及中心抽头换接电路

(a) 电路；(b) $\alpha=90°$时输出电压的波形；(c) 中心抽头换接电路

设计使晶闸管 VT3、VT4 的触发脉冲分别加在交流电源电压的正负半周的过零点，VT3、VT4 交替导通。当电源电压波动 +10%，$u_{10}=242V$，VT1、VT2 管脉冲封锁或 $\alpha=180°$，VT3 和 VT4 全导通，所以输出交流电压 $u_{40}=u_{10}-u_{12}\approx220V$。当电源电压因某种原因波动−10%，$u_{10}=198V$，调节 VT1、VT2 管触发脉冲 $\alpha=0$，使 VT1、VT2 管全导通，这时由于 VT1 和 VT2 的导通迫使 VT3 和 VT4 全关断，故而输出交流电压 $u_{40}=u_{10}+u_{31}\approx220V$。以上两种极端情况输出波形都是正弦波。

而当电源电压 u_i 在 198～242V 之间变化时，可改变 VT1、VT2 管的控制角 α 在 0°～180°之间变化，保证输出在 220V 不变。图 7-13 (b) 即为 $\alpha=90°$时输出电压的波形。这种电路能自动稳压，当电源电压波动或负载变化时，可由输出电压取样反馈，自动调整 VT1、VT2 管导通角的大小，达到自动稳压的目的。由于这种稳压电路输出的电压波动不是完全正弦波，因此在对波形要求较高的场合若采用此装置，应在输出端增加电容、电感滤波环节对输出交流电压进行整形。

如果将图 7-13（a）中的 2 抽头设计在带中心抽头的单相变压器二次侧的中点，如图7-13（c）所示，则成为单相交流调压的另一种应用形式。如果 VT1、VT2 阻断，VT3、VT4 导通，按上述一般交流调压的方法调压，输出电压U_{40}有效值的变化范围为 $0\leqslant U_{40}\leqslant U_2$。

如果 VT3、VT4 阻断，控制 VT1、VT2 导通时刻，则电压有效值U_{40}的变化范围为$0\leqslant U_{40}\leqslant 2U_2$。当 VT3、VT4 触发脉冲$\alpha=0$时，控制 VT1、VT2 导通时刻，例如$\omega t=\alpha$，此种情况电压波形仍如图 7-13（b）所示。当$\omega t=\alpha$时，VT1 导通，此时 VT3 承受反向电压$\sqrt{2}U_2\sin\alpha$而关断。在$\omega t=\pi+\alpha$时，VT2 导通，迫使 VT4 关断。如果同时控制 VT1、VT2、VT3、VT4，输出电压有效值可以在$0\leqslant U_{40}\leqslant 2U_2$之间变化，输出电压波形能得到改善，谐波分量有所减小。

7.3 三相交流调压电路

单相交流调压适用于单相小功率负载。如果单相负载容量过大，就会造成三相不平衡，影响电网供电质量，因而容量较大的负载大多数都是三相负载。要适应三相负载的要求，就需用三相交流调压。三相交流调压的电路有多种形式，下面分别对几种常见的形式加以介绍。

7.3.1 星形连接带中线的三相交流调压电路

带中线的三相交流调压电路，实际上就是 3 个单相交流调压电路的组合，如图 7-14 所示。工作原理和波形分析与单相交流调压完全相同。如果按图 7-14 进行连接，则晶闸管的导通顺序为 VT1、VT2、VT3、VT4、VT5、VT6，触发脉冲间隔为 60°，其触发电路可以套用三相全控桥式整流电路的触发电路。由于有中线，故不一定非要用宽脉冲或双窄脉冲触发。

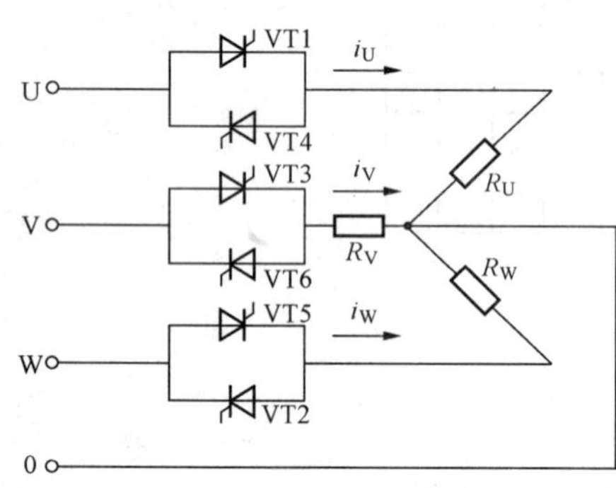

图 7-14 连接成星形带中线的三相交流调压电路

从电工学相关理论我们知道，在三相正弦交流对称负载电路中，由于各相电流i_U、i_V、i_W相位互差 120°，故中线电流为零。而在交流调压电路中，由于移相控制，每相负载电流均为正负对称的缺角正弦波，故而它包含有较大的奇次谐波电流，主要是 3 次谐波电流。这种缺角正弦波的谐波分量与控制角α有关。当$\alpha=90°$时，3 次谐波电流最大。在三相电路中，各相 3 次谐波是同相的，因此中线电流i_0为一相 3 次谐波电流的 3 倍，数值较大。如果电源变压器为三柱式，则 3 次谐波磁通不能在铁心中形成通路，会出现较大的漏磁通，引起变压器的发热和噪声，带来干扰。因此这种电路应用受到一定局限。

7.3.2 晶闸管与负载连接成内三角形的三相交流调压电路

接线如图 7-15 所示，它实际上也是 3 个单相交流调压电路的组合，其优点是由于晶闸管串接在三角形内部，流过晶闸管的电流是相电流。从电工学相关知识我们知道，三角形负载连接形式，其相电流为线电流的$1/\sqrt{3}$，所以，在同样的负载功率情况下，晶闸管电流容量可以降低。另外，线电流中无 3、6、9…等 3 的倍数次谐波分量。缺点是负载必须能拆成

3 个部分才能接成此种电路。

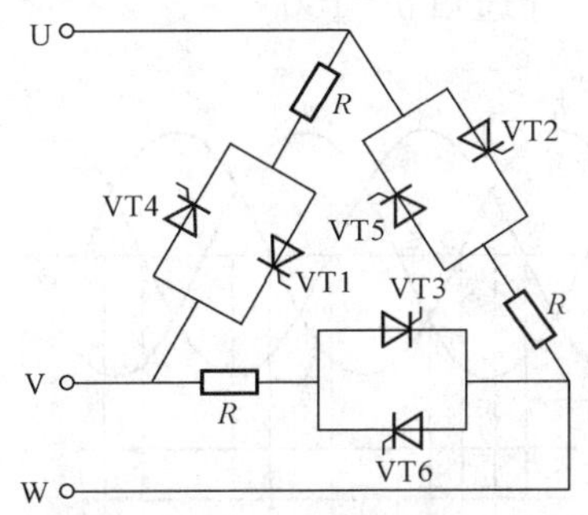

图 7-15　连接成内三角形的交流调压电路

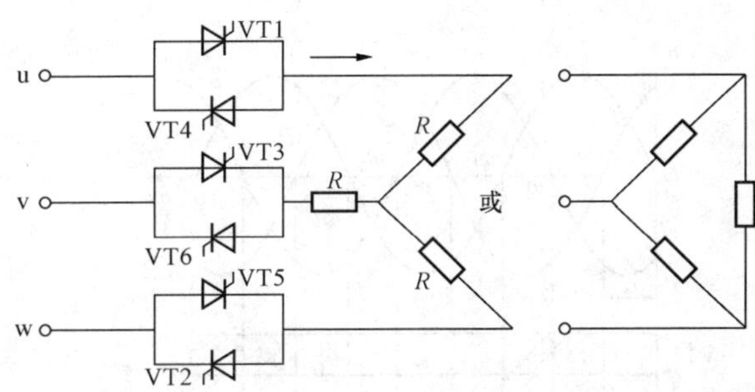

图 7-16　三相三线交流调压电路

7.3.3　用 3 对反并联晶闸管连接成三相三线交流调压电路

电路如图 7-16 所示，负载可以连接成星形，也可以连接成三角形。触发电路和三相全控桥式整流电路一样，需采用宽脉冲或双窄脉冲。下面以电阻负载连接成星形为例，分析其工作原理。

7.3.3.1　控制角 $\alpha=0°$ 时的情况分析

$\alpha=0°$，即在相应的每相电压过零处给晶闸管触发脉冲，晶闸管处于全导通状态，这就相当于将 6 只晶闸管换成 6 只整流二极管，因而三相正反向电流都畅通，相当于一般的三相交流电路。当每相的负载电阻为 R 时，各相的电流为

$$i_\varphi = \frac{u_{2\varphi}}{R} \tag{7-7}$$

如果按图 7-16 所示连接，则晶闸管的导通顺序为 VT1、VT2、VT3 、VT4、VT5、VT6，触发电路的脉冲间隔 60°；每只管子的导通角为 $\theta=180°$，除换流点外，每时刻均有 3 只晶闸管导通。

7.3.3.2　控制角 $\alpha=60°$ 和 $\alpha=120°$ 时的情况分析

控制角 $\alpha=60°$ 时，U 相晶闸管导通情况与电流波形如图 7-17 所示。ωt_1 时刻触发 VT1 管导通，与导通的 VT6 管构成电流回路，此时在线电压 u_{UV} 的作用下有

$$i_U = \frac{u_{UV}}{2R} \tag{7-8}$$

ωt_2 时刻，VT2 管被触发，承受 u_{UW} 电压，此时 U 相电流为

$$i_U = \frac{u_{UW}}{2R} \tag{7-9}$$

ωt_3 时刻，VT1 管关断，VT4 管还未导通，所以 $i_U=0$。ωt_4 时刻，VT4 管被触发，在 u_{UV} 电压作用下，i_U 经 VT3、VT4 构成回路。同理在 $\omega t_5 \sim \omega t_6$ 期间，u_{UW} 电压经 VT4、VT5 构成回路，i_U 电流波形如图剖面线所示。

同样分析可得到 i_V、i_W 波形，其形状与 i_U 相同，只是相位互差 120°。

当 $\alpha=90°$ 时，电流开始断续。图 7-18 为 $\alpha=120°$ 时电流波形。注意，当 ωt_1 时刻触发 VT1 管时，与 VT6 管构成电流回路，导通到 ωt_2 时，由于 u_{UV} 电压过零反向（即 $\varphi_U<\varphi_V$），强迫 VT1 管关断（VT1 管先导通了 30°）。到 ωt_3 时，VT2 管触发导通。同时由于采用了脉宽大于 60° 的宽脉冲或双窄脉冲的触发方式，故 VT1 管仍有脉冲触发，此时在线电压 u_{UW} 作

用下，经VT1、VT2管构成回路，使VT1管又重新导通30°。从图7-18可见，当α增大至150°时，$i_U=0$。故电阻负载时电路的移相范围为0°～150°，导通角$\theta=150°-\alpha$。

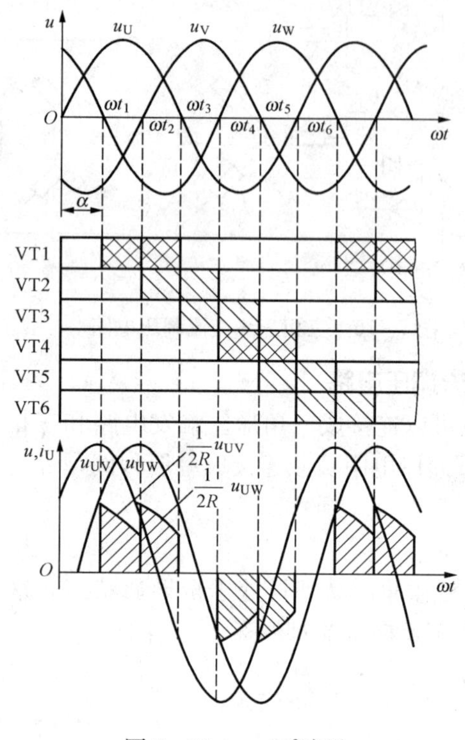

图7-17　$\alpha=60°$波形

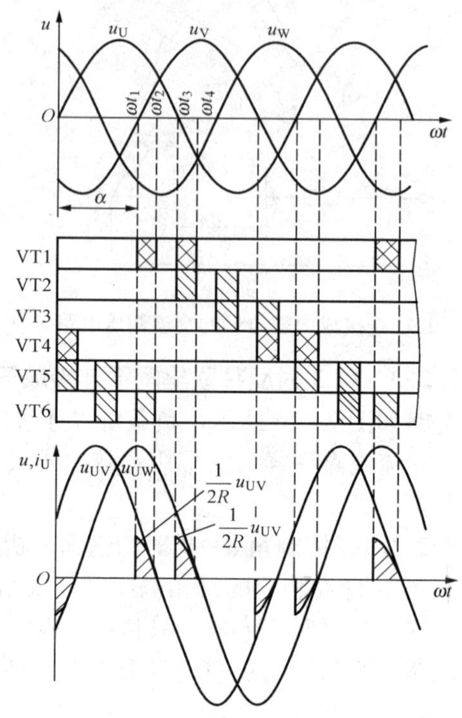

图7-18　$\alpha=120°$波形

由于双向晶闸管可看成是两只普通晶闸管的反并联，因而由普通晶闸管反并联组成的星形带中线的三相交流调压电路、晶闸管与负载连接成内三角形的三相交流调压电路及用3对反并联晶闸管连接成的三相三线交流调压电路，均可用一只双向晶闸管代替两只反并联的普通晶闸管，组成相应的三相交流调压电路。电路的性能、工作原理及使用场合等均与反并联电路一样。下面以星形带中线的双向晶闸管组成的三相交流调压电路为例进行简单说明。

在图7-19（a）所示的三相负载对称调压电路中，每相都接一只双向晶闸管，每只管子均可假想为两半，分别担负两个方向的导通任务。

当$\alpha=0°$时，每只双向晶闸管都相当于两只整流二极管反并联。电路工作过程与正常三相四线制电路一样，其触发脉冲排列及导通元件如图7-19（b）所示。

0°～60°，双向元件5、6、1导通；

60°～120°，双向元件6、1、2导通；

120°～180°，双向元件1、2、3导通；

180°～240°，双向元件2、3、4导通；

240°～300°，双向元件3、4、5导通；

300°～360°，双向元件4、5、6导通。

因此，在每一瞬间均有3个元件半边导通，方向总是两正一负或两负一正（此时正负是相对于中性点而言，进为正，出为负）。

当$\alpha=30°$时，触发脉冲的排列和导通元件如图7-19（c）所示。

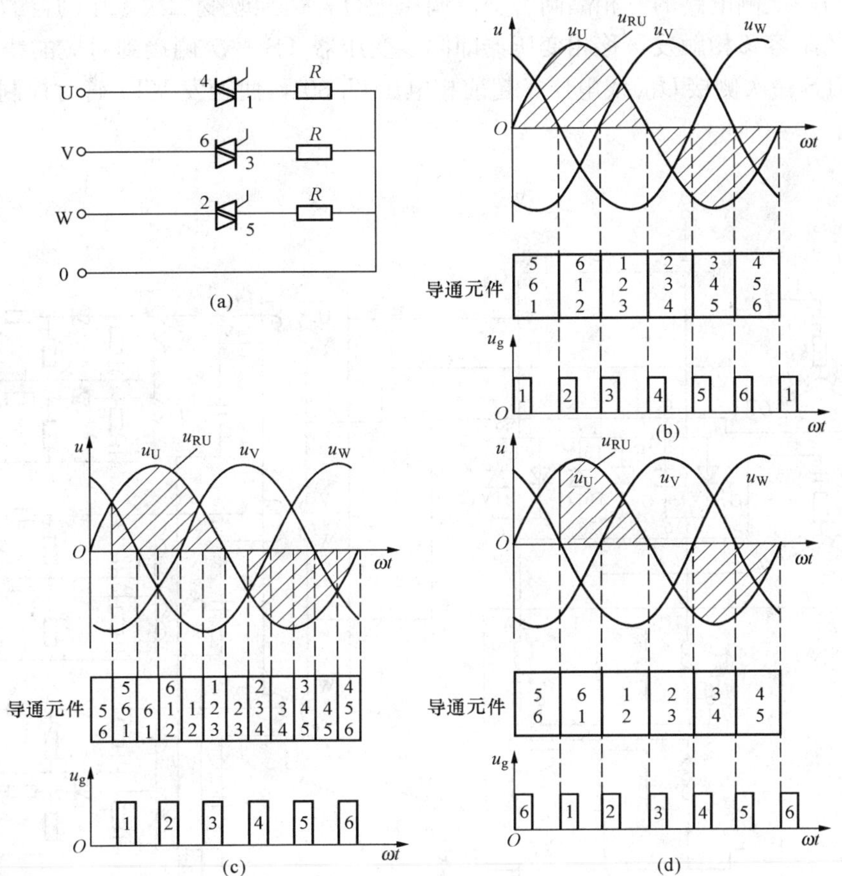

图 7-19　用双向晶闸管组成的三相交流调压电路

(a) 电路；(b) $\alpha=0°$波形；(c) $\alpha=30°$波形；(d) $\alpha=60°$波形

30°～60°，双向元件5、6、1导通；

60°～90°，双向元件6、1导通；

90°～120°，双向元件6、1、2导通；

120°～150°，双向元件1、2导通。

其余类推。由此可见，在60°导通角的范围内，前30°是3个元件半边导通，后30°是2个双向元件半边导通。

当$\alpha=60°$时，触发脉冲的排列和导通元件如图7-19（d）所示，任何瞬间都有2个元件的半边导通。

当$\alpha\geqslant120°$时，则始终是单个元件半边轮流导通。

在星形带中线系统中，移相角α的起点是相电压的过零点，移相范围为0°～180°；脉冲可以用单窄脉冲，感性负载则要选用宽脉冲或用脉冲列触发；本相正负两个半周脉冲的相位差为180°，相邻两相的正负半周脉冲相位差为60°。

由以上分析可见，用双向晶闸管组成的三相交流调压电路的工作情况与普通晶闸管反并联是一样的，不过由于用的元件少，触发电路简单，因而装置的体积和成本都要减小。

图7-20为电流1000A、电压3～12V可调的电镀电源线路。整流变压器可采用星形三

角形换接，与一次侧电路的三相晶闸管交流调压配合，达到改变二次电压的目的。触发电路采用最简单的阻容移相触发，移相变压器即同步变压器 TS 一次侧接到对应的线电压上。如同步变压器 TS 一次侧接 U_{UV}线电压，超前相电压 $U_U 30°$，使触发 VT1 管时控制角 α 有一定的调小裕量。

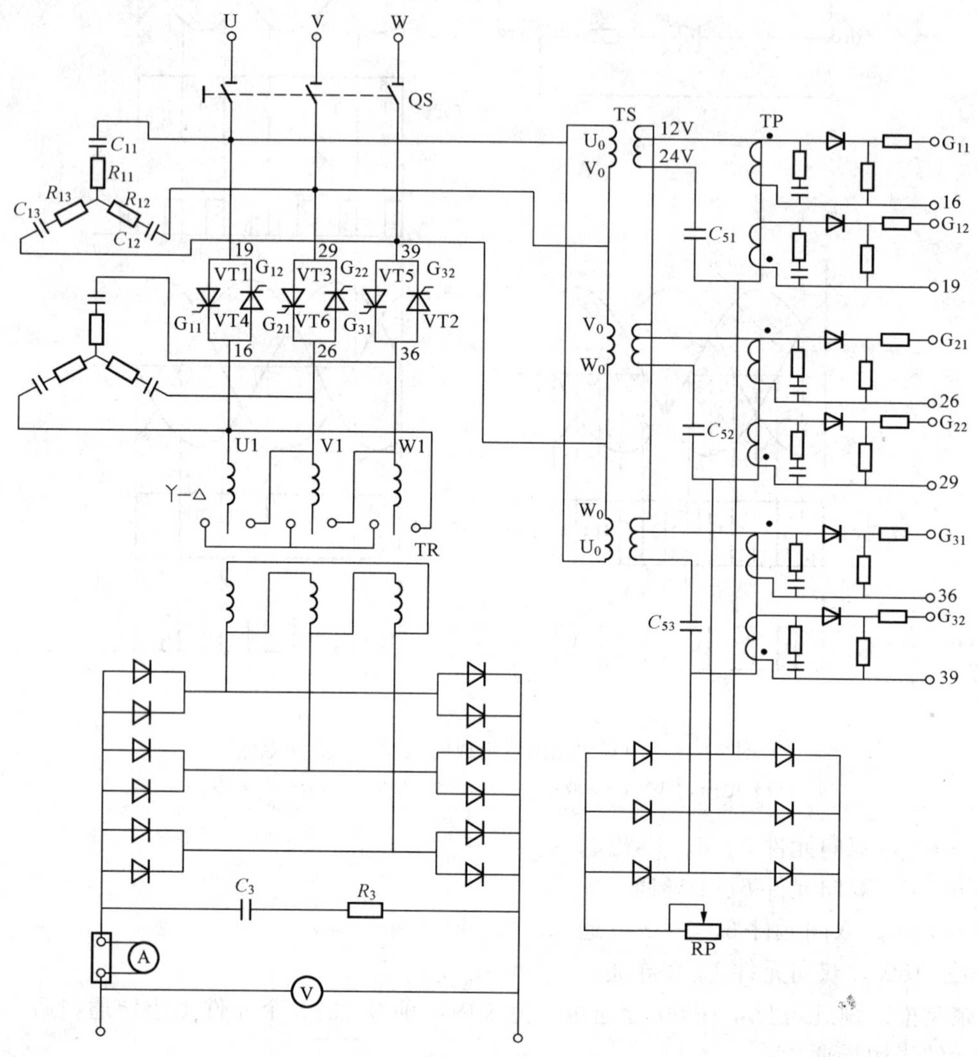

图 7-20 KGD 单一 1000A12 型电镀用硅整流装置原理线路图

移相变压器二次电压中心抽头不对称（12、24V），使得小 α 运行时，脉冲变压器一次电压幅值较大，脉冲幅值增大。由于整流变压器 TR 一次侧有星形三角形换接，装置运行在最小直流输出电压（3V）时，控制角 α 不会太大。移相桥采用三相整流形式，改变直流侧阻值（400Ω），反映到移相桥的阻值也随之变化，使移相桥输出端的电压相位实现移相。脉冲变压器 TP 二次侧两绕组同名端相反，如 U 相正半周触发 VT1 管，负半周触发 VT4 管，相位差为 180°。考虑到控制角 α 有一定的调小裕量，为了保证装置运行可靠稳定，脉冲变压器二次侧接电容，以吸收干扰信号。

本章小结

本章主要讨论利用晶闸管和双向晶闸管构成的各种交流开关及利用交流开关构成的交流调功器和交流调压电路的基本工作原理和典型应用实例。

利用半控型电力电子器件可以构成交流电子无触点开关，常见的交流开关有反并联的晶闸管、双向晶闸管和固态继电器等。

利用交流开关过零触发可以组成交流调功器，其功率主要取决于交流开关的导通周期与控制周期之比。交流调功器广泛地应用于惯性较大的电热性负载中。

通过对交流开关的移相控制可以构成交流调压器，其工作原理与晶闸管整流电路类似，不同之处是交流调压是双向触发控制，输出电压为交流电形式，且其触发电路可以通用。常见的是交流单相调压电路和三相调压电路，后者又有星形连接带中线的三相交流调压电路、晶闸管与负载连接成内三角形的三相交流调压电路和用 3 对反并联晶闸管连接成三相三线交流调压电路三种。

思考与练习题

7-1　交流调压开关通断控制与相位控制的优缺点是什么？

7-2　图 7-21 为可编程控制器（PLC）输出模块中的输出电路，分别用三极管、功率 MOSFET 及双向晶闸管组成，说明它们各自可通过什么信号？

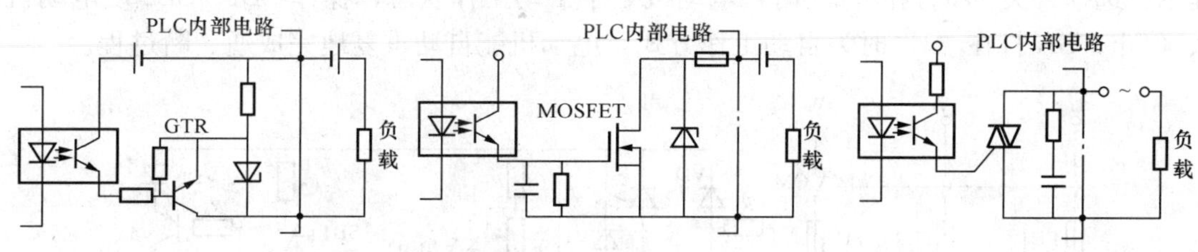

图 7-21　题 7-2 图

7-3　图 7-22 为双向晶闸管构成的零电压开关，试说明当 VT1 管触发信号随机断开时，负载能否在电源电压波形过零点附近接通电源；当 VT1 管触发信号随机接通时，负载能否在电流过零点断开电源。

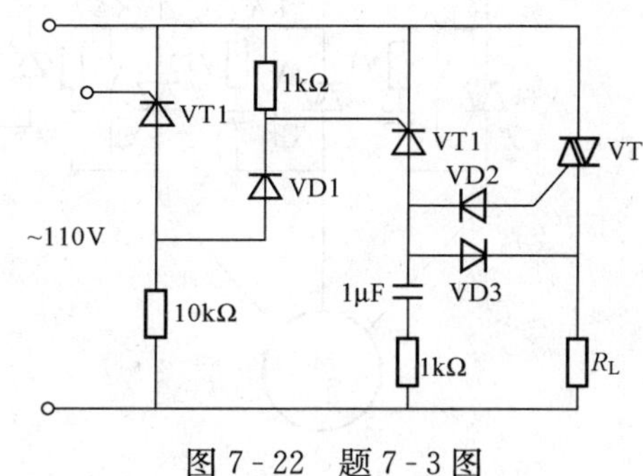

图 7-22　题 7-3 图

7-4　利用反并联晶闸管交流开关组成的单相调功电路采用过零触发，$U_2=220V$，负载电阻 $R=2\Omega$，在控制的设定周期 T_C 内，使晶闸管导通 0.3s，断开 0.2s。试计算：

（1）输出电压的有效值；

（2）负载上所得的平均功率与晶闸管全导通时的输出功率；

（3）选择晶闸管的型号，若采用双向晶闸管，应采用什么型号？

7-5　图 7-23 所示单相交流调压电路，$U_2=220\text{V}$，$L=5.516\text{mH}$，$R=1\Omega$。试求：

（1）控制角 α 的移相范围；

（2）最大负载电流有效值；

（3）最大输出功率和功率因数；

（4）画出负载电压与电流的波形。

7-6　若将题 7-5 的晶闸管换成 GTO 或 GTR，当 α 分别为 30°和 120°时，试求输出电压的有效值，并画出输出电压、电流波形。

7-7　一台 220V/8kW 的电炉，采用单相晶闸管交流调压电路，工作在功率为 4kW 的电路中，试求电路的控制角 α、工作电流及电源侧功率因数。

7-8　在交流电力控制中，可以采用两个晶闸管相对连接并增加两个二极管的方法，电路如图 7-24 所示。此电路可取代晶闸管反并联电路，试分析电路工作原理与优缺点。

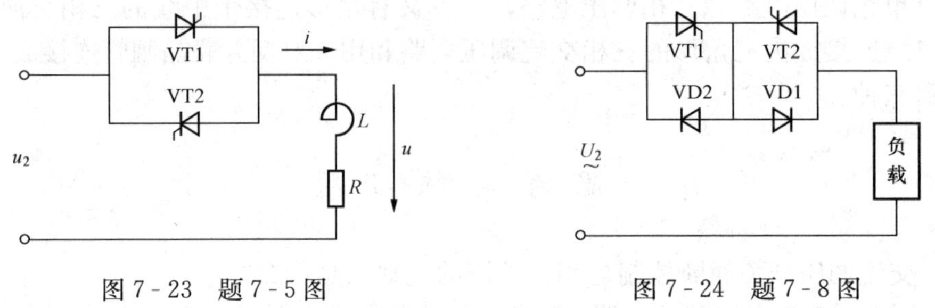

图 7-23　题 7-5 图　　　　图 7-24　题 7-8 图

7-9　图 7-25 为双向晶闸管作为无触点开关的电动机控制电路，试分析其工作原理。（提示：选择开关 SA 打在“2”时，电动机处于手动工作状态，操作 SB1、SB2 使电动机启动、停止；SA 打在“1”时为自动工作方式，电动机能自动重复地完成通、断过程。）

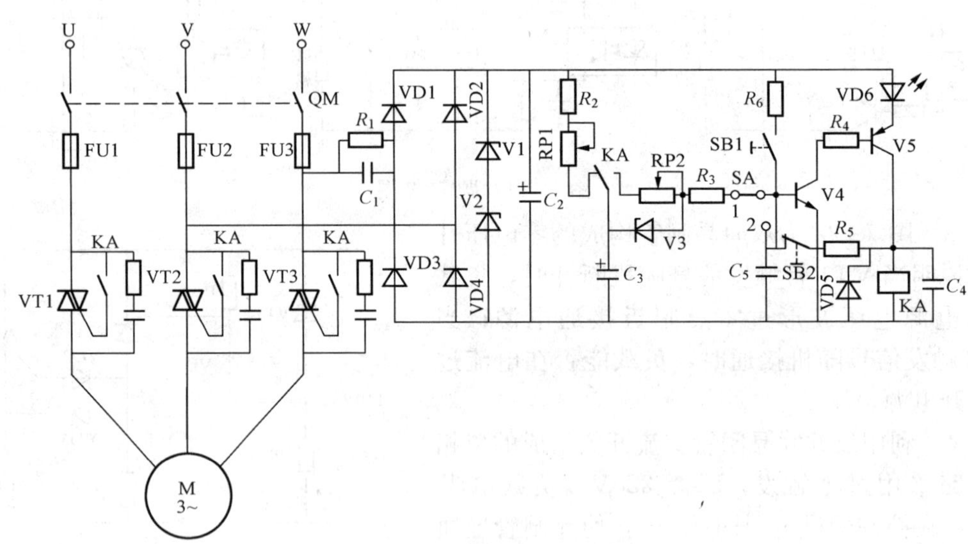

图 7-25　题 7-9 图

7-10　试用双向晶闸管设计家用电风扇调压调速实用电路。如手边只有一个普通晶闸管与若干只二极管，则电路将如何设计？

第 8 章

变 频 电 路

在前面我们学习了可控整流、有源逆变以及交流调压等电路，这些电路中晶闸管的关断都是依靠阳极所承受的电网交流电压自动过零点或靠相邻晶闸管导通而引入电网负电压来实现的，这种换流关断方式通常称自然换流关断。

本章所要讨论的变频电路及第 9 章直流斩波电路中，开关器件始终承受正向电压，因此控制管子开通是非常容易的，只要在此基础上加上正向门极触发脉冲即可。但是，如何做到及时可靠关断呢？这就是变频电路和直流斩波电路所要研究的主要内容。如果还是采用普通晶闸管这种半控型电力器件组成变频、斩波电路，则通常要采取 L、C 等元件组成的辅助电路来实现脉冲强迫换流关断。这样不但电路复杂，而且电路耗能也大。随着电力电子技术的飞速发展，研制成功了电力晶体管（GTR）、可关断晶闸管（GTO）、功率场效应晶体管（MOSFET）及绝缘门极晶体管（IGBT）等全控型电力电子器件。如果采用这些全控型器件来组成变频、斩波电路，将使主电路结构简单、控制灵活方便、耗能小。因此，这类变流技术得到了迅速发展和广泛应用。

8.1 变频的基本概念

前面介绍的晶闸管整流电路就是将交流电能变换为直流电能供给负载，这种将交流电变成直流电的过程称为整流，即交流电→整流器→直流电→用电器。而利用晶闸管将直流电变换为交流电的电路称为晶闸管逆变电路。用晶闸管组成的整流器和逆变器称为晶闸管整流器或晶闸管逆变器，统称变流电路。

8.1.1 变频的作用

逆变电路分为有源逆变电路和无源逆变电路两大类。将直流电变成和电网同频率的交流电反送到交流电网去的过程称为有源逆变。有源逆变过程为：直流电→逆变器→交流电→交流电网。将直流电逆变为某一频率或可变频率的交流电直接供给负载应用的过程称为无源逆变。无源逆变过程为：直流电→逆变器→交流电（频率可调）→用电器。

变频电路（也称变频器）的作用和任务就是利用各种电力电子器件（包括半控型和全控型器件）将直流电或工频交流电变换成频率可调的交流电，供给交流用电器。

电力电子变频器是一种静止变频装置，它具有体积小、噪声小、频率高、调整迅速、节能和使用可靠等优点，已广泛应用于工业、国防和民用等方面。例如：①恒频恒压电源（CVCF），其典型代表是不间断电源（UPS）；②变频变压电源（VVVF），主要用于交流电动机交流变频无级调速；③感应加热电源，如中频电源、高频电源等。

8.1.2 变频器的分类

变频器种类很多，通常分为单相变频器和三相变频器两大类。

（1）按变换的工作环节分类。

1）交—交变频器。将工频 50Hz 交流电直接变换成频率电压连续可调的交流电，这种变频电路称为交—交变频器，也称为直接变频器。其主要优点是没有中间环节，故变换效率高，但其连续可调的频率范围窄，一般为额定频率的 1/2 以下，故主要适用于低频大容量交流供电系统，如用于容量较大的低速拖动系统中。

2）交—直—交变频器。先将工频交流电通过整流器变成直流电，然后再把直流电变换成频率电压连续可调的交流电，这种变频电路称为交—直—交变频器，也称为间接变频器或逆变器。可见，交—直—交变频器由交—直变换（整流）电路和直—交变换（无源逆变）电路两部分组成。由于把直流电逆变成交流电的无源逆变环节较容易控制，因此在频率的调节范围及改善变频后电动机的特性等方面，它都具有明显的优势。目前迅速普及应用的主要是通用型变频器，本章主要讨论交—直—交间接变频器。

（2）按直流电源性质分类。

1）电流型变频器。电流型变频器是将电流源的直流电流变换为交流电流的变频器，中间直流环节采用大电感作为储能滤波元件，缓冲无功功率，即扼制电流的变化，使电压接近正弦波。由于该直流内阻较大，故称电流源型变频器（电流型）。电流型变频器的优点是能扼制负载电流频繁而急剧的变化，常用于负载电流变化较大的场合。

2）电压型变频器。电压型变频器是将电压源的直流电压变换为交流电压的变频器，中间直流环节采用大电容作为储能滤波元件，负载的无功功率将由它来缓冲，直流电压比较平稳，直流电源内阻较小，相当于电压源，故称电压型变频器。电压型变频器常用于负载电压变化较大的场合。

（3）按器件关断控制方式分类。

1）负载谐振式变频器，又分为并联谐振式和串联谐振式变频器两种。

2）脉冲强行换流式变频器，又分为电压型和电流型两种。

各种变频器的分类形式可表示为

- 单相变频器
  - 负载谐振式变频器
    - 并联谐振式变频器
    - 串联谐振式变频器
- 三相变频器
  - 脉冲换流式变频器
    - 电压型
      - 串联电感式
      - 串联二极管式
    - 电流型

8.1.3　变频器的基本原理与换流方式

交—直—交型间接变频器由整流电路和无源逆变电路构成，无源逆变电路是变频器电路的核心部分之一。我们已经知道了整流电路的工作原理，下面从逆变电路的角度出发，以单相直—交逆变器为例学习变频器的基本工作原理。如图 8-1 所示的无源逆变电路，当 VT1 和 VT4 触发导通时，负载上得到左正右负的电压 u_o，当 VT2 和 VT3 触发导通时，VT1、VT4 承受反向电压关断，则负载电压 u_o 的极性变为右正左负。若能控制两组晶闸管的轮流切换，就可将电源的直流电逆变为负载上的交流电。可以看出，逆变器所得到的交流电压是非正弦波交流电压，它含有各次谐波。如果想得到正弦波电压，则可通过滤波器滤波而获得。另外可以看出，负载交变电压 u_o 的频率，就等于晶闸管由导通转为关断的切换频率，若能控制切换频率，即可实现负载电压频率的调节。

很明显，该逆变器的关键问题在于如何按时关断晶闸管，关断后又如何维持管子承受一段反向电压时间，让管子完全恢复正向阻断能力，即要解决变频电路晶闸管可靠换流问题。在变频（逆变）电路中常用的换流方式有以下三种：

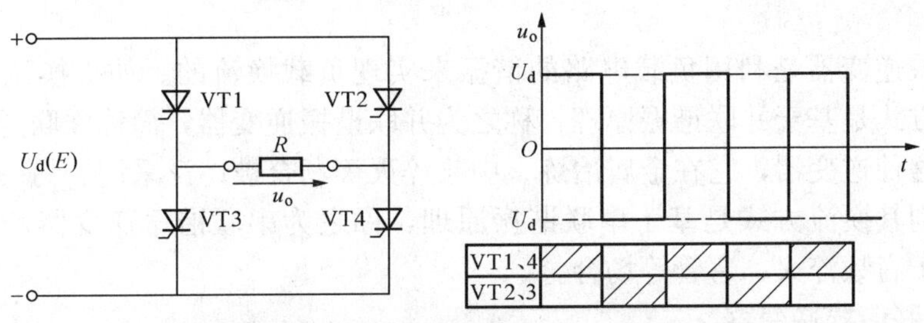

图8-1　直—交逆变器的基本结构与工作原理

(1) 全控型器件换流。全控型电力电子器件是利用自身具有的自关断能力进行换流的。采用具有自关断能力的全控型器件，如可关断晶闸管GTO、电力晶体管GTR、功率场效应晶体管MOSFET、绝缘栅双极晶体管IGBT等组成的变频电路，就采用这种类型的换流方式。

(2) 负载谐振式换流。它是利用输出电流超前电压（即带电容性负载时）的特点来实现换流的，不用附加专门的换流电路。如果超前时间大于晶闸管的关断时间，就能保证晶闸管完全恢复正向阻断能力，从而实现电路可靠换流。负载谐振式逆变器就属于这类换流，例如，目前国内生产的晶闸管中频电源装置，就是采用此类并联或串联的谐振换流方式。

(3) 电容强迫换流（脉冲换流）。当负载所需要的交流电频率不很高时，可采用负载谐振式换流。但若在负载回路中接入容量很大的补偿电容器，显然是不经济的，这时可在变频（逆变）电路中附加一个换流回路。进行换流时，由于辅助晶闸管或另一主控晶闸管的导通，使换流回路产生一个脉冲，让原来导通的晶闸管承受反向脉冲电压，并持续一段反向电压时间，迫使晶闸管可靠关断，这种方式称为强迫换流，也称脉冲换流。

简单的脉冲换流电路如图8-2 (a) 所示。电路中VT2、C与R_1为附加的换流环节，当主控晶闸管VT1触发导通后，负载R被接通。同时直流电源经电阻R_1对换流电容C充电，直到电容电压$u_C=-U_d$为止，此时极性为右正左负。为了使电路能够换流，可触发导通辅助晶闸管VT2，这时电容电压通过VT2加到VT1管两端，迫使VT1承受反向电压而关断，同时电容C还经R、VT2及直流电源U_d放电和反充电。u_C反充电，电容电压波形如图8-2 (b)所示。由波形可见，VT2触发导通至t_0期间，VT1均承受反向电压，在这期间内VT1必须已恢复到正向阻断状态。只要适当选取换流电容C值，使主控晶闸管VT1承受反向电压的时间不大于VT1的恢复关断时间t_q，就能确保可靠换流。

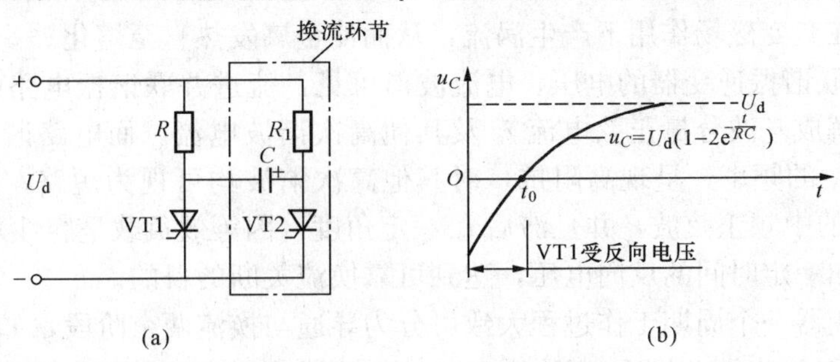

图8-2　强迫换流原理

(a) 简单脉冲换流电路；(b) 电容电压波形

8.2 负载谐振式逆变器

负载谐振式逆变器是利用负载电路的谐振来实现负载换流的。如果换流电容与负载并联，则该换流方式是基于并联谐振原理，称之为并联谐振逆变器，简称并联逆变器。中频电源装置就属于这种逆变器，它在金属冶炼、中频淬火等场合被广泛采用。另一种是换流电容与负载串联，则其换流方式是基于串联谐振原理，称之为串联谐振逆变器，简称串联逆变器，一般适用于高频淬火、弯管等场合。

8.2.1 并联谐振逆变器

图 8-3 为 KGPS-100-1 型中频电源装置中所采用的并联谐振逆变器主电路，它由三相可控整流获得电压连续可调的直流电源 U_D，经平波电抗器 L_d 滤波后，通过并联逆变电路将直流电逆变为中频交流电（通常为 100～2500Hz），供给负载，如冶炼炉的感应线圈。并联谐振逆变器属于电流型逆变器。

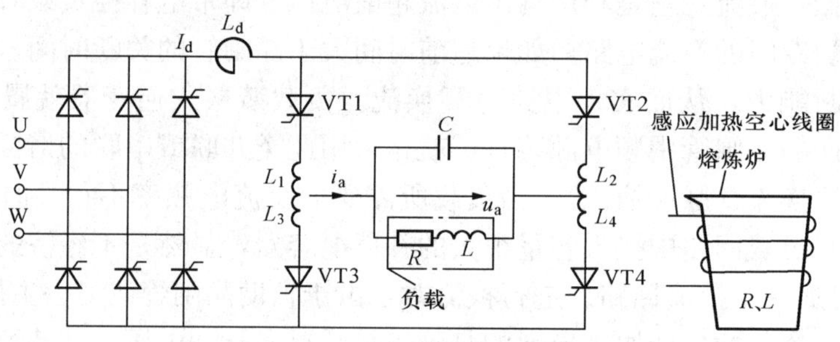

图 8-3 并联谐振逆变电路与负载

逆变桥由 4 个快速晶闸管桥臂组成。L_1～L_4 为用于限制 di/dt 的小电感。与负载并联的补偿电容 C（即换流电容）的主要作用是：

(1) 与感性负载构成并联谐振，为负载提供无功功率，提高了装置的功率因数。

(2) C 值一般都要求过补偿一些，使等效负载呈现容性，这样 i_a 就会超前 u_a 一定角度，达到自然换流及可靠关断晶闸管的目的。

当逆变桥桥臂上的两对对角位置的晶闸管（VT1、VT4 或 VT2、VT3）交替触发导通的频率接近电路负载回路的谐振频率时，负载电路工作在谐振状态，具有较高的效率。这时，流进负载线圈的中频电流便产生了相应的中频交变磁通，熔炼炉内的金属（钢、铁、铜、铝等）均可在交变磁场作用下产生涡流，从而使金属发热直至熔化。

由图 8-4 并联谐振逆变器的电压、电流波形可见，流进并联谐振电路的电流 i_a 为梯形交流波形，可分解成基波分量正弦电流 i_a 及其他高次谐波电流。而电路谐振频率恰好是基波分量正弦电流 i_{a1} 的频率，呈现高阻抗，对其他高次谐波均可视为短路，所以负载两端电压 u_a 波形是很好的中频正弦波，并且滞后 i_{a1} 一定角度（因等效负载呈容性）。如换流，对要关断的晶闸管施加一定时间的反向电压，达到可靠换流关断的目的。

并联谐振逆变器一个周期工作过程大致可分为导通与换流两个阶段，如图 8-5 所示。

(1) 图 8-5 (a) 电路与图 8-4 波形中 t_1～t_2 阶段相对应，VT1、VT4 触发导通工作。图中还给出了负载电流 i_a 的路径，此时负载两端得到极性为左正右负的正弦半波电压 u_a。

（2）图 8-5（b）电路对应于图 8-4 波形中 $t_2 \sim t_4$ 换流阶段。在 $t=t_2$ 时刻，触发 VT2 与 VT3，于是 $i_{T2,3}$ 从零增大，而 $i_{T1,4}$ 在 u_a 反向电压作用下从 I_d 减小。在此阶段，4 个晶闸管同时处在导通换流过程，当 $t=t_4$ 时刻，$i_{T1,4}$ 已降到零，也正是 $i_{T2,3}$ 从零增大到 I_d，VT1 与 VT4 已关断、VT2 与 VT3 已完全导通，完成了换流过程。

（3）图 8-5（c）电路对应于图 8-4 波形中 $t_4 \sim t_5$ 阶段，为 VT2 与 VT3 导通工作阶段。负载得到正弦波电压极性为左负右正的 u_a 负半波。

（4）图 8-5（d）电路对应于图 8-4 波形中 $t_5 \sim t_7$ 换流阶段，其分析方法与图 8-5（b）相同，实现 VT2 与 VT3 关断、VT1 与 VT4 导通的换流过程。

从图 8-4 u_a 波形可知，滞后功率因数角 φ 应满足晶闸管恢复到正向阻断能力所需的时间，通常取 40°为宜。

并联谐振逆变器输入功率为

$$P_i = U_d I_d \tag{8-1}$$

中频输出电压和功率分别为

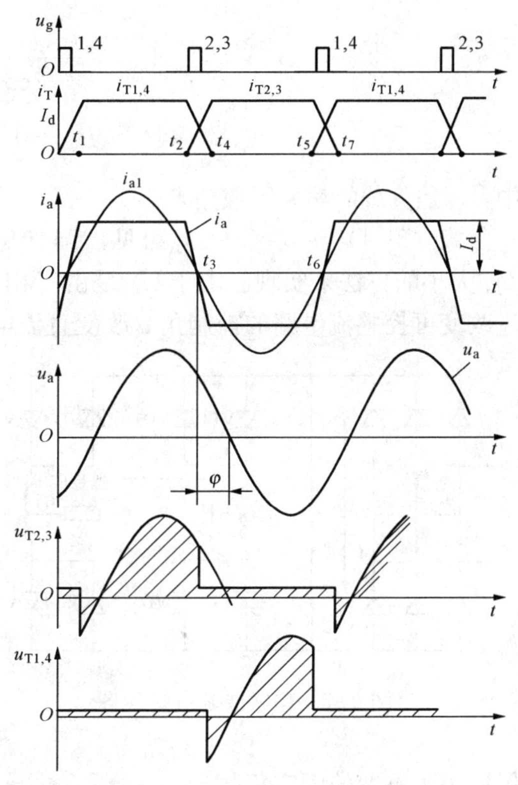

图 8-4 并联谐振逆变器的电压、电流波形

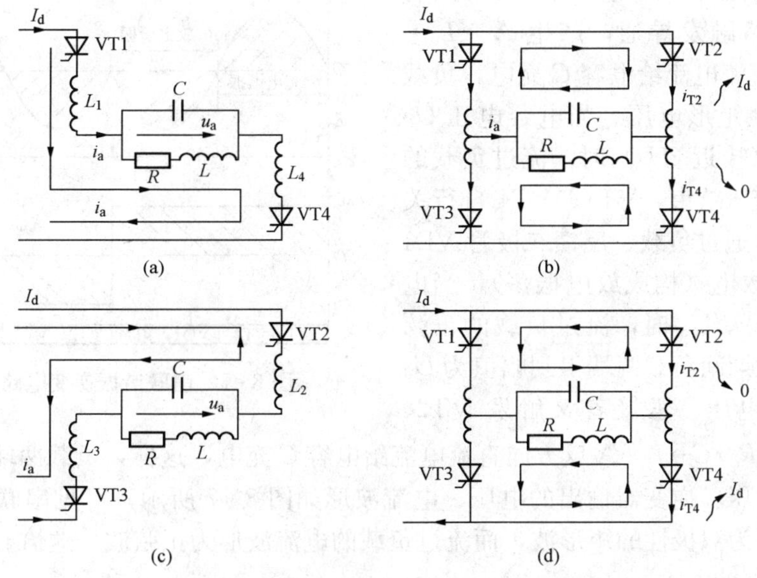

图 8-5 并联谐振逆变器的工作过程

（a）VT1 与 VT4 导通工作；（b）VT1 与 VT4 换流关断；

（c）VT2 与 VT3 导通工作；（d）VT2 与 VT3 换流关断

$$U_o = \frac{\pi U_d}{2\sqrt{2}\cos\varphi} = 1.11\frac{\pi U_d}{\cos\varphi} \tag{8-2}$$

$$P_o = 1.23\frac{U_d^2}{R\cos^2\varphi} \tag{8-3}$$

式中：φ 是负载的功率因数角。

由式（8-1）～式（8-3）可见，调节变频器的输出电压和功率主要是通过改变直流电压 U_d 大小的方法来实现。由于 U_d 是由三相全控桥可控整流电路整流获得的，所以很容易通过改变可控整流电路的控制角 α 改变直流电压，从而间接调节逆变电路的输出功率。

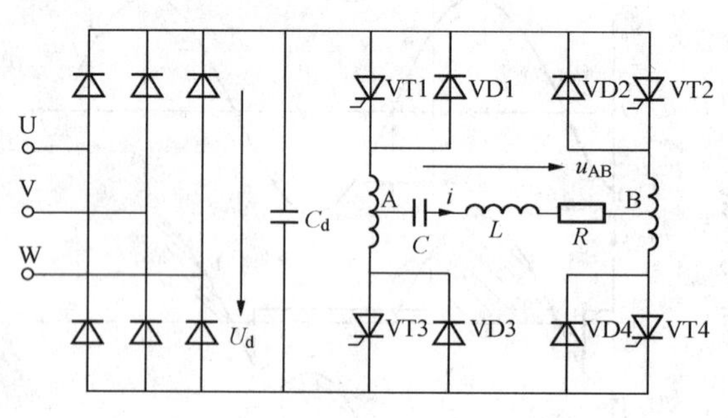

图 8-6 串联谐振逆变电路

8.2.2 串联谐振逆变器

图 8-6 为串联谐振逆变电路，该电路具有以下特点：

（1）U_d 是由不可控三相整流桥整流再经大电容 C_d 滤波获得平稳的直流电压的，故属于电压型逆变器，逆变器输出电压为双极性矩形波。

（2）为了续流，电路中设置了 VD1～VD4 反并联二极管，逆变器输出功率只能靠小范围调节触发脉冲的频率进行，所以它仅适用于不变的固定负载。

当负载满足 $R \leqslant 2\sqrt{L/C}$ 时，补偿电容 C 与负载电感线圈 L 构成串联谐振电路。为了实现负载换流，一般要求补偿后的总负载呈容性。

基本工作过程为：首先假设触发晶闸管 VT1、VT4 回路触发导通，产生 A→L→C→R→B 方向直流电流给电容 C 充电，负载两端得到正极性矩形电压。当电容电压 U_C 被充到最大值（接近 $2U_d$）时，流过负载的正弦正半波电流 i 结束，VT1、VT4 自行关断。接着电容 C 通过负载、反馈二极管 VD1 与 VD4 向电源放电（构成放电振荡），当电容电压放电到 $u_C \leqslant U_d$ 时，流过负载的正弦负半波结束。此期间负载两端得到幅值为 U_d 的正极性矩形电压。紧接着又触发 VT2、VT3，产生 B→R→C→L→A 反方向直流电流给电容 C 充电，这样，负载两端得到同样幅值的负极性矩形电压。逆变器输出的电压、电流波形如图 8-7 所示，可见串联谐振逆变器负载两端电压波形为双极性的矩形波，而流过负载的电流波形为正弦波，这恰好与并联谐振逆变器相反。

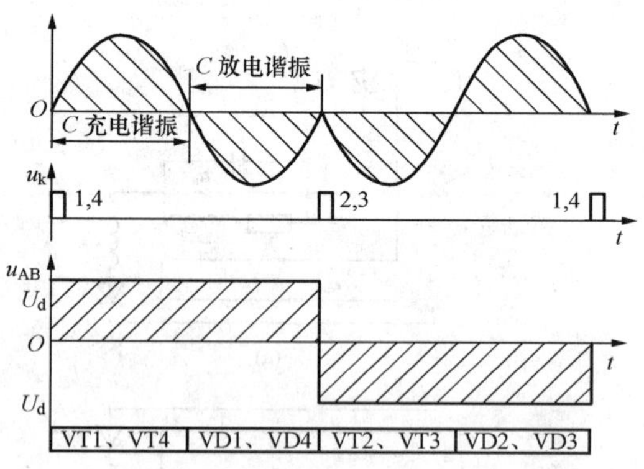

图 8-7 串联谐振逆变电路波形图

串联谐振逆变器的电路简单、功率因数高、启动和关断较容易，但对负载的适应性较差，所以仅适用于负载性质基本不变的场合。

8.3　三相逆变器

三相逆变器广泛应用于三相交流电动机变频调速系统，它可以用半控型器件普通晶闸管组成。这种形式的电路通常都依靠换流附加环节执行强迫换流。而由具有自关断能力的全控型电力电子器件组成的三相逆变器，换流关断完全依靠对全控型器件的控制，不需要换流附加环节，所以主电路简单且效率高，是三相逆变器发展的方向。与前面所述单相逆变器一样，逆变器按直流侧提供的电源也可分为以下两种：

（1）直流侧是电压源供电的（通常由可控整流输出经大电容器 C_d 对电压滤波），称为电压型逆变器。

（2）直流侧是电流源供电的（通常由可控整流输出经大电抗器 L_d 对电流滤波），称为电流型逆变器。

这两种逆变器各自的性能、特点及适用范围的比较见表 8-1。本节分别对采用全控型和半控型电力电子器件构成的三相变频调速电路进行分析。

表 8-1　　电流型和电压型逆变器的比较

电路形式 / 项目	电流型逆变器	电压型逆变器
电路结构	L_d　+　U_d　−　M 3~	+　U_d　C_d　−　M 3~
负载无功功率	通过换流电容处理	通过反并联二极管返还
逆变输出波形	电流矩形波，电压近似正弦波	电压矩形波，电流近似正弦波
电源阻抗	大	小
再生制动	无附加装置，方便	须在主电路设置反并联逆变器
电流保护	过流及短路保护容易实现	实现困难
对器件要求	耐压要求高，关断时间要求不高	耐压一致，选用快速性
适用范围	单机拖动，加减速频繁，需要经常正反转	多机同步运行，不可逆系统

8.3.1　电压型三相逆变器

8.3.1.1　由 GTR 组成逆变器

采用 GTR 组成的电压型三相桥式逆变电路如图 8-8（a）所示。电路的基本工作方式是 180°导电方式，即每个桥臂的主控管导通角为 180°，同一相上下两桥臂主控管交替通断，各相导通的时间依次相差 120°，例如 V1 导通时间比 V3 超前 120°，而 V3 比 V5 超前 120°。由于每次换相总是在同一相上下两个桥臂管进行的，因此称为纵向换相。这种 180°导电的工作方式，在任一瞬间电路总是有 3 个桥臂管同时导通工作。若是上面一个桥臂的管与下面两个桥臂的管配合工作，这时上面桥臂负载的相电压为 $\frac{2}{3}U_d$，而下面并联桥臂的每相负载的相电压为 $-\frac{1}{3}U_d$；若是上面两个桥臂的管与下面一个桥臂的管配合工作，那么这时三相负载的相电压刚好相反。根据以上分析不难得到如图 8-9 所示的三相负载的相电压及线电压波形。例如在 60°～120°区间，逆变电路导通的 GTR 为 V1、V6 和 V2，其等值电路如图 8-8

(b) 所示。这一区间三相逆变器输出的各相电压及各线电压分别为

$$\begin{cases} u_{UN} = u_U = \dfrac{2}{3}U_d, u_{UV} = u_U - u_V = U_d \\ u_{VN} = u_V = -\dfrac{1}{3}U_d, u_{VW} = u_V - u_W = 0 \\ u_{WN} = u_W = -\dfrac{1}{3}U_d, u_{WU} = u_W - u_U = -U_d \end{cases}$$

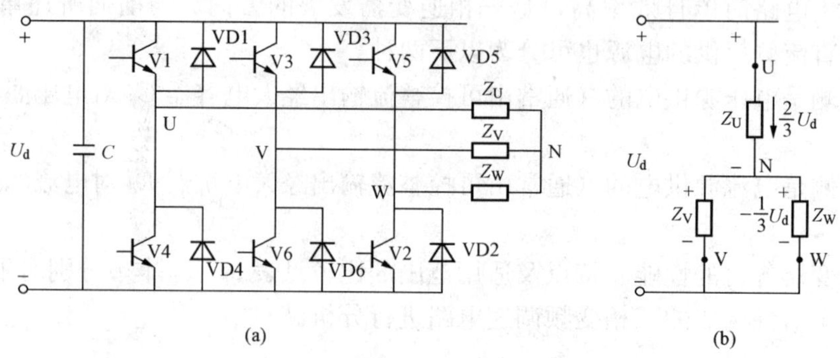

图 8-8 GTR 电压型三相桥式逆变电路

(a) 电路；(b) 等值电路

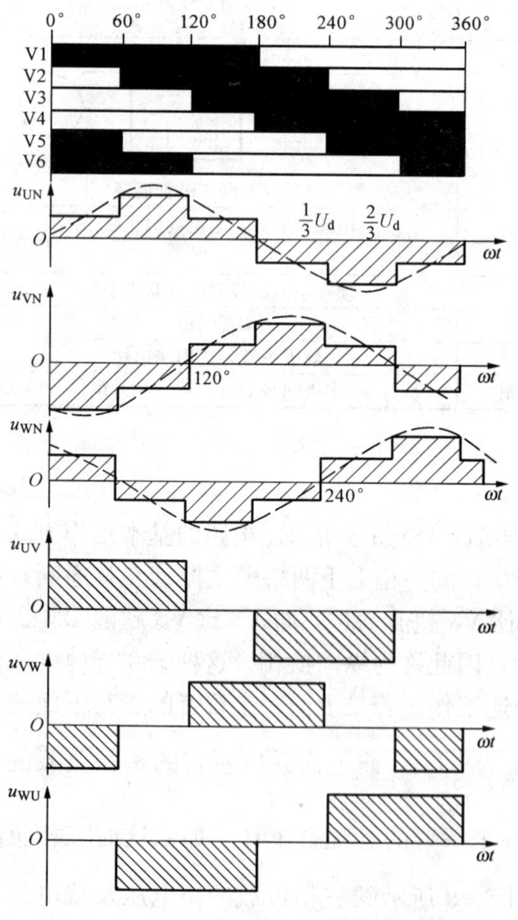

图 8-9 电压型三相逆变电路输出波形

再例如，在 180°～240°区间，逆变电路导通的 GTR 是 V2、V3 和 V4，在这个区间三相逆变器输出的各相电压及线电压为

$$\begin{cases} u_{UN} = u_U = -\dfrac{1}{3}U_d, u_{UV} = u_U - u_V = -U_d \\ u_{VN} = u_V = \dfrac{2}{3}U_d, u_{VW} = u_V - u_W = U_d \\ u_{WN} = u_W = -\dfrac{1}{3}U_d, u_{WU} = u_W - u_U = 0 \end{cases}$$

同理，其他区间各相电压和线电压可依此类推，不再赘述。

在这里，为防止同一相桥臂中的上下两个管子同时导通而造成电源短路故障，必须严格控制 GTR 的通断。在对 GTR 的基极控制顺序上应采用“先断后通”的方法，即先给应关断的 GTR 基极关断信号，待其关断后延时一个短暂时刻，再给应导通的 GTR 基极信号，两者之间留一个短暂的死区时间。

8.3.1.2 串联电感式逆变器

三相电压型逆变器也可以用普通晶闸管组成，但必须附加一个脉冲换流电路。图 8-10所示是三相串联电感式逆变电路，它也属于 180°导电型的控制方式。其分析方法及

三相输出的电压波形与用GTR组成的逆变电路完全相同，这里的分析重点是它是如何利用附加的换流环节进行强迫换流的。例如U相桥臂VT1导通，当触发VT4时，应强迫VT1关断。换流过程的分析如图8-11电路所示。

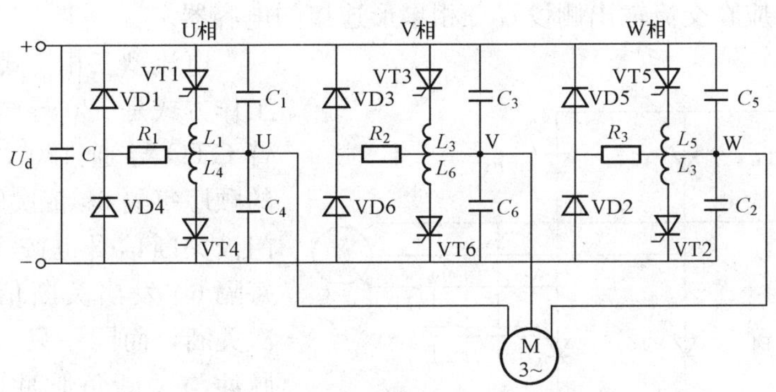

图8-10　三相串联电感式逆变电路

(1) 电路中VT1正在导通工作。如图8-11 (a) 所示，$i_{T1}=i_U$，C_4被充电至U_d（极性为上正下负）。

(2) 触发VT4换流开始。首先C_4经L_4、VT4放电，忽略VT4压降，C_4电容电压瞬间全部加到L_4两端。由于L_4与L_1全耦合，于是各感应电动势$u_{L4}=u_{L1}=U_d$，极性如图8-11 (b)所示。电容C_1电压来不及变化仍为零，迫使VT1承受反向电压而关断。C_1将被充电，u_{C1}电压由零逐渐上升，C_4放电，u_{C4}电压由U_d值逐渐下降，当$u_{C1}=u_{C4}=\frac{U_d}{2}$时，VT1不再承受反向电压，VT1必须在这期间完全恢复正向阻断状态，否则会造成换流失败。

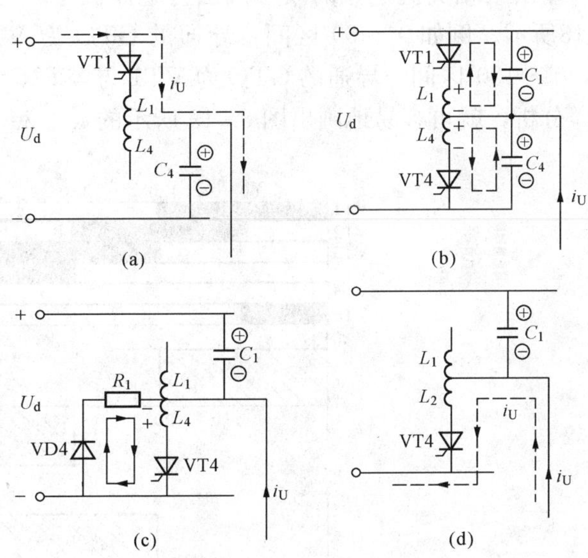

图8-11　三相串联电感式逆变电路的换流过程
(a) VT1导通；(b) VT4换流；
(c) L_4释放能量；(d) 换流结束

(3) L_4释放能量过程。C_4经VT4向L_4放电过程，即是L_4、C_4电路放电谐振的过程。当u_{C4}从U_d降至零，正是将电场能量全部转变为L_4磁场能量的过程，这时放电回路电流已达最大，随后电流开始下降，于是L_4感应的电动势方向已改变为下正上负，使二极管VD4导通，构成了如图8-11 (c) 所示的回路电流，使L_4的磁场能量经VT4、VD4和R_1释放，被R_1所消耗。

(4) 换流结束。当L_4的磁场能量向R_1释放消耗完毕，VD4关断，VT4流过的电流为U相负载的反向电流，如图8-11 (d) 所示，换流过程结束。

8.3.2 电流型三相逆变器

8.3.2.1 由 GTO 组成的电流型三相逆变电路

如图 8-12 所示，电路使用了反向阻断型器件可关断晶闸管 GTO。为了吸收换流时负载电感中的能量，应在交流输出侧设置三相星形连接的电容器。

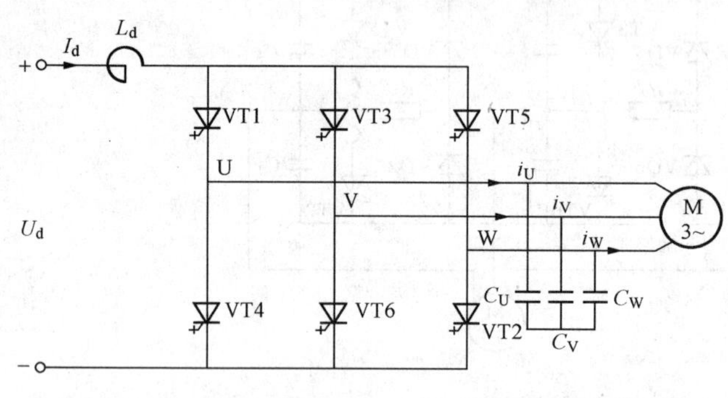

图 8-12 电流型 GTO 三相逆变电路

电流型三相桥式逆变电路的基本工作方式是 120°导电方式，即每个桥臂 GTO 导通 120°，按 VT1～VT6 的顺序每隔 60°依次触发导通。同样，门极关断信号也按 VT1～VT6 依次每隔 60°发出关断信号，使 GTO 依次关断，而同一只 GTO 的触发导通脉冲与关断负脉冲间隔是 120°，这样，在工作时仅有两个 GTO 同时导通，其中一个在上桥臂，另一个必须在下桥臂。换流在上桥臂组内或下桥臂组内相邻的管子进行。

输出三相交流电流的波形画法与电压波形一样，可按照 120°导电控制方式画出，如图 8-13所示。例如 0°～60°区间：导通的 GTO 为 VT1 与 VT6，所以 $i_U=I_d$，$i_V=-I_d$。同理，0°～120°区间：导通的 GTO 为 VT1 与 VT2，所以 $i_U=I_d$，$I_W=-I_d$。对其他区间进行同样分析，就可容易地画出图 8-13 所示的 i_U、i_V 与 i_W 三相负载电流波形。

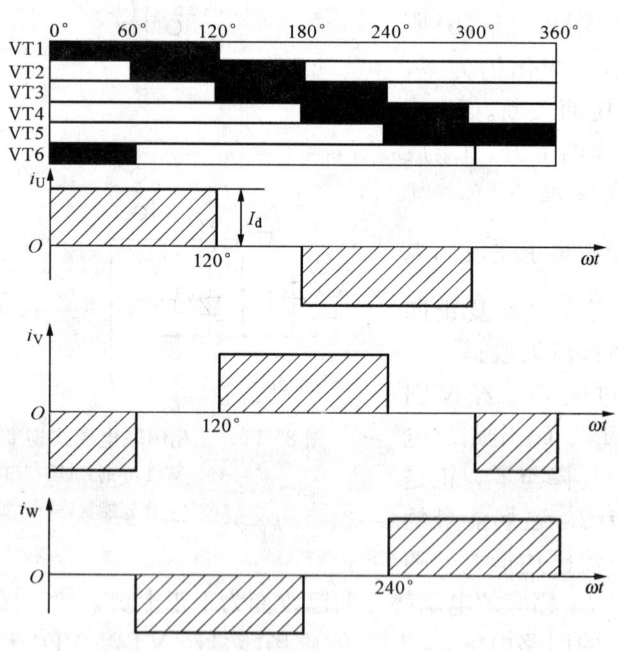

图 8-13 电流型三相逆变电路输出波形

8.3.2.2 串联二极管式电流型三相逆变电路

三相电流型逆变电路同样可以用普通晶闸管组成，但必须附加换流电容及 6 只二极管，电路如图 8-14 所示。各桥臂之间连接的 $C_1 \sim C_6$ 是换流电容。6 个二极管 VD1～VD6 称为隔离二极管，是为了防止换流电容直接通过负载放电。逆变器直流侧是经大电感 L_d 滤波供电的，属于电流型。本电路也是采用120°导电型的控制方式，所以电路分析方法及逆变输出的三相电流波形均与用 GTO 组成的电路相同，不同之处仅在于由普通晶闸管组成的电路存在换流问题。这里主要分析它的换流过程。

现以 VT5、VT6 稳定导通时，触发 VT1 使 VT5 关断的换流过程为例，来分析换流过程的几个阶段。

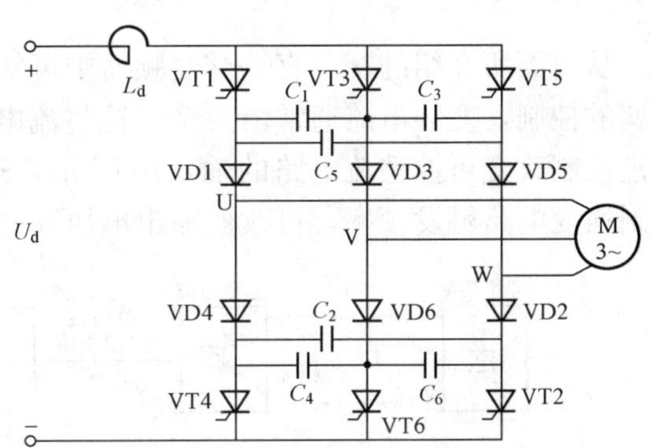

图 8-14　串联二极管式电流型三相逆变电路

(1) 换流前 VT5、VT6 导通。直流电流 I_d 从 W 相流进电动机绕组，再由 V 相绕组流出回到直流电源。电容 C_1、C_3 与 C_5 均被充电。C_1、C_3 与 C_5 这 3 个电容可用等效电容$C_{UW}=\dfrac{C_1C_3}{C_1+C_3}+C_5$ 来表示，充电极性为右正左负，等值电路如图 8-15 (a) 所示。

(2) 晶闸管换流。当给 VT1 触发脉冲使之导通时，换流等值电容 C_{UW}上的电压反向施加于 VT5 上使之关断。直流电流 I_d 由 VT5 转换为 VT1 流进。同时 C_{UW}上的电压通过 VD5、W 相负载、V 相负载、VD6、VT6、直流电源和 VT1 构成放电回路，如图 8-15 (b) 所示。因放电电流恒为 I_d，故称恒流放电阶段。在 C_{UW}两端下降到零以前，VT5 一直承受着反向电压，只要反向电压时间大于晶闸管关断时间 t_q，就能保证 VT5 可靠关断。

(3) 二极管换流。当 C_{UW}放完电又被反充电，出现左正右负电压极性时，VD1 二极管导通，形成 VD1 和 VD5 同时导通的局面，如图 8-15 (c) 所示。随着 C_{UW}反充电电压的逐渐增大，流过 VD1 的电流也不断增大，而流过 VD5 的电流不断减小，当 i_W 减小至零时 VD5 关断，i_U 增大到 I_d 值，进入工作正常，VD5 与 VD1 换流结束。

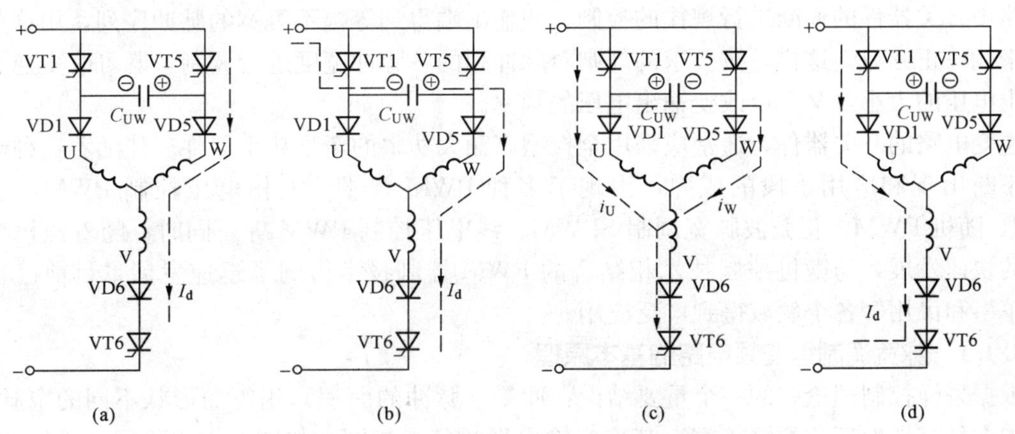

图 8-15　串联二极式逆变电路换流过程

(a) 换流前；(b) 晶体管换流过程；(c) 二极管换流过程；(d) 换流后

(4) 换流结束，正常工作。二极管换流完毕，电容 C_{UW}已充满电荷，极性为左正右负，进而为下一换流储蓄电能做好准备，电路进入 VT6 与 VT1 稳定导通，如图 8-15 (d) 所示。

本节所讨论的180°导电工作方式与120°导电工作方式两种逆变电路，如果在同样直流电压U_d时，采用180°导电工作方式比120°导电工作方式的输出电压高，电路利用率高，故三相逆变器采用180°导电工作方式控制较多。但从换流安全角度来看，采用120°导电工作方式控制较为有利，且实现可逆调速也更方便。

8.4 脉宽调制型变频电路

从前面所介绍的交—直—交变频器中可知，为了使输出的交流电压及其频率能得到连续可调的控制，变频电路通常由一个可控整流电路和一个逆变器构成，如图8-16（a）所示。通过控制改变可控整流电路的输出电压u_d，达到控制逆变输出电压u_o大小的目的；同时，控制逆变电路触发频率，可改变输出电压u_o的频率。这种变频电路存在以下缺点：

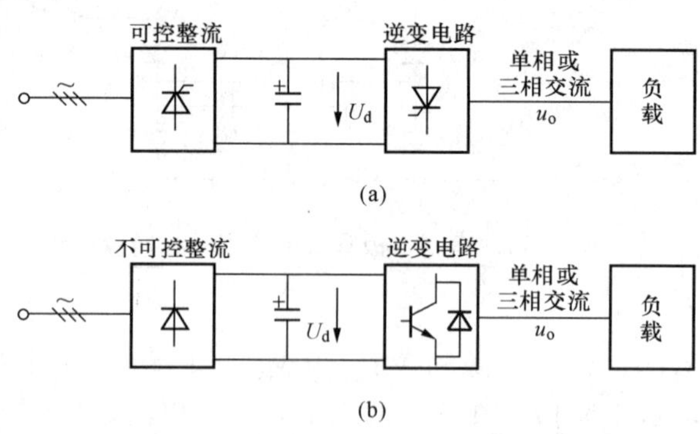

图8-16 电压型交—直—交变频电路

（a）普通型交—直—交变频电路；

（b）电压型PWM交—直—交变频电路

（1）输出交流电压为矩形波，其中含有较多的谐波，不论对负载还是交流电网都是不利的。

（2）用相控方式来调节输出电压与功率，输入电流谐波含量大，输入功率因数偏低。

（3）由于中间直流环节有很大滤波电容存在，使得调节输出功率时惯性较大，系统响应速度缓慢。

如果采用如图8-16（b）所示的变频电路，就可以较好地克服上述缺点。这种电路通常称为脉冲宽度调制型（Pulse Width Modulation，PWM）变频电路，它的基本结构是由一个不可控整流电路和一个逆变器构成，其基本工作原理是对逆变电路中开关器件的通断进行规律的控制，使输出端得到等幅不等宽的脉冲序列，用这些脉冲列来代替正弦波。这样，按要求的规则对脉冲列的各脉冲宽度进行调制，既可改变逆变电路输出电压的大小，又可以改变输出电压的频率。

逆变电路的开关器件，通常应采用全控型高额大功率的新型功率器件。伴随着这种新器件的不断出现和应用手段的成熟，出现了多种PWM技术，如相电压控制PWM、脉宽PWM、随机PWM、正弦波脉宽调制SPWM、线电压控制PWM等。同时，随着微机控制理论的快速发展，与微机控制技术相结合的PWM控制技术得到了迅速发展，目前已在工业、军事和民用等各个领域得到广泛应用。

8.4.1 脉宽调制型变频电路的基本原理

根据采样控制理论中的一个重要结论：冲量（脉冲的面积）相等而形状不同的窄脉冲，分别加在具有惯性环节的输入端，其响应输出形状基本相同，如图8-17所示。通俗地说，就是不同形状脉冲，只要脉冲的面积相等，其作用的效果也就基本相同，这就是PWM控制的重要理论依据。

如图8-18所示，一个正弦半波完全可以用等幅不等宽的脉冲序列来等效，但必须做到

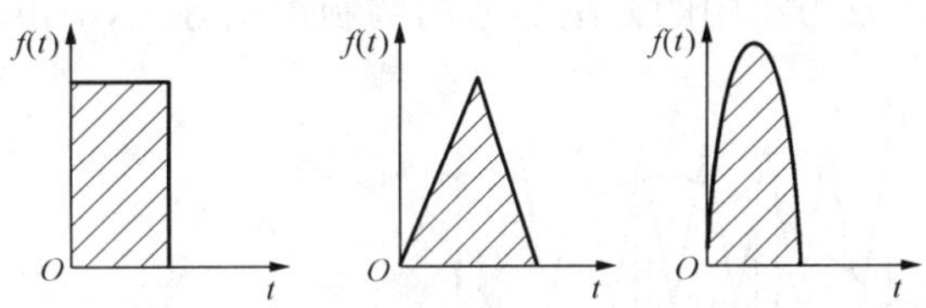

图 8-17　形状不同而冲量相同的几种脉冲

正弦半波所等分的 6 块阴影面积与相对应的 6 个脉冲列的阴影面积相等，其作用的效果就基本相同。对于正弦波的负半周，用同样方法可得到 PWM 波形来取代正弦负半波。这样所得到的一系列等幅、等距而不等宽的脉冲序列波形作用效果等效于正弦波，我们把这种调制波形称为正弦波脉宽调制（Sine Pulse Width Modulation，SPWM）。其基本特点是在半个周期内，中间的脉冲宽，两边的脉冲窄，各脉冲之间等间距，而脉宽与正弦波曲线下的面积成正比，基本按正弦规律分布。

在 SPWM 波形中，各脉冲的幅值是相等的，若要改变输出电压等效正弦波的幅值，只要按同一比例改变脉冲列中各脉冲的宽度即可。所以直流电源电压 U_d 可采用不可控整流电路获得，这样不但可以使电路输入功率因数接近于 1，而且整个装置控制简单，可靠性高。

下面分别从正弦波脉宽调制（SPWM）出发，介绍单相和三相 SPWM 型变频电路的控制方法与工作原理。

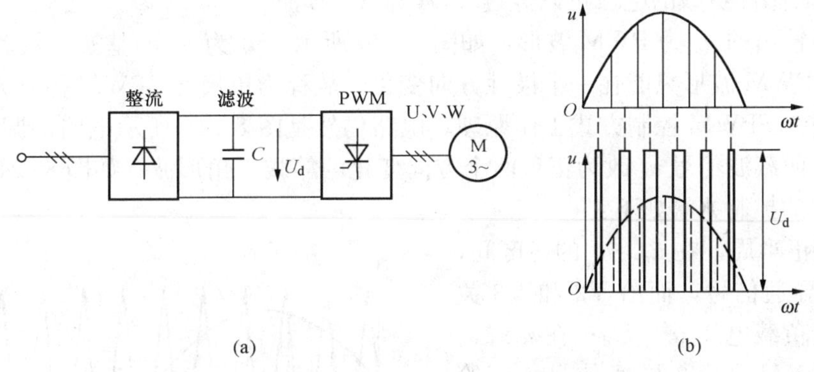

图 8-18　SPWM 控制的基本原理示意图
（a）电路；（b）波形

8.4.1.1　单相桥式 SPWM 变频电路工作原理

如图 8-19 所示电路中，采用全控型电力电子器件 GTR 作为逆变电路的自关断开关器件。设负载为电感性，其控制方法有单极性与双极性两种。

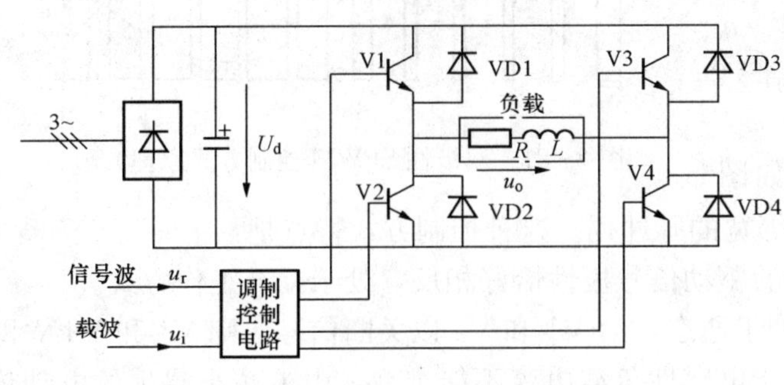

图 8-19　单相桥式 SPWM 变频电路

（1）单极性 SPWM 控制方式工作原理。按照 SPWM 控制的基本原理，如果给定了正弦波频率、幅值和半个周期内的脉冲个数，SPWM 波形各脉冲的宽度和间隔就可以准确地计算出来。依据计算结果来控制逆变电路中各开关器件的通断，就可以得到所需要的 PWM 波形。但是这种计算很繁琐，较为实用的方法是采用调制控制方式，如图 8-20 所示，把所希望输出的正弦波作为调制信号 u_r，把接受调制的等腰三角形波作为载波信号 u_c。对逆变桥 V1～V4 的控制方法如下：

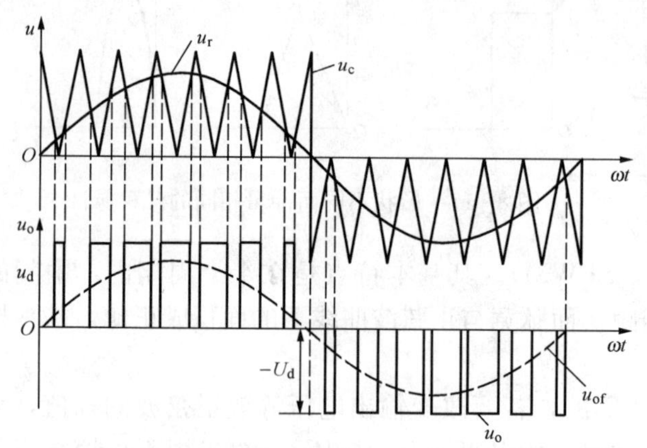

图 8-20 单极性 SPWM 控制方式原理波形

1）当 u_r 正半周时，让 V1 一直保持通态，V2 保持断态。在 u_r 与 u_c 正极性三角波交点处控制 V4 的通断，在 $u_r>u_c$ 各区间，控制 V4 为通态，输出负载电压 $u_o=U_d$；在 $u_r<u_c$ 各区间，控制 V4 为断态，输出负载电压 $u_o=0$，此时感性负载的电流可以经过 VD3 与 V1 续流。

2）当 u_r 负半周时，让 V2 一直保持通态，V1 保持断态。在 u_r 与 u_c 负极性三角波交点处控制 V3 的通断。在 $u_r<u_c$ 各区间，控制 V3 为通态，输出负载电压 $u_o=-u_d$；在 $u_r>u_c$ 各区间，控制 V3 为断态，输出负载电压 $u_o=0$，此时感性负载的电流可以经过 VD4 与 V2 续流。

逆变电路输出的 u_o 为 PWM 波形，如图 8-20 所示。u_{of} 为 u_o 的基波分量。由于在这种控制方式中 SPWM 波形只能在一个极性方向变化，故称为单极性 SPWM 控制方式。

（2）双极性 SPWM 控制方式工作原理。电路仍然是图 8-19 所示电路，调制信号 u_r 仍然是正弦波，而载波信号 u_c 改为正负两个方向变化的等腰三角形波，如图 8-21 所示。对逆变桥 V1～V4 的控制方法如下：

1）在 u_r 正半周，在 $u_r>u_c$ 的各区间，给 V1 和 V4 导通信号，而给 V2 和 V3 关断信号，输出负载电压 $u_o=U_d$；在 $u_r<u_c$ 的各区间，给 V2 和 V3 导通信号，而给 V1 和 V4 关断信号，输出负载电压 $u_o=-U_d$。这样逆变电路输出的 u_o 为两个方向变化等幅不等宽的脉冲列。

2）在 u_r 负半周，在 $u_r<u_c$ 的各区间，给 V2 和 V3 导通信号，而给 V1 和 V4 关断信号，输出负载电压 $u_o=-U_d$；在 $u_r>u_c$ 的各区间，给 V1 和 V4 导通信号，而给 V2 与 V3 关断信号，输出负载电压 $u_r=U_d$。

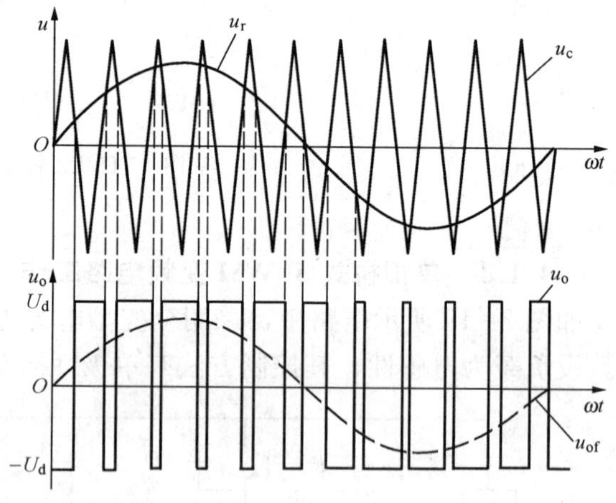

图 8-21 双极性 SPWM 控制方式原理波形

双极性 PWM 控制输出 u_o 波形如图 8-21所示，它为两个方向变化等幅不等宽的脉冲列。这种控制方式特点是：

1）同一半桥上下两个桥臂晶体管的驱动信号极性恰好相反，处于互补工作方式。

2）电感性负载时，若 V1 和 V4 处于通态，给 V1 和 V4 以关断信号，则 V1 和 V4 立即关断，而给 V2 和 V3 以导通信号，由于电感性负载电流不能突变，电流减小感生的电动势使 V2 和 V3 不可能立即导通，而二极管 VD2 和 VD3 导通续流。如果续流能维持到下一次

V1与V4重新导通，负载电流方向始终没有变，V2和V3始终未导通。只有在负载电流较小无法连续续流情况下，在负载电流下降至零，VD2和VD3续流完毕，V2与V3导通，负载电流才反向流过负载。但是不论是VD2 、VD3导通还是V2、V3导通，u_o均为$-U_d$。从V2、V3导通向V1、V4切换的情况也类似。

8.4.1.2 三相桥式SPWM变频电路的工作原理

如图8-22所示，三相桥式SPWM变频电路采用GTR作为电压型三相桥式逆变电路的全控型自关断开关器件，负载仍为电感性。从电路结构上看，该电路只能选用双极性控制方式，其工作原理如下：

三相调制信号u_{rU}、u_{rV}和u_{rW}为相位依次相差120°的正弦波，而三相载波信号是共用一个正负方向变化的三角形波u_c，如图8-23所示。U、V和W相全控型自关断开关器件的控制方法完全相同，以U相为例：在$u_{rU}>u_c$的区间，给上桥臂电力晶体管V1以导通驱动信号，而给下桥臂V4以关断信号，于是U相输出电压相对直流电源U_d中性点N′为$u_{UN1'}=\frac{1}{2}U_d$；在$u_{rU}<u_c$的区间，给V1以关断信号，V4为导通信号，输出电压$u_{UN2'}=-\frac{1}{2}U_d$。图8-23所示的$u_{UN'}$谐振逆变器波形就是三相桥式SPWM逆变电路输出波形。

图8-22所示电路中，二极管VD1～VD6的作用是为电感性负载换流过程提供续流回路。其他两相的控制原理与U相相同，根据同样方法可以分析出另外两相输出电压$U_{VN'}$和$U_{WN'}$的波形。三相桥式PWM变频电路的三相输出的SPWM波形分别为$u_{UN'}$、$u_{VN'}$和$u_{WN'}$，如图8-23所示。

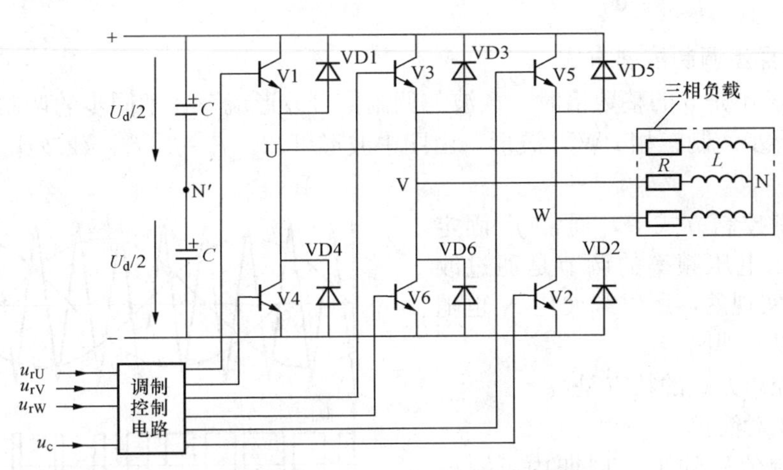

图8-22 三相桥式SPWM变频电路

U、V和W三相之间的线电压SPWM波形以及输出三相相对于负载中性点N的相电压PWM波形，其数值可按下列计算式计算，即

线电压为

$$\begin{cases} u_{UV}=u_{UN'}-u_{VN'} \\ u_{VW}=u_{VN'}-u_{WN'} \\ u_{WU}=u_{WN'}-u_{UN'} \end{cases}$$

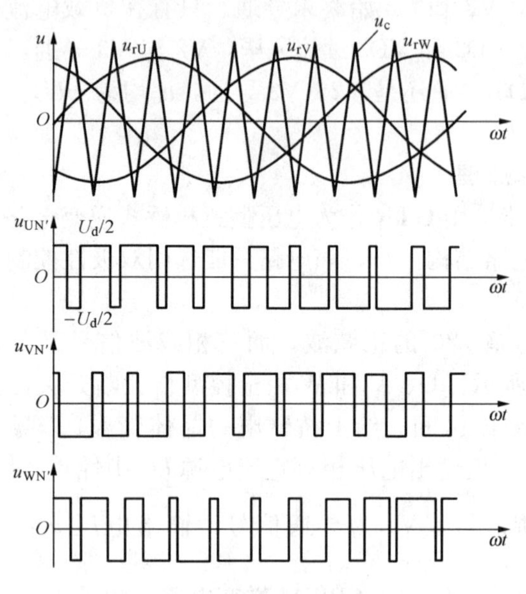

图 8-23 三相桥式 SPWM 变频波形

相电压为

$$\begin{cases} u_{UN} = u_{UN'} - \dfrac{1}{3}(u_{UN'} + u_{VN'} + u_{WN'}) \\ u_{VN} = u_{VN'} - \dfrac{1}{3}(u_{UN'} + u_{VN'} + u_{WN'}) \\ u_{WN} = u_{WN'} - \dfrac{1}{3}(u_{UN'} + u_{VN'} + u_{WN'}) \end{cases}$$

在双极性 SPWM 控制方式中，理论上要求同一相上下两个桥臂的开关管驱动信号相反。但实际上，为了防止上下两个桥臂直通造成直流电源短路，通常要求先施加关断信号，经过 Δt 的延时才施加导通控制信号。延时时间的长短主要由自关断功率开关器件的关断时间决定。这个延时将会给输出 SPWM 波形带来偏离正弦波的不利影响，所以在保证安全可靠换流的前提下，延时时间应尽可能小。

8.4.2 脉宽调制型变频电路的调制控制方式

在 PWM 变频电路中，载波频率 f_c 与调制信号频率 f_r 之比称为载波比，即 $N=f_c/f_r$。根据载波和调制信号波是否同步，PWM 逆变电路有异步调制和同步调制两种控制方式，分别介绍如下。

8.4.2.1 异步调制控制方式

当载波比 N 不是 3 的整数倍时，载波与调制信号波形就存在不同步的调制。图 8-24 所示的波形就是异步调制三相 PWM 波形，由图中波形可知，$f_c=10f_r$，载波比 $N=10$，不是 3 的整数倍。

在异步调制控制方式中，通常 f_c 固定不变，逆变输出电压频率的调节是通过改变 f_r 的大小来实现的，所以载波比 N 也随之变化，就难以实现同步。

异步调制控制方式的特点是：

(1) 控制相对简单。

(2) 在调制信号的半个周期内，输出脉冲的个数不固定，脉冲相位也不固定，正负半周的脉冲不对称，而且半周期内前后 $\dfrac{1}{4}$ 周期的脉冲也不对称，输出波形就偏离了正弦波。

(3) 载波比 N 越大，半周期内调制的 PWM 波形脉冲数就越多，正负半周不对称和半周内前后 $\dfrac{1}{4}$ 周期脉冲不对称的影响就

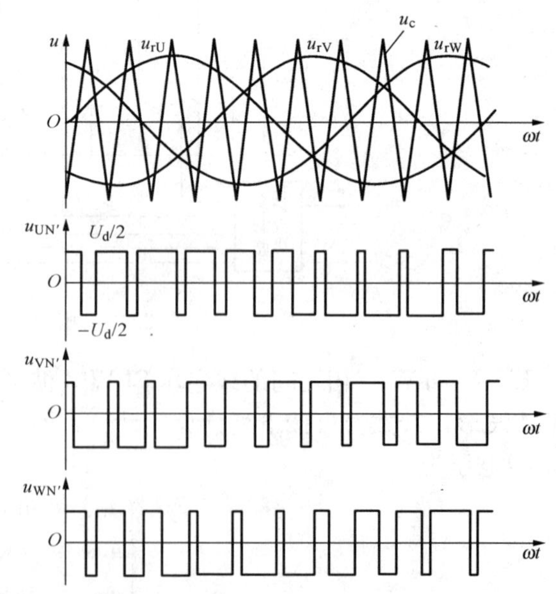

图 8-24 异步调制的三相 PWM 变频波形

越小，输出波形越接近正弦波。所以在采用异步调制控制方式时，要尽量提高载波频率 f_c，使不对称的影响尽量减小，输出波形更接近正弦波。

8.4.2.2 同步调制控制方式

在三相逆变电路中，当载波比 N 为 3 的整数倍时，载波与调制信号波能同步调制。图 8-25所示为 $N=9$ 时的同步调制控制的三相 PWM 变频波形。

在同步调制控制方式中，通常保持载波比 N 不变，若要增高逆变输出电压的频率，必须同时增高 f_c 与 f_r，且保持载波比 N 不变，即保持同步调制不变。

同步调制控制方式的特点是：

(1) 控制相对较复杂，通常采用微机控制。

(2) 在调制信号的半个周期内，输出脉冲的个数是固定不变的，脉冲相位也是固定的。正负半周的脉冲对称，而且半个周期脉冲排列其左右也是对称的，输出波形等效于正弦波。

(3) 当逆变电路要求输出频率 f_o 很低时，由于半周期内输出脉冲的个数不变，所以由 PWM 调制而产生的 f_o 附近的谐波频率也相应很低。这种低频谐波通常不易滤除，会对三相异步电动机造成不利影响，如使电动机噪声变大、振动加大等。

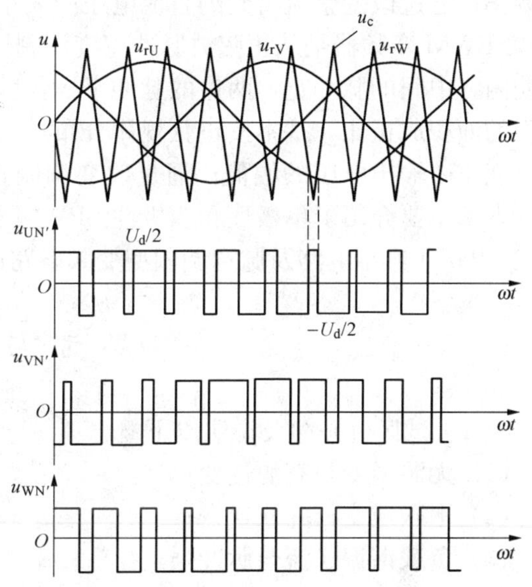

图 8-25 同步调制的三相 PWM 变频波形

为了克服同步调制控制方式低频段的缺点，通常采用“分段同步调制”的方法，即把逆变电路的输出电压频率范围划分成若干个频率段，每个频率段内都保持载波比为恒定，不同频率段所取的载波比则不同。

(1) 在输出为高频率段时取较小的载波比，这样载波频率不致过高，能在功率开关器件所允许的频率范围内工作。

(2) 在输出频率为低频率段时取较大的载波比，这样载波频率不致过低，谐波频率也较高且幅值也小，容易滤除，从而减小了对异步电动机的不利影响。

综上所述，同步调制方式效果比异步调制方式好，但同步调制控制方式较复杂，一般要用微机进行控制。还有一种综合调制控制方式，电路在输出低频率段时采用异步调制方式，而在输出高频率段时换成同步调制控制方式，其控制效果与分段同步调制方式相接近。

本 章 小 结

利用半控型或全控型电力电子器件将直流电或工频交流电变换成频率可调的交流电，供给交流负载的电路称为变频电路或变频器。变频器主要有交—交直接变频和交—直—交间接变频两种方式。

本章介绍了半控型普通晶闸管、全控型可关断晶闸管和电力晶体管在变流电路中的应用；主要讨论了并联型和串联型负载谐振式逆变器，电压型、电流型三相逆变器和脉宽调制型逆变电路及其调制控制方式。

负载谐振式逆变器的特点是利用负载电路的谐振来实现负载换流。换流电容与负载并联称为并联谐振逆变器，换流电容与负载串联称为串联谐振逆变器。

电压逆变器的特点是直流电源接有很大的滤波电容，对逆变电路而言表现为内阻很小的电压源；电流型逆变器的特点是直流电源接有很大的滤波电感，相当于内阻很大的电流源。

交—直—交变频电路的基本原理是将频率不变的工频交流电源经整流电路变为直流电源，再利用电力电子器件有规律地导通与关断，通过控制它们通断的频率来改变输出交流电的频率；通过改变整流得到的直流电压的大小改变交流输出电压的幅值。

SPWM 变频器是从正弦波脉冲宽度调制原理出发，其 SPWM 脉冲基本特点是：在半个周期内，中间的脉冲宽，两边的脉冲窄，各脉冲之间等间距并等幅，同时其脉宽与正弦波曲线下的面积成正比，基本按正弦规律分布。只要按同一比例改变脉冲列中各脉冲的宽度，即可改变正弦输出电压的幅值；通过改变调制正弦波的频率，就可以改变输出正弦电压的频率。本章主要介绍了单极性和双极性 SPWM 控制电路的工作原理，并且介绍了单相和三相桥式 SPWM 典型电路及脉宽调制型变频电路的调制控制方式。

思考与练习题

8-1 试区分并简要说明以下概念：

(1) 无源逆变与有源逆变；

(2) 串联逆变与并联逆变；

(3) 负载谐振换流与脉冲强迫换流；

(4) 电压型逆变器与电流型逆变器。

8-2 无源逆变电路和有源逆变电路有何不同？负载对无源逆变电路有什么要求？

8-3 无源逆变电路换流方式有哪几种？各有什么特点？

8-4 电压型逆变电路和电流型逆变电路对比，二者各有何特点？

8-5 电压型逆变电路中反馈二极管的作用是什么？为什么电流型逆变电路中没有反馈二极管？

8-6 并联谐振式逆变电路利用负载电压进行换相，为保证换相成功，应满足什么条件？

8-7 串联电感式电压型逆变电路能否实现再生制动？为什么？

8-8 中频装置中的并联逆变器，为什么必须有足够长的引前触发时间 t_f？

8-9 试说明 PWM 控制的基本原理，并说明 SPWM 正弦波脉宽调制逆变器有什么优点。

8-10 单极性和双极性 PWM 调制有什么区别？在三相桥式 SPWM 型逆变电路中，输出相电压（输出端相对于直流电源中点的电压）和线电压 SPWM 波形各有几种电平？

8-11 什么是异步调制？什么是同步调制？两者各有何特点？

第9章

直流斩波电路

通过电力电子器件的开关作用，将恒定直流电压变为可调直流电压或将变化的直流电压变换为恒定的直流电压的电力电子电路，称为直流斩波电路（即DC/DC变换），相应的装置称为斩波器，也称直流断续器或直流调压器。斩波器具有效率高、体积小、质量轻、成本低等优点，通常用于直流牵引调速系统，如电力机车、地铁、城市电车、电瓶叉车等。

在直流斩波电路中，电力电子开关器件的阳极都在正的直流电压下工作，触发导通很容易。但若采用普通晶闸管作为开关器件，则必须设置换流关断附加电路；若是采用自关断电力电子开关器件，则它的关断靠门极（即控制极）控制，主电路简单、效率高。

不论是由普通晶闸管类半控型器件，还是由具有自关断电力的全控型器件组成的直流斩波主电路，都由三个基本部分组成：①直流电源（如不可控整流、蓄电池等）；②由开关器件组成的斩波器；③直流负载，可以是电阻性负载，也可以是感性或反电动势负载。

9.1 降压式斩波电路

降压（Buck）式斩波电路是最简单、最基本的高频变换电路。

9.1.1 基本斩波器的工作原理

基本斩波器的原理电路如图 9 - 1(a) 所示，U_d 为通过整流电路获得的直流电源电压，Q 为斩波控制电子开关，R 为负载。斩波开关可用普通晶闸管、可关断晶闸管或自关断器件来实现。若采用普通晶闸管，需设置使晶闸管关断的辅助电路；若采用具有自关断能力的全控型电力电子器件，则可省去此辅助电路。后者有利于提高斩波器的频率，也是斩波开关电路发展的方向。

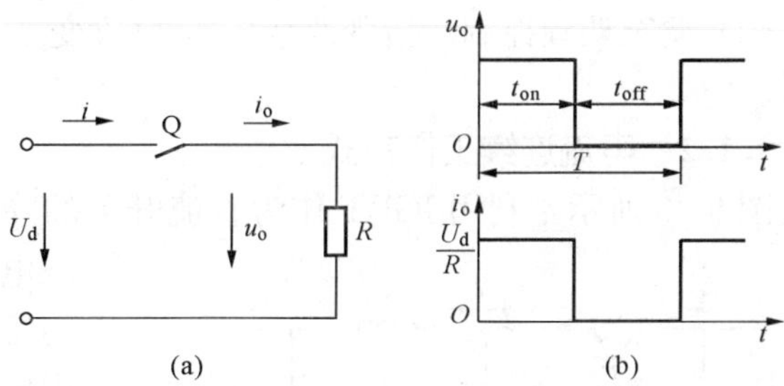

图 9 - 1　基本斩波器原理电路及输出波形

(a) 电路；(b) 输出电压和电流波形

若连续控制斩波开关的通断，则直流电源电压 U_d 将断续地加到负载 R 上。如图 9 - 1(b) 所示，当开关 Q 合上时，直流电压加到 R 上并持续一段时间 t_{on}；而当开关断开时，负载上电压为零并持续一段时间 t_{off}。电子开关 Q 连续通断，就可获得如图 9 - 1(b) 所示的斩波器输出电压和电流波形。

从图 9 - 1(b) 中可以看出，基本斩波器的工作周期 $T=t_{on}+t_{off}$，占空比 $k=t_{on}/T$。因此，斩波器输出直流电压平均值为 $U_o=\frac{t_{on}}{T}U_d=kU_d$；输出电流平均值为 $I_o=\frac{U_d}{R}=k\frac{U_d}{R}$。据此可知，只要改变电子开关 Q 通断的时间，即改变占空比，就可以改变输出电压和电流的大小，从而达到斩波器直流调压的目的。

根据电子控制开关的控制方式不同，斩波器通常有以下三种工作方式：

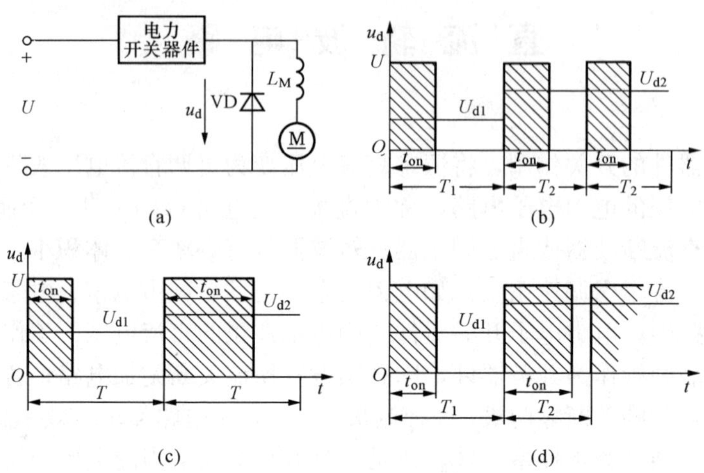

图 9 - 2　直流斩波电路控制方式原理图

(a) 电路；(b) 脉宽调制；(c) 频率调制；(d) 调宽调频控制

(1) 定频调宽控制，即脉宽调制 (PWM)。指改变 t_{on}，维持 T 不变，从而改变输出电压平均值，如图 9 - 2(b) 所示。

(2) 定宽调频控制，即频率调制 (PFM)。指改变 T，维持 t_{on} 不变，从而改变输出电压平均值，如图 9 - 2(c) 所示。

(3) 调宽调频控制。指既改变 t_{on}，也改变 T，达到改变输出电压的目的，如图 9 - 2(d) 所示。

9.1.2　电流连续工作方式

图 9 - 3 所示是利用 IGBT 作为直流开关的降压式斩波电路。负载 Z 多为感性，C 为滤波电容，VD 为续流二极管（当 IGBT 关断时，为感性负载电流提供通路）。电感 L 和电容 C 组成低通滤波电路，将脉冲波形变为纹波较小的直流波形。电路进入稳态以后，可认为输出电压为常数 U_o，电容 C 的平均电流为零，因而电感中的平均电流等于输出平均电流。下面对电流连续（指电感中的电流连续）的情况进行分析。

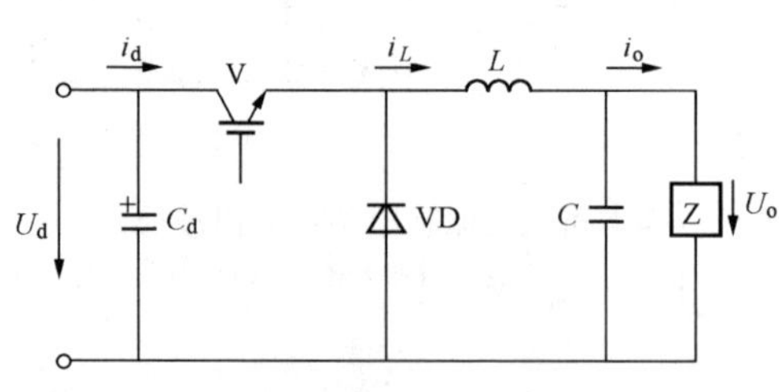

图 9 - 3　负载为感性的斩波电路

图 9 - 4 为电感电流连续时的电压与电流波形。当 IGBT 导通时（即 t_{on} 阶段），二极管反偏截止，电感上感生电压（左正右负）为

$$u_L = U_d - U_o = L\frac{di_L}{dt} \tag{9-1}$$

电感中的电流连续上升，式 (9 - 1) 可写为

$$u_L = U_d - U_o = L\frac{di_L}{dt} = L\frac{i_{omax} - i_{omin}}{t_{on}} \tag{9-2}$$

当IGBT断开时（即t_{off}阶段），由于电感中电流不能突变，电感的储能使得i_L经过二极管而继续流通，电感上呈现负的感生电压（右正左负）

$$u_L = -U_o = L\frac{di_L}{dt} \tag{9-3}$$

电感电流线性下降，式（9-3）中U_o可写为

$$u_o = -L\frac{di_L}{dt} = -L\frac{i_{omin} - i_{omax}}{t_{on}} = L\frac{i_{omax} - i_{omin}}{t_{on}} \tag{9-4}$$

在电路工作于稳态时，负载电流在一个周期的初值和终值相等，电感电压在一个周期（$T = t_{on} + t_{off}$）内的平均值为零，可表示为

$$(U_d - U_o)t_{on} = U_o(T - t_{on}) \tag{9-5}$$

若忽略所有电路元件的功耗，则输入功率P_d等于输出功率P_o，即$U_dI_d = U_oI_o$。所以，通过整理式（9-5）有

$$U_o = kU_d \tag{9-6}$$

$$I_o = I_d/k \tag{9-7}$$

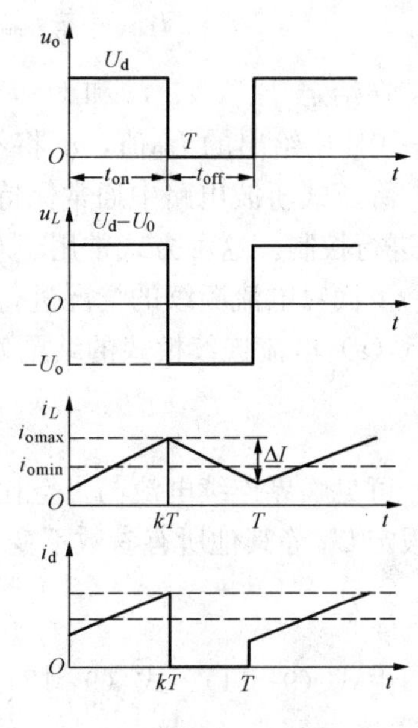

图9-4　电感电流连续时的电压与电流波形

输出电流平均值也可表示为

$$I_o = U_o/R_L \tag{9-8}$$

式中：R_L为负载Z中的电阻。

由此可知，给定输入电压不变而输出电压随占空比线性变化，与其他电路参数无关，输出电压$U_o \leqslant U_d$，故将该电路称为降压式斩波电路。

由以上分析还可知，每当IGBT变为断开时，输入电压总是瞬间地从峰值跃变为零，将产生输入电流的高频谐波分量。为了抑制电流谐波的影响，在图9-3所示电路中加了一个滤波电容C_d，利用它来滤除电流中的谐波成分。

9.1.3　电流断续工作方式

电路参数变化将导致电感电流工作方式发生变化，即电感电流由连续变为断续，电感电流临界连续状态时的u_L和i_L波形如图9-5(a)所示。电流断续工作方式有输入电压U_d不变和输出电压U_o不变两种情况，下面主要介绍输入电压U_d不变的情况。设临界连续时的平均电感电流为I_{LB}，负载平均电流为I_{oB}。由于在临界时$i_{omin}=0$，可得

$$I_{LB} = \frac{1}{2}(i_{omax} - i_{omin}) = \frac{1}{2}i_{omax} \tag{9-9}$$

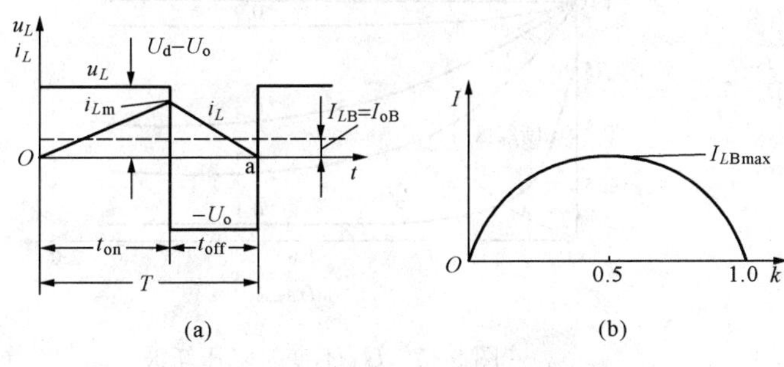

图9-5　电感电流临界连续时的电压、电流波形及电感电流与占空比之关系曲线

(a) 电感电流临界连续时的电压、电流波形；
(b) 电感电流与占空比之关系曲线

结合式（9-2），式（9-9）可改写为

$$I_{LB}=\frac{1}{2}i_{omax}=\frac{t_{on}}{2L}(U_d-U_o)=\frac{kT}{2L}(U_d-U_o)=I_{oB} \tag{9-10}$$

在给定 T、U_o、L 和 k 等参数的条件下，若平均输出电流或平均电感电流小于式（9-10）中给出的 I_{LB}值，i_L 将不再连续。

降压式斩波电路中通常保持 U_d 不变，只需通过调整斩波器的占空比 k 就可对输出电压 U_o 进行控制。这种方式常用于对直流电动机的速度进行控制。

下面对电流断续的情况进行分析。考虑式（9-6）中 $U_o=kU_d$，代入式（9-10），在图 9-5（a）电流连续模式的结尾处（a 点位置），即在 $i_L=0$ 的特殊情况下，可得

$$I_{LB}=\frac{TU_d}{2L}k(1-k) \tag{9-11}$$

可见临界连续电流与占空比 k 为二次函数关系，其关系特性曲线如图 9-5（b）所示。现假定 U_d 等其他所有参数不变，当 $k=1/2$ 时临界电流达到最大值，则

$$I_{LBmax}=\frac{TU_d}{8L} \tag{9-12}$$

由式（9-11）、式（9-12）还可得

$$I_{LB}=4I_{LBmax}k(1-k) \tag{9-13}$$

假定 T、U_o、L 和 k 值不变化，若负载减小（即负载电流减小，负载电阻值增加），则平均电感电流将随之减小。当 $I_{LB}<I_{oB}$时，电感电流的波形如图 9-6 所示，这表明电感 L 储能较少，不足以维持 i_L 在全部关断时间 t_{off} 内导通，因此出现电感电流断续的现象。图中 Δ_1T 是一个周期内 IGBT 关断后电感自身储能维持 i_L 的时间，Δ_2T 是一个周期内 IGBT 关断后 i_L 为 0 的时间。在 Δ_2T 期间，$i_L=0$，说明电感已无法向负载提供能量，负载上功率由滤波电容 C 提供。$u_L=0$，电感电压在一周期内的平均值为零。可推导出 U_d 不变时降压式斩波器的伏安特性关系式为

$$\frac{U_o}{U_d}=\frac{k^2}{k^2+\frac{1}{4}\left(\frac{I_o}{I_{LBmax}}\right)} \tag{9-14}$$

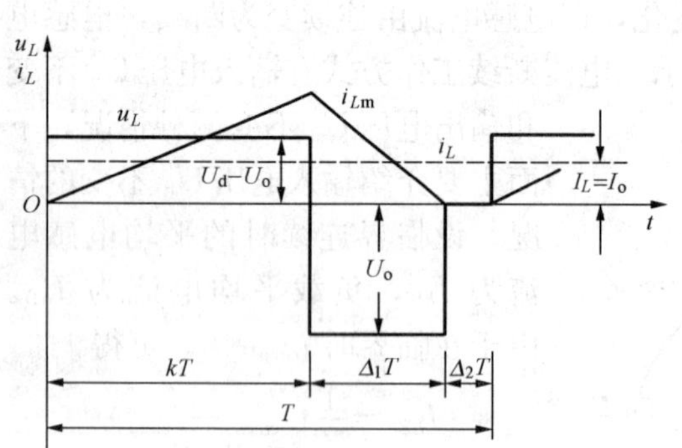

图 9-6 U_d 不变时断续的电压、电流波形

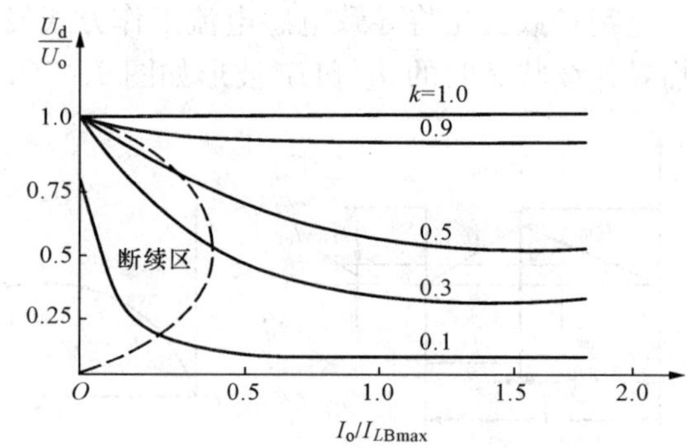

图 9-7 U_d 不变时降压斩波电路的伏安特性曲线

降压式斩波电路在电感电流连续和断续两种情况下伏安特性曲线如图 9-7 所示，图中曲线为 U_d 不变时，以占空比 k 作为参变量作出的 U_o/U_d 与 I_o/I_{LBmax}之间的关系曲线；虚线

为临界连续导通的边界轨迹。

电流断续工作方式的另一种情况是 U_d 变动而输出电压 U_o 不变，通过调整占空比 k 可使输出电压 U_o 维持不变，此种工作方式在直流可调电源中应用广泛。

例 9-1 有一降压斩波电路如图 9-3 所示，已知：$U_d=120V$，负载阻抗 Z 中，负载电阻 $R_d=60\Omega$，电感 L 足够大。开关周期通断时间分别为 $t_{on}=30\mu s$，$t_{off}=20\mu s$，忽略开关导通压降。试求：

(1) 负载电流 I_o 及负载上的功率 P_o；

(2) 若要求负载电流在 4A 时仍能维持导通，则电感 L 最小应取多大？

解 由题可知，开关通断周期 $T=t_{on}+t_{off}=30+20=50$（$\mu s$）

占空比 k 为 $$k=\frac{t_{on}}{T}=\frac{30}{50}=0.6$$

(1) 负载电压的平均值为 $U_o=kU_d=0.6\times120=72$（V）

负载电流的平均值为 $I_o=U_o/R_d=72/6=12$（A）

负载功率的平均值为 $P_o=U_oI_o=72\times12=864=0.864$（kW）

(2) 设占空比 k 不变，当负载电流为 4A 时，处于临界连续状态，由式（9-11）可得电感 L 为

$$L=\frac{U_dT}{2I}k(1-k)=\frac{120\times50}{2\times4}\times0.6\times(1-0.6)=180(\mu H)$$

9.2 升压式斩波电路

升压式斩波电路也称 Boost 式斩波电路，此类电路的特点是输出电压总是高于输入电压。图 9-8（a）所示是利用 IGBT 作为直流开关的升压式斩波电路原理图，图中 L 为储能元件，VD 为升压二极管，C 为滤波电容。电路正常工作中，当 IGBT 导通时，二极管 VD 反偏截止，电感电流增加，电感储能，且感生电压左正右负，同时电容 C 向负载放电；当 IGBT 关断时，电感电流减小，感应电动势左负右正，电感电动势与电源叠加，使二极管 VD 导通，共同向电容 C 充电，且向负载供电。在下面的分析中，假定滤波电容很大，并使输出电压保持不变。

9.2.1 电流连续工作方式

图 9-8（b）所示为电感电流连续时电压和电流的稳态波形。电感电压在电路稳态时一个周期 T 内的平均值为 0，即

$$U_dt_{on}+(U_d-U_o)t_{off}=0 \tag{9-15}$$

考虑周期 $T=t_{on}+t_{off}$，式（9-15）经整理后有

$$U_dT=U_ot_{off} \tag{9-16}$$

若忽略所有电路元件的功耗，则输入功率 P_d 等于输出功率 P_o，即 $U_dI_d=U_oI_o$。

将式（9-16）两边同时除以 T，并引入占空比 k，即可表示为

$$U_o=\frac{U_d}{1-k} \tag{9-17}$$

同时有 $$I_o=(1-k)I_d \tag{9-18}$$

临界连续导通时，电感中的电压、电流波形如图 9-9（a）所示。在此种情况下，i_L 在

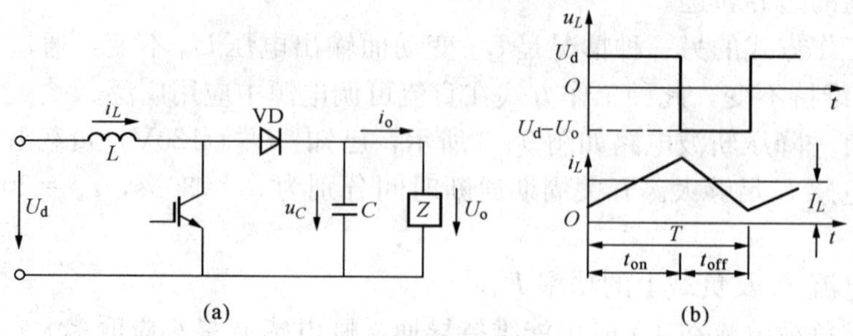

图 9-8 升压式斩波电路及电感电流连续时的电压和电流波形

(a) 电路；(b) 波形

IGBT 关断结束，即图 9-9（a）中的 b 点处时刚好为 0，流过电感中的平均电流为

$$I_{LB}=\frac{1}{2}i_{Lm}=\frac{1}{2}\frac{U_d}{L}t_{on}=\frac{TU_o}{2L}k(1-k) \tag{9-19}$$

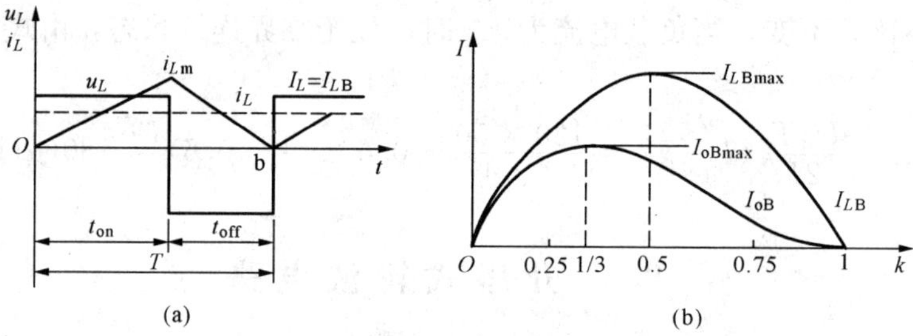

图 9-9 升压式斩波电路临界连续导通时的电压、电流波形及各电流与占空比之关系曲线

(a) 电压、电流波形；(b) 电流与占空比之关系曲线

在升压式斩波电路中，电感电流和输入电流相等（即 $i_d=i_L$），结合式（9-18）和式（9-19）可知，在电流临界连续导通情况下输出电流平均值为

$$I_{oB}=\frac{TU_o}{2L}k(1-k)^2 \tag{9-20}$$

在升压斩波电路的应用中通常要求 U_o 保持不变，只要占空比 k 可以调整，就允许输入电压 U_d 变动。升压式斩波电路输出电流、电感电流与占空比 k 的关系如图 9-9（b）所示。可以看出，I_{LB}在 $k=1/2$ 时达到最大值

$$I_{LBmax}=\frac{TU_o}{8L} \tag{9-21}$$

同样可以看出，I_o 在 $k\approx1/3$ 时达到最大值

$$I_{oBmax}=\frac{2}{27}\cdot\frac{TU_o}{2L} \tag{9-22}$$

一般地，I_{LB}和 I_{oB}可分别用它们的最大值来表示

$$I_{LB}=4k(1-k)I_{LBmax} \tag{9-23}$$

$$I_{oB}=\frac{27}{4}k(1-k)^2I_{oBmax} \tag{9-24}$$

如果电感电流平均值 I_{LB} 低于 I_{oB}，那么电感电流 i_L 将由连续导通转变为断续导通。

9.2.2　电流断续工作方式

假设 U_d 和 k 保持不变（需要注意的是，在实际工作中为保持 U_o 不变必须改变 k），当输出功率逐渐减少时，则可能会出现电感电流断续的工作情况。图9-10所示即为电感电流分别为临界连续工作方式和断续工作方式两种情况下的电压、电流波形。

图9-10（a）为电感电流临界导通时的电压、电流波形，与图9-9（a）相同；图9-10（b）为电感电流断续时的电压、电流波形。对比两种情况的波形可以看出，它们的电流峰值 i_{Lm} 是一样的，但是断续导通工作方式下的输出功率较小。无论处于哪一种工作情况，电感电压在一个周期 T 内的平均值都为0，可表示为

$$U_d kT + (U_d - U_o)\Delta_1 T = 0 \tag{9-25}$$

所以有 $\dfrac{U_o}{U_d}=\dfrac{\Delta_1+k}{\Delta_1}$ 和 $\dfrac{I_o}{I_d}=\dfrac{\Delta_1}{\Delta_1+k}$。

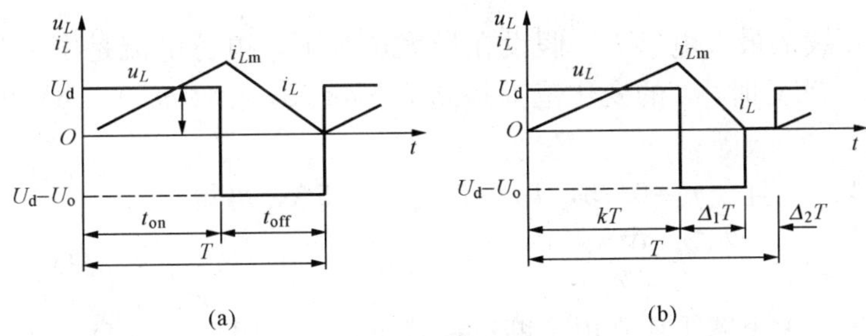

图9-10　升压式斩波电路的电压、电流波形

（a）临界连续；（b）断续

由图9-10（b）还可知，输入电流即为流过电感中的电流，其值为

$$I_d = \frac{TU_d}{2L}k(k+\Delta_1) \tag{9-26}$$

根据 $\dfrac{I_o}{I_d}=\dfrac{\Delta_1}{\Delta_1+k}$ 和式（9-26）可得

$$I_o = \frac{TU_d}{2L}k\Delta_1 \tag{9-27}$$

综上所述，实际工作中由于 U_o 需要保持不变，占空比 k 必须作相应的变化，因此通常以 U_o/U_d 作为参变量，同时根据式（9-22）、式（9-27）和 $\dfrac{U_o}{U_d}=\dfrac{\Delta_1+k}{\Delta_1}$ 推导出 k 的计算式

$$k = \sqrt{\frac{4}{27}\frac{U_o}{U_d}\left(\frac{U_o}{U_d}-1\right)\frac{I_o}{I_{oBmax}}} \tag{9-28}$$

在不同的 U_o/U_d 条件下，升压式斩波电路的占空比 k 与输出电流 I 的关系曲线如图9-11所示，图中虚线为临界连续工作方式时的边界轨迹。

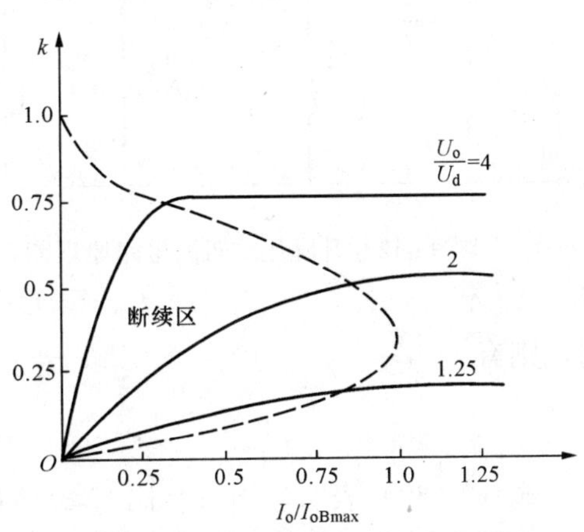

图9-11　升压式斩波电路 k—I 关系曲线

需要注意的是，由于升压式斩波电路U_o一般保持不变，在电感电流断续的工作方式下，每一个开关周期内的U_o不加以控制，则至少有式（9-29）所表示的能量从输入端向电容和负载传输，若负载不能吸收这些能量，电容电压将由于充电而升高，U_o随之增大，直到新的能量平衡被确定下来为止。所以，如果不对输出电压U_o进行控制，当负载电流很小时，U_o的上升可能导致产生很高的危险电压或使电容C被击穿。

$$\frac{1}{2}Li_{Lm}^2=\frac{(TU_dk)^2}{2L} \tag{9-29}$$

例 9-2 在升压式斩波电路中，如图 9-8（a）所示，调整占空比k使输出电压U_o为 48V，输入电压的变化范围为 12～36V，最大输出功率为 120W。为了满足稳定性的要求，斩波器总是工作在电流断续模式下，开关频率为$f=50\text{Hz}$。假设所有元件均为理想特性且无额外功耗，电容C非常大，试求可以使用的电感L的最大值。

解 $U_o=48\text{V}$，$T=\dfrac{1}{f}=20\mu\text{s}$，$I_{oBmax}=120/48=2.5$（A）

为求得电流断续的最大电感L，假设在最大负载下，电感电流是电流临界连续的情况。当输入电压为 12～36V 时，k的变化范围是 0.75～0.25，由图 9-9（b）可知，当$k=0.75$时，I_{oB}有最小值。

根据式（9-20），且令$k=0.75$，$I_{oB}=I_{oBmax}=2.5\text{A}$，可得

$$L=\frac{20\times10^{-6}\times48}{2\times2.5}\times0.75\times(1-0.75)^2=9(\mu\text{H})$$

因此，为保证斩波电路工作在电流断续模式下，应选用小于 9μH 的电感。

9.3 升降压式斩波电路

升降压斩波电路是由降压式和升压式两种基本斩波电路混合串联而成，图 9-12 所示为利用 IGBT 作为开关器件的升降压式斩波电路，它主要应用于可调直流电源。此电路中的输出电压幅值可以高于或者低于输入电压。

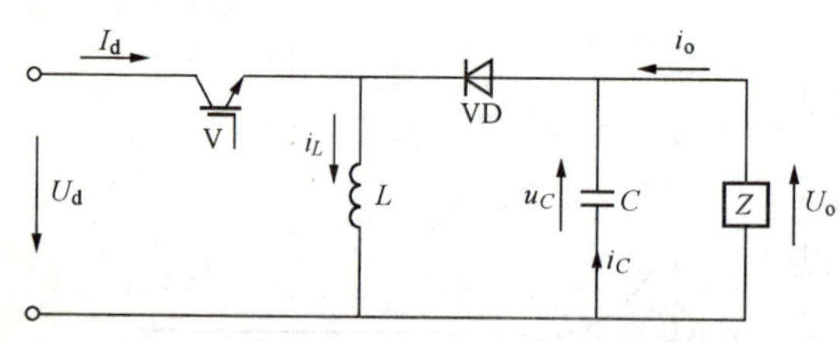

图 9-12 升降压式斩波电路原理图

在正常工作中，当 IGBT 导通时，电能存储于电感L中，二极管 VD 截止，负载由电容C供电；当 IGBT 截止时，电感L产生感应电动势维持原电流方向不变，迫使二极管 VD 导通，电感电流向负载供电，同时也向电容充电。电路进入稳态时，输出电压与输入电压之间的变化是两级变换电路变化的乘积。若两级变换电路变化的占空比相同，则有

$$\frac{U_o}{U_d}=\frac{k}{1-k} \tag{9-30}$$

式（9-30）表明，当占空比$k>0.5$时，输出电压高于输入电压；当占空比$k<0.5$时，输出电压低于输入电压。故称此种电路为升降压式斩波电路。

在稳态分析中，假定电容C足够大，且保证输出电压u_o不变，即$u_o=U_o$。升降压式斩

波电路也可以分为电感电流连续和电流断续两种工作情况。

9.3.1 电流连续工作方式

连续导通工作方式时升降压式斩波电路的电压、电流波形如图 9-13 所示。如图 9-12 所示升降压式斩波电路，在 $0\sim kT$ 时间内，IGBT 导通，电感两端电压等于 U_d 上正下负，从而 VD 反向截止，同时电感 L 进行储能，电流方向由上向下，在 kT 时刻电感电流增至最大值，如图 9-13 中 I_2 所示；在 $kT\sim T$ 期间，IGBT 关断，电感的感应电动势极性下正上负，迫使 VD 导通，电感将通过 VD 向负载释放传递能量，提供电压和电流，在 T 时刻电感电流下降为最小值，如图中 I_1 所示。在 T 时刻之后，重复上述过程，在这里，电感电流保持连续。

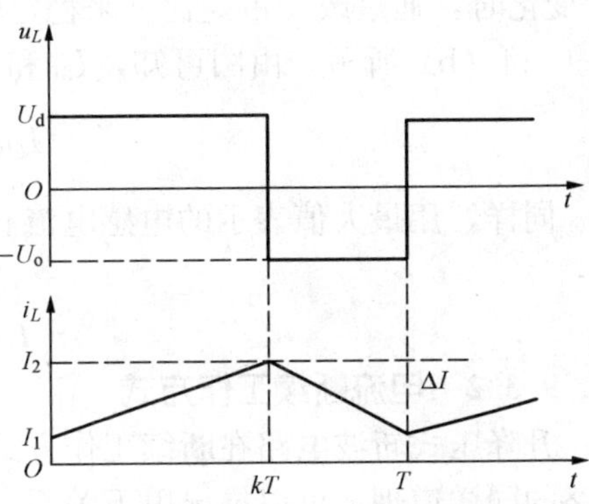

图 9-13 升降压斩波电路电感电流连续时电压、电流波形

图 9-14（a）所示为电感电流临界连续时的电感电压、电流波形。从图中可以看出，电感电流 i_L 在 IGBT 关断时刚好为 0，则电感中电流的平均值为

$$I_{LB}=\frac{1}{2}i_{Lm}=\frac{TU_d}{2L}k \tag{9-31}$$

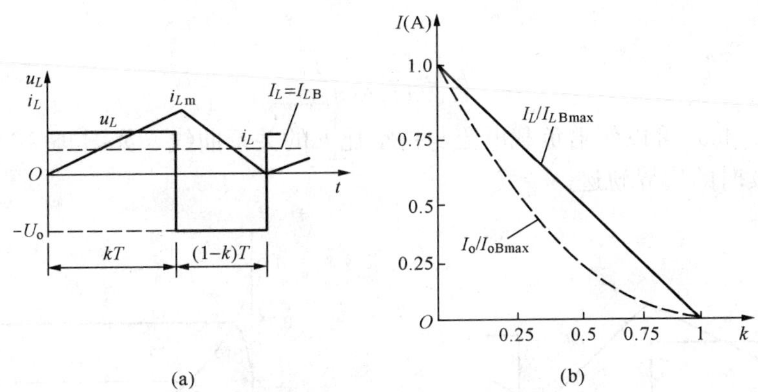

图 9-14 电流临界连续时的电感电压、电流波形及电感电流与 k 的关系曲线

（a）电压、电流关系曲线；（b）电感电流与 k 的关系曲线

由图 9-14（a）可得

$$I_o=I_L-I_d \tag{9-32}$$

式中：I_L 为一个周期内电感电流的平均值；I_d 为一个周期内直流电源所提供的电流平均值。

结合式（9-31）、式（9-32），可得由 U_o 表达的在临界连续导通时电感电流和输出电流平均值

$$I_{LB}=\frac{TU_o}{2L}(1-k) \tag{9-33}$$

$$I_{oB}=\frac{TU_o}{2L}(1-k)^2 \tag{9-34}$$

在升降压斩波电路的应用中，通常要求 U_o 保持不变，而 U_d 可以变化。即当输入电压 U_d 变化时，通过改变占空比 k 来稳定输出电压 U_o。输出电流、电感电流与占空比的关系如图 9-14（b）所示。由图可知，I_{LB} 和 I_{oB} 在 $k=0$ 时都达到最大，其值为

$$I_{LBmax} = I_{oBmax} = \frac{TU_o}{2L} \tag{9-35}$$

同样，用最大值表示的电感电流和输出电流分别为

$$I_{LB} = I_{LBmax}(1-k) \tag{9-36}$$

$$I_{LB} = I_{LBmax}(1-k)^2 \tag{9-37}$$

9.3.2 电流断续工作方式

升降压式斩波电路在断续工作方式时，电感电压、电流波形如图 9-15 所示。根据前述电路的同样道理，可以推出以下关系

$$\frac{U_o}{U_d} = \frac{k}{\Delta_1} \tag{9-38}$$

$$\frac{I_o}{I_d} = \frac{\Delta_1}{k} \tag{9-39}$$

由图 9-15 可以得到电感电流的平均值为

$$I_L = \frac{TU_d}{2L}k(k+\Delta_1) \tag{9-40}$$

通常实际电路中要求 U_o 不变，可以推出以 U_o/U_d 为参变量，占空比 k 与负载电流 I 的关系为

$$k = \frac{U_o}{U_d}\sqrt{\frac{I_o}{I_{oBmax}}} \tag{9-41}$$

根据式（9-40）可以作出负载电流与占空比 k 的关系曲线，如图 9-16 所示。图中虚线为电流临界连续时的边界轨迹。

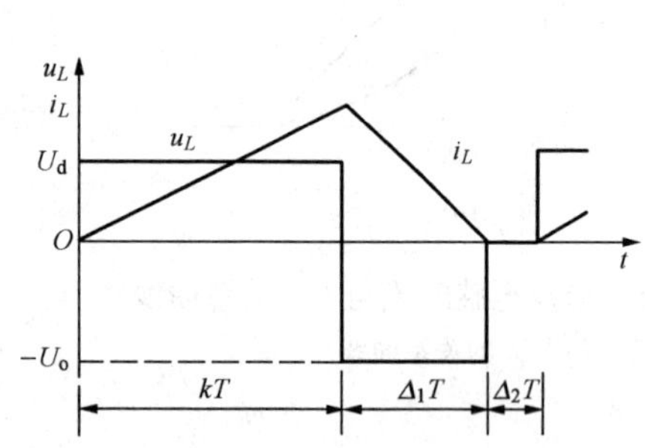

图 9-15 升降压式斩波电路断续工作方式时电感电压、电流波形

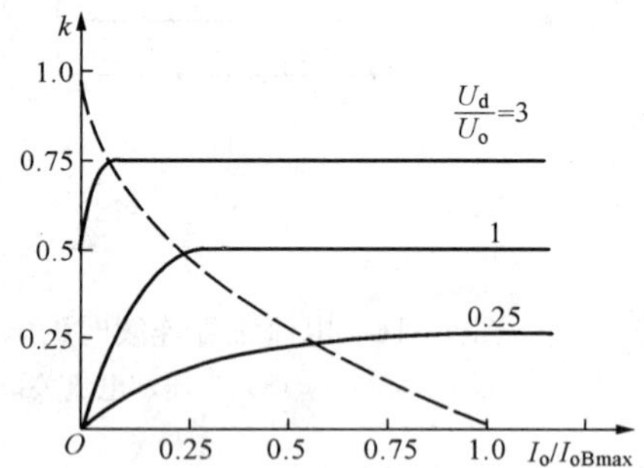

图 9-16 升压式斩波电路 k—I 关系曲线

例 9-3 某升降压斩波电路工作频率为 20Hz，$L=0.05$mH，假设输出电容 C 足够大，输入电压 $U_d=15$V，输出电压 $U_o=10$V，输出功率为 10W，试计算占空比 k。

解 根据题目所给条件，可先求得输出电流 I_o

$$I_o = \frac{P_o}{U_o} = \frac{10}{10} = 1(\text{A})$$

因为不知道电路的工作方式，故不能确定用哪个方程求解。

先假定电路工作在电流连续模式下，根据式（9-30）有

$$\frac{k}{1-k}=\frac{10}{15}$$

解得 $k=0.4$

由式（9-34），可得在 $k=0.4$ 时，工作在电流临界连续状态时的负载电流 I_{oB} 为

$$I_{oB}=\frac{TU_o}{2L}(1-k)^2=\frac{0.05\times 10}{2\times 0.05}(1-0.4)^2=1.8(\text{A})$$

由于输出电流平均值 $I_o=1\text{A}<1.8\text{A}$，所以电路只能工作在电流断续模式下，再根据式（9-35）得

$$I_{oBmax}=\frac{TU_o}{2L}=\frac{0.05\times 10}{2\times 0.05}=5(\text{A})$$

最后，由式（9-41）得

$$k=\frac{U_o}{U_d}\sqrt{\frac{I_o}{I_{oBmax}}}=\frac{10}{15}\times\sqrt{\frac{1}{5}}\approx 0.3(\text{A})$$

9.3.3 输出电压的纹波

升降压斩波电路输出电压的纹波可用图9-17所示的电流连续工作方式时的波形来计算。假设输入电流 I_d 的全部纹波电流分量流过电容 C，而其直流分量流过负载。图9-17中阴影面积用来表示电荷 ΔQ，纹波电压的峰一峰值 ΔU_o 为

$$\Delta U_o=\frac{\Delta Q}{C}=\frac{I_o kT}{C}=\frac{U_o}{R}\frac{kT}{C} \quad (9-42)$$

电压峰—峰的相对值为

$$\frac{\Delta U_o}{U_o}=\frac{kT}{RC}=k\frac{T}{\tau} \quad (9-43)$$

其中 $\tau=RC$

式中：τ 为时间常数。

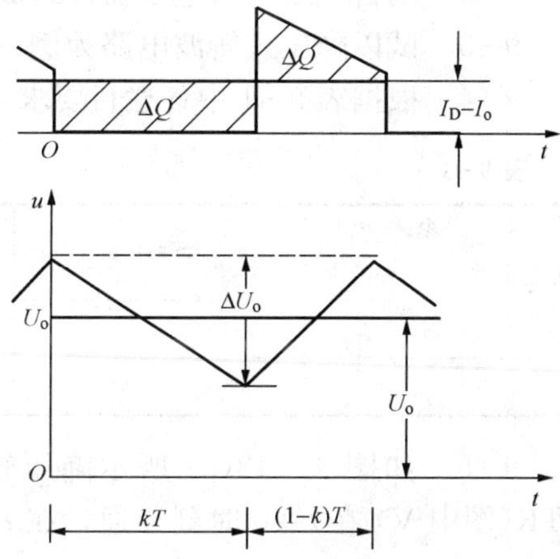

图9-17 升降压斩波电路电流连续工作方式输出电压的纹波

在纹波的分析中，以下三个前提条件相同：

（1）平均电流 I_o 工作于连续导通模式，电感电流的纹波可以忽略，即 $i_L(t)=I_L$；

（2）输出电压 u_o 的纹波可以忽略，故有 $u_o=U_o$；

（3）输入电压 U_d 可变，可利用调节占空比 k 的大小控制输出电压 U_o 保持不变。

对于电流断续工作方式下的输出电压纹波分析，读者可根据上述方法自行推导。

本章小结

通过电力电子器件的开关作用，将一个固定直流电压变为另一固定直流电压或可调直流电压的电路，称为直流斩波电路或直流斩波器。直流斩波器也可看作是一个直流变压器或直流调压器。

直流斩波电路通过控制电力电子开关的通断实现输出电压的调节，常见的电子控制开关

的控制方式有定频调宽式、定宽调频式和调宽调频式三种。不论哪种控制方式，只要调节开关在一个周期中导通时间所占比例，即调节占空比 k，就可调节斩波电路输出电压，从而达到调压的目的。

直流斩波电路中的功率开关器件的选择，除了考虑电路是否简单易用外，还应按照输出功率和频率来选用电力电子器件。如普通晶闸管输出功率最大，但工作频率最低，在几十至几百赫兹内工作较为理想；GTO 输出功率稍低，但工作频率要高一些，在几百至几千赫兹内工作较为理想；GTR 的工作频率为 1～10Hz；IGBT 的工作频率为 20～50kHz；GTR 与 IGBT 的容量相当，但低于 GTO；而功率 MOSFET 的工作频率最高，可达 50～100kHz，但容量低于 IGBT。

思考与练习题

9-1 直流斩波电路有哪几种常用调制方式?

9-2 用自关断电力电子器件组成的斩波器，比普通晶闸管组成的斩波器有哪些优点?

9-3 试以降压式斩波电路为例，简要说明斩波器具有直流变压器效果。

9-4 根据表 9-1 中各栏目要求，归纳有关参量表达式并填入表中。

表 9-1 参量表达式

参考变量 / 斩波电路	占空比 k	输入与输出电压 U_o/U_d	临界连续电流 I_{LB}	输出电压纹波 $\Delta U_o/U_o$

9-5 如图 9-18(a) 所示降压斩波电路，图 9-18(b) 为其工作波形，电力晶体管 GTR(图中 V) 在 $t=0$ 时刻导通，在 $t=t_1$ 时刻断开，$t=t_1+t_2$ 时刻又导通，以后重复上述过程。试求：

(1) 输出电压的平均值 U_o；

(2) 求斩波器的输入功率 P_i。

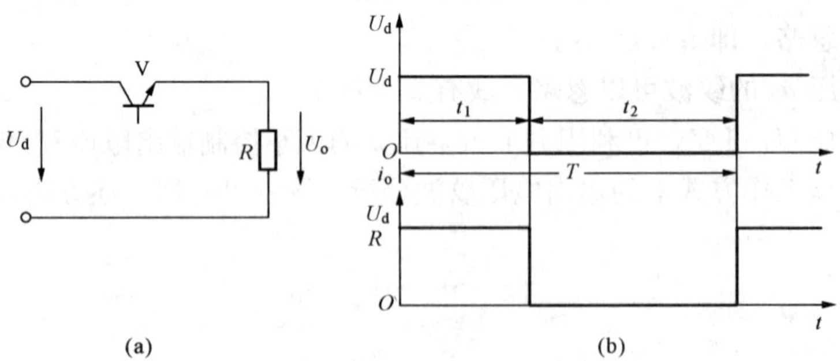

图 9-18 题 9-5 图

(a) 电路；(b) 工作波形

9-6 降压式斩波电路如图 9-3 所示，输入电压为 27 × (1 ± 10%)V，输出电压为

15V，最大输出功率为120W，最小输出功率为10W。轻载时关断时间为5μs，电路的工作频率为30kHz。试求：

（1）占空比k的变化范围；

（2）保证整个工作过程中电感电流连续的电感值L；

（3）若电感电流临界连续时为4A，求此时的电感值。

9-7 升压式斩波电路如图9-8(a)所示，输入电压U_d为$27\times(1\pm10\%)$V，输出电压U_o为45V，输出功率为750W，斩波效率$\eta=P_o/P_i$为95%，负载电阻$R=0.05\Omega$。试求：

（1）最大占空比k_{max}是多少？

（2）若要求输出电压U_o为60V，是否可能？为什么？

9-8 某升降压斩波电路如图9-13所示，工作频率为10Hz，$L=0.1$mH，假设输出电容C足够大，输入电压$U_d=24$V，输出电压$U_o=16$V，输出功率为20W，试计算占空比k。

附录 实 验

实验是本课程教学的重要环节，是理论联系实际、培养实际操作能力和运用科学研究方法的重要手段。通过实验不仅可以验证所学的理论知识、掌握基本实验技能，还可以培养观察问题、分析问题和解决问题的能力。

1. 实验的特点和要求

电力电子技术与电机控制实验的内容较多、较新，实验系统比较复杂，系统性较强。学生在实验中应学会运用所学理论知识去分析和解决实际系统中出现的各种问题，提高动手能力；同时通过实验来验证理论，促使理论和实际相结合，不断提高、深化认识。具体地说，学生在完成指定实验后，应具备以下能力：

(1) 熟悉并掌握基本实验设备、测试仪器仪表的性能和使用方法。

(2) 能够运用理论知识对实验现象、结果进行分析和处理，解决实验中遇到的问题。

(3) 能够综合实验数据，解释实验现象，撰写实验报告。

2. 实验准备

实验准备是实验的预习阶段，是保证实验能顺利进行的必要步骤。因此，实验前应做到：

(1) 复习教材中与实验有关的内容，熟悉与本次实验有关的理论知识。

(2) 阅读教材中的实验指导，了解本次实验的目的和内容；掌握本次实验系统的工作原理和方法。

(3) 熟悉实验所用的装置、测试仪器和仪表。

3. 实验实施

(1) 实验开始前，指导教师要求学生了解本次实验的目的、内容和方法，只有满足此要求后，方能允许开始实验。

(2) 指导教师对实验装置做介绍，要求学生熟悉本次实验使用的实验设备、仪器，明确这些设备的功能、使用方法。

(3) 按预习报告上的实验系统详细线路图进行接线。

(4) 完成实验系统接线后，必须进行自查，经指导教师复查，电路无误后方可合闸通电，开始实验。

(5) 实验时，应按实验教材提出的要求和步骤，逐项进行实验和操作。实验中应观察实验现象是否正常，所得数据是否合理，实验结果是否与理论相一致。

(6) 完成本次实验全部内容后，应请指导教师检查实验数据、记录波形。经指导教师认可后方可拆除接线，整理好连接线、仪器仪表、工具，使之物归原处。

(7) 在整个实验过程中，要特别注意人身安全与设备安全问题。严禁在带电的状态下用手指触摸带电部位，尤其是强电部位，以免造成人身伤害或设备损坏事故。

4. 实验总结

实验的最后阶段是实验总结，即对实验数据进行整理，绘制波形和图表，分析实验现象，撰写实验报告。实验报告应包含以下内容：

(1) 实验目的、实验线路、实验内容。
(2) 实验设备、仪器、仪表的型号、规格、铭牌数据及实验装置编号。
(3) 实验数据的整理、列表、计算，并列出所用的计算公式。
(4) 画出与实验数据相对应的特性曲线及记录的波形。
(5) 用理论知识对实验结果进行分析总结，得出明确的结论。
(6) 写出心得体会，并对实验提出自己的建议和改进措施。

实验 1 单结晶体管触发电路和单相半波可控整流电路实验

一、实验目的
(1) 熟悉单结晶体管触发电路的工作原理及各元件的作用。
(2) 掌握单结晶体管触发电路的调试步骤及方法。
(3) 对单相半波可控整流电路在电阻负载及电阻电感负载时的工作过程作全面分析。
(4) 了解续流二极管的作用。

二、实验内容
(1) 单结晶体管触发电路的调试。
(2) 单结晶体管触发电路各点电压波形的观察。
(3) 单相半波整流电路带电阻性负载时 $U_d/U_2 = f(\alpha)$ 特性的测定。
(4) 单相半波整流电路带电阻电感性负载时续流二极管作用的观察。

三、实验设备
(1) 主控制屏 DK01。
(2) DK11 组件挂箱。
(3) 双臂滑线电阻器。
(4) 双踪示波器。
(5) 万用表。

四、实验线路及原理
单结晶体管触发电路的工作原理中已在教材中做过介绍。其电路原理图如附图 1 所示，各点的电压如附图 2 所示。

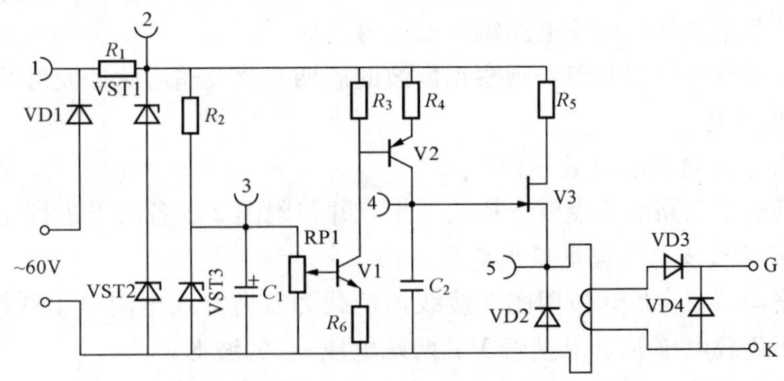

附图 1 单结晶体管触发电路原理图

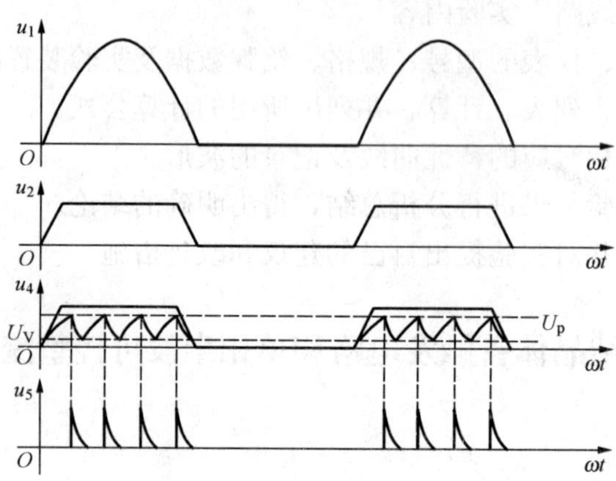

附图 2 单结晶体管触发电路各点的电压波形

单相半波可控整流实验电路如附图 3 所示，按图将单结晶体管触发电路的输出端 G 和 K 端接至晶闸管的门极和阴极。

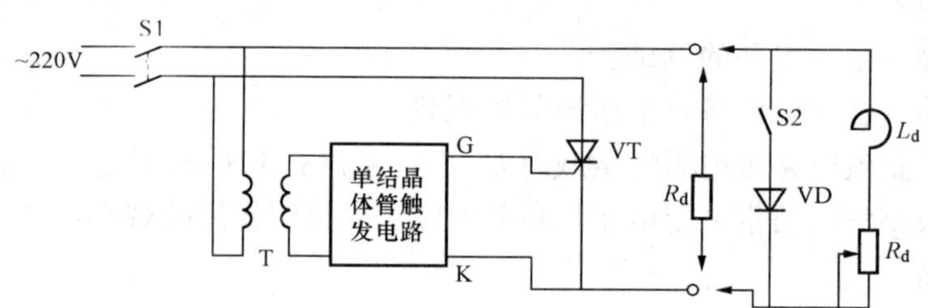

附图 3 单结晶体管触发的单相半波可控整流电路

五、实验方法

1. 单结晶体管触发电路的调试

(1) 将 DK11 组件挂箱左上角的同步变压器一次绕组接入 220V 的交流电压，将“触发选择开关”拨至“单结管”，这样同步变压器二次 60V 交流同步电压已通过内部连接线接到单结晶体管触发电路的输入端。

(2) 接通主电路电源开关 S1，用示波器观察单结晶体管触发电路中整流输出梯形波电压、锯齿波电压及单结晶体管触发电路输出电压等波形。

(3) 调节移相可变电位器 RP1，观察锯齿波的周期变化及输出脉冲波形的移相范围能否在 20°～180°范围内变化。

2. 单结晶体管触发电路各点波形的记录

将单结晶体管触发电路的各点波形描绘下来，并与附图 2 的各波形进行比较。

3. 单相半波可控整流电路接电阻性负载

(1) 触发电路调试正常后，按附图 3 接线，负载为双臂滑线电阻（串联接法）。合上电源，用示波器观察负载电压 u_d、晶闸管 VT 两端电压 u_T 的波形。

(2) 调节电位器 RP1，观察 α=30°、60°、90°、120°、150°、180°时的 u_d、u_T 波形，并测定直流输出电压 U_d 和电源电压 U_2，记录于附表 1 中。

附表 1 实验结果记录表

α	30°	60°	90°	120°	150°	180°
U_2						
U_d						
U_d/U_2						
U_d（计算值）						

4. 单相半波可控整流电路接电阻电感性负载

（1）将负载改接成电阻电感性负载管（由滑线电阻器与平波电抗器串联而成）。不接续流二极管 VD，在不同阻抗角（改变 R_d 的电阻值）情况下，观察并记录 $\alpha=30°$、60°、90° 120°时的 u_d、u_T 波形。

（2）接入续流二极管 VD，重复上述实验，观察续流二极管的作用。

计算公式为 $U_d=0.45U_2$（$1+\cos\alpha$）/2。

六、注意事项

（1）双踪示波器两个探头的地线端应接在电路的同电位点，以防通过两探头的地线造成被测量电路短路事故。示波器探头地线与外壳相连，使用时应注意安全。

（2）单相半波可控整流电路的触发电路也可选用正弦波同步移相触发电路或锯齿波同步移相触发电路。

（3）在本实验中，触发脉冲从外部接入 DK01 面板上晶闸管的门极和阴极，此时应将所用晶闸管对应的Ⅰ组触发脉冲或Ⅱ组触发脉冲的开关拨向“断开”，也可将 U_{blf} 或 U_{blr} 悬空。

七、实验报告

（1）画出单结晶体管触发电路各点的电压波形。

（2）画出 $\alpha=90°$时，电阻性负载和电阻电感性负载的 u_d、u_T 波形。

（3）画出电阻性负载时 $U_d/U_2=f(\alpha)$ 的实验曲线，并与计算值 U_d 的对应曲线相比较。

（4）分析实验中出现的现象，写出体会。

八、预习要求

（1）阅读有关单结晶体管的内容，理解单结晶体管触发电路的工作原理。

（2）复习单相半波可控整流电路的有关内容，掌握单相半波可控整流电路接电阻性负载和电阻电感性负载时的工作波形。

（3）掌握单相半波可控整流电路接不同负载时 U_d、I_d 的计算方法。

九、思考题

（1）单结晶体管触发电路的振荡频率与电路中 RP1 和 C_2 的数值有什么关系？

（2）单相桥式半波可控整流电路接电感性负载时会出现什么现象？如何解决？

实验 2 单相桥式半控整流电路实验

一、实验目的

（1）加深对单相桥式半控整流电路带电阻性、电阻电感性、反电动势负载时各工作情况的理解。

（2）了解续流二极管在单相桥式半控整流电路中的作用；学会对实验中出现的问题加以分析和解决。

二、实验内容

（1）锯齿波同步触发电路的调试。

（2）单相桥式半控整流电路带电阻性负载。

（3）单相桥式半控整流电路带电阻电感性负载。

（4）单相桥式半控整流电路带反电动势负载。

三、实验设备

（1）主控制屏 DK01。

（2）直流电动机—直流发电机—测速发电机。

（3）DK11 组件挂箱。

（4）双臂滑线电阻器。

（5）双踪示波器。

（6）万用表。

四、实验线路及原理

本实验线路如附图 4 所示，由两组锯齿波同步移相触发电路给共阴极的两个晶闸管提供触发脉冲，整流电路的负载可根据要求选择电阻性、电阻电感性和反电动势负载。实验原理可参见教材中的有关内容。

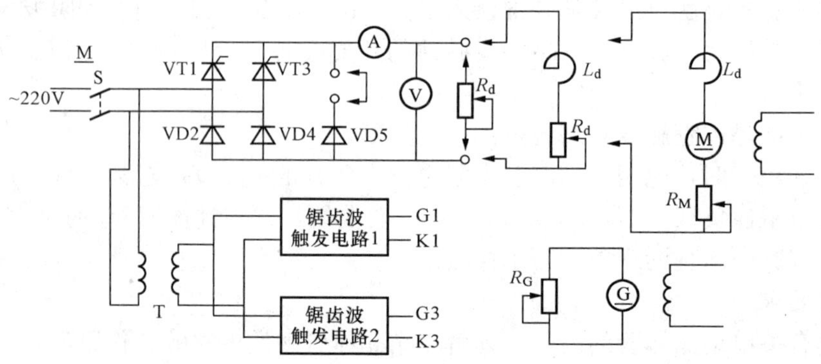

附图 4　单相桥式半控整流电路实验线路图

五、实验方法

1. 按附图 4 接线

可利用 DK01 上“Ⅱ组桥”中的晶闸管和二极管来组成单相半控桥。触发电路采用锯齿波同步移相触发电路。

（1）将 DK11 左上角的“触发选择开关”拨至“锯齿波”，同步变压器一次绕组接 220V 交流电压。

（2）将 DK11 左下角的两个开关分别拨至“单相桥式”和“开”的位置。

（3）将 DK11 锯齿波触发电路的输出脉冲端“G1”、“K1”和“G3”、“K3”分别接至半控桥中晶闸管 VT1 和 VT3 的门极和阴极。

（4）将 DK01 上的 U_{blr} 开路不接线（如果 U_{blr} 接地，Ⅱ组晶闸管的触发脉冲会由内部电路自动加上)。

2. 单相桥式半控整流电路带电阻性负载

(1) 电路接可调电阻负载 R_d,合上电源开关 S,用示波器观察负载电压 u_d、晶闸管两端电压 u_T 和整流二极管两端电压 u_D 的波形。

(2) 调节锯齿波同步移相触发电路上的移相控制电位器 RP1,观察并记录不同 α 角时的 u_d、u_T、u_D 波形,测定相应电源电压 U_2 和负载电压 U_d 的数值,记录于附表 2 中,并验证。计算公式为 $U_d=0.9U_2(1+\cos\alpha)/2$。

附表 2 实验结果记录表

α	30°	60°	90°	120°	150°	180°
U_2						
U_d(记录值)						
U_d/U_2						
U_d(计算值)						

3. 单相桥式半控整流电路带电阻电感性负载

(1) 断开主电路后,将负载改为电阻电感性负载,即将平波电抗器 L_d(700mH)与电阻 R_d 串联。

(2) 不接续流二极管 VD5,接通主电路,用示波器观察不同控制角 α 时 u_d、u_{D2}、i_d 的波形,并测定相应 U_2、U_d 的数值,记录于附表 3 中。

附表 3 实验结果记录表

α	U_2	U_d(记录值)	U_d/U_2	U_d(计算值)
30°				
60°				
90°				

(3) 在 $\alpha=60°$时,移去触发脉冲(可将锯齿波同步触发电路上的“G3”或“K3”拔掉),用示波器观察并记录移去脉冲前后 u_d、u_{T1}、u_{T3}、u_{D2} 的波形。

(4) 接上续流二极管 VD5,接通主电路,用示波器观察不同控制角 α 时 u_d、u_{D2}、i_d 的波形,并测定相应 U_2、U_d 的数值,记录于附表 4 中。

附表 4 实验结果记录表

α	U_2	U_d(记录值)	U_d/U_2	U_d(计算值)
30°				
60°				
90°				

(5) 在接有续流二极管 VD5 及 $\alpha=60°$时,移去触发脉冲(可将锯齿波同步触发电路上的“G3”或“K3”拔掉),用示波器观察并记录移去脉冲前后 u_d、u_{T1}、u_{T3}、u_{D2} 和 u_{D5} 的波形。

4. 单相桥式半控整流电路带反电动势负载

(1) 断开主电路，将负载改为直流电动机，不接平波电抗器 L_d，调节锯齿波同步触发电路上的 RP1 使 U_d 由零逐渐上升到额定值，用示波器观察并记录不同 α 时输出电压 u_d 和电动机电枢两端电压 u_a 的波形。

(2) 接上平波电抗器，重复上述实验。

六、注意事项

参照实验 1 的注意事项。

七、实验报告

(1) 分别画出电阻性负载和电阻电感性负载时 $U_d/U_2 = f(\alpha)$ 的曲线。

(2) 分别画出电阻性负载和电阻电感性负载在 α 角分别为 30°、60°、90°时的 u_d、u_T 波形。

(3) 说明续流二极管对消除失控现象的作用。

八、预习要求

(1) 阅读教材中有关单相桥式半控整流电路的有关内容，理解单相半控桥式整流电路带不同负载时的工作原理。

(2) 了解续流二极管在单相桥式半控整流电路中的作用。

九、思考题

(1) 单相桥式半控整流电路在什么情况下会发生失控现象?

(2) 在加续流二极管前后，单相桥式半控整流电路中晶闸管两端的电压波形有何区别?

实验 3　单相桥式全控整流及有源逆变电路实验

一、实验目的

(1) 加深理解单相桥式全控整流电路及逆变电路的工作原理。

(2) 研究单相桥式变流电路由整流切换到逆变的全过程，掌握实现有源逆变的条件。

(3) 掌握产生逆变颠覆的原因及预防方法。

二、实验内容

(1) 单相桥式全控整流电路带电阻电感负载。

(2) 单相桥式有源逆变电路带电阻电感负载。

(3) 有源逆变电路逆变颠覆现象的观察。

三、实验设备

(1) 主控制屏 DK01。

(2) DK11 触发电路组件挂箱。

(3) 双臂滑线电阻器。

(4) DK14 三相组式变压器组件挂箱。

(5) 双踪示波器。

(6) 万用表。

(7) 单相双投开关（在 DK02 组件挂箱下部）。

四、实验电路及原理

附图5为本实验的实验原理图。将主控屏DK01上的整流二极管VD1～VD6组成的三相不可控整流电路作为逆变桥的直流电源，逆变变压器采用DK14组建的一个单相变压器，回路中接入平波电抗器L_d（700mH）及限流电阻R_d。有关实现有源逆变的必要条件等内容可参见电力电子技术教材的相关内容。触发电路采用DK11组件挂箱上的锯齿波同步移相触发电路。

五、实验方法

1. 按附图5接线

（1）将DK11左上角的“触发选择开关”拨至“锯齿波”，同步变压器一次绕组接220V交流电压。

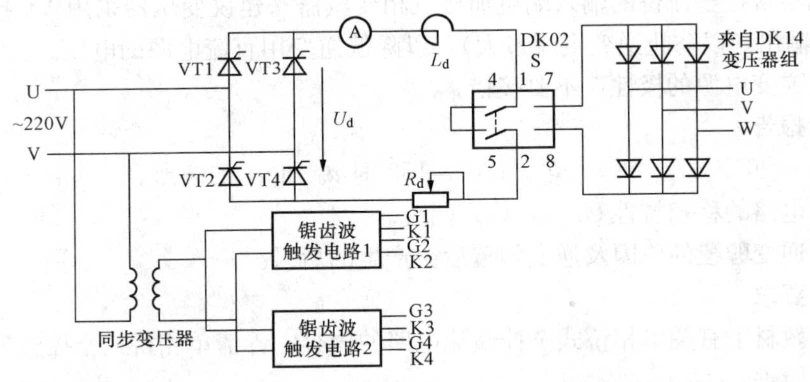

附图5 单相桥式整流及有源逆变电路实验原理图

（2）将DK11左下角的两个开关分别拨至“单相桥式”和“开”的位置。

（3）将DK11锯齿波触发电路的输出脉冲端分别接至全控桥中相应晶闸管的门极和阴极。

（4）将主控制屏DK01上的Ⅰ组桥触发脉冲开关拨向“断开”或使U_{blf}开路不接线。

2. 单相桥式全控整流电路

（1）调节锯齿波触发电路中的移相调节电位器RP1，使$U_{ct}=0$，调节偏移电位器RP2，使$\alpha=150°$，保持U_b不变（即RP2固定）。

（2）逐渐增加U_{ct}，在$\alpha=0°\sim90°$的范围内，做单相桥式全控整流电路带电阻电感性负载实验。在$\alpha=0°$、30°、60°、90°时，分别用示波器观察、记录整流电压u_d、晶闸管两端电压u_T的波形，并记录U_2、U_d的数值，填入附表5中。

附表5 实验结果记录表

α	0°	30°	60°	90°	120°	150°
U_2						
U_d（计录值）						
U_d（计算值）						

计算公式为$U_d=0.9U_2\cos\alpha$。

3. 单相桥式有源逆变电路

（1）断开电源，将开关S拨向有源逆变直流电源端（三相不控整流桥），调节U_{ct}将α移至150°。

(2) 合上主电路电源，在$\alpha=90°$、120°、150°时，分别用示波器观察并记录u_d、u_T的波形，并记录U_2、U_d的数值。

4. 逆变颠覆现象的观察

调节U_{ct}使$\alpha=150°$，合上主电路电源，观察u_d波形。突然将DK11面板上的±15V开关拨至“关”，则脉冲突然消失。用双踪示波器观察逆变颠覆现象，记录逆变颠覆时的u_d波形。

六、注意事项

(1) 参照本书实验1和实验2的注意事项。

(2) 为了防止过流，顺利地完成从整流到逆变的过程，主电路应串入适当阻值的电阻。

(3) 三相不可控整流桥的输入端可加接三相变压器（建议变压器采用Yy接法，二次电压采用110V输出，以防止逆变电流过大)，以降低逆变用直流电源的电压。

(4) 注意逆变电源的极性，不要接错。

七、实验报告

(1) 画出$\alpha=0°$、30°、60°、90°、120°、150°时u_d和u_T的波形。

(2) 画出电路的移相特性$U_d=f(\alpha)$曲线。

(3) 分析逆变颠覆的原因及逆变颠覆后会产生的后果。

八、预习要求

(1) 阅读教材中有关单相桥式全控整流电路的内容，弄清单相桥式全控整流电路带不同负载时的工作原理。

(2) 阅读教材中有关有源逆变电路的内容，掌握实现有源逆变的基本条件。

(3) 学习并掌握有源逆变电路产生逆变颠覆的原因。

九、思考题

实现有源逆变的条件是什么？在本实验中如何保证满足这些条件？

实验4　三相桥式全控整流及有源逆变电路实验

一、实验目的

(1) 加深理解三相桥式全控整流及有源逆变电路的工作原理。

(2) 了解KC系列集成触发器的调整方法和各点的波形。

二、实验内容

(1) 主控制屏DK01的调试。

(2) 三相桥式全控整流电路带大电感负载。

(3) 三相桥式有源逆变电路。

(4) 观察整流或有源逆变状态下，模拟电路故障时的各电压波形。

三、实验设备

(1) 主控制屏DK01。

(2) DK02组件挂箱。

(3) 双臂滑线电阻器。

(4) DK14 三相组式变压器组件挂箱。

(5) 双踪示波器。

(6) 万用表。

四、实验线路及原理

实验线路如附图 6 所示。主电路由三相全控变流电路及作为逆变直流电源的三相不可控整流电路组成。触发电路为主控制屏 DK01 中的集成触发电路，由 KC04、KC41、KC42 等集成芯片组成，可输出经高频调制后的双窄脉冲链。集成触发电路和三相桥式整流及逆变电路的工作原理可参见教材中的有关内容。

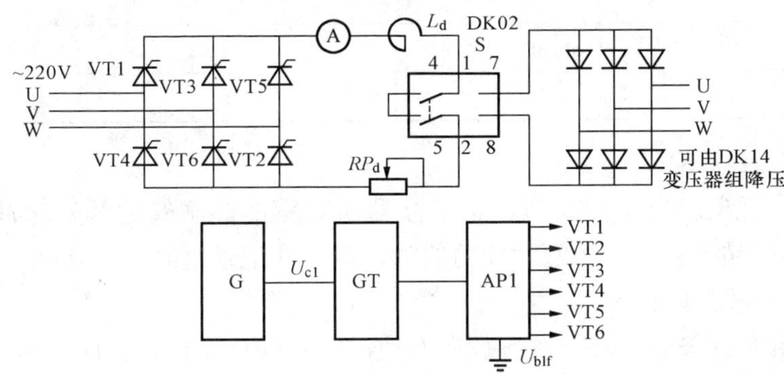

附图 6 三相桥式全控整流及有源逆变电路实验原理图

五、实验方法

1. 主控制屏 DK01 的调试

(1) 观察面板上检测三相交流电源的电压表指示值，判断电源是否三相平衡。打开左上角的“低压控制电源”开关，这时应有相应的直流电压指示灯亮。

(2) 开关设置。调速电源选择开关至“直流调速”；触发电路脉冲指示至“窄”(该开关在 DK01 内部的电路板上)；Ⅱ桥工作状态至“任意”。

(3) 将示波器探头接至“双脉冲观察孔”和“锯齿波观察孔”，观察 6 个触发脉冲，应使其间隔均匀，相互间隔 60°。

(4) 将给定器 G 的输出端“U_g”接至主控制屏 DK01 面板上“移相控制电压”U_{ct}端，调节偏移电压电位器 RP (U_{ct}、U_B 两个电压相互比较可以控制移相角 α)，使 $\alpha=150°$，此时的触发脉冲波形如附图 7 所示。

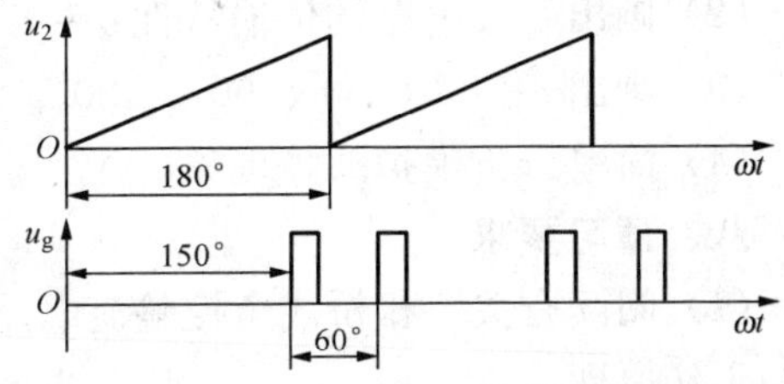

附图 7 触发脉冲与锯齿波的相位关系

(5) 将 DK01 面板上的U_{blf} (当三相桥式全控变流电路使用Ⅰ组晶闸管 VT1～VT6 时) 接地，将Ⅰ组桥触发脉冲的 6 个开关拨到“接通”，用示波器观察晶闸管的门极与阴极的触发脉冲是否正常。

2. 三相桥式全控整流电路

(1) 按附图 6 接线，将开关 S 拨向左边的短接线端，给定器上的“正给定”输出为零(逆时针旋到底)。

(2) 合上主电路开关，调节给定电位器，增加移相电压，使 α 角在 30°～90°范围内调节（α 角度可由晶闸管两端电压 u_T 波形来确定）。

(3) 根据需要不断调整负载电阻 R_d，使负载电流 I_d 保持在 0.8A 左右（注意 I_d 不得超过 1A）。用示波器观察并记录 α=30°、60°、90°时的整流电压 u_d 和晶闸管两端电压 u_T 的波形，并记录相应的 U_d、U_{ct}数值，填入附表 6 中。

附表 6 **实验结果记录表**

α	30°	60°	90°	120°	150°
U_{ct}					
U_d（计算值）					
U_d（计算值）					

计算公式为 $U_d=2.34U_2\cos\alpha$。

(4) 模拟故障现象。当 α=60°时，将示波器所观察的晶闸管的触发脉冲钮子开关拨向"断开"位置，模拟晶闸管失去触发脉冲的故障，观察并记录这时 u_d、u_T 的变化情况。

3. 三相桥式有源逆变电路

(1) 断开主电源开关后，将开关 S 拨向右边的不可控整流桥端。调节给定电位器逆时针到底（即使给定器输出为零）。

(2) 合上电源开关，观察并记录 α=90°、120°、150°时电路中 u_d、u_T 的波形，并记录相应的 U_d、U_{ct}数值，填入附表 6 中。

六、注意事项

(1) 参照本书实验 1 和实验 2 的注意事项。

(2) 为了防止过流，能顺利地完成从整流到逆变的过程，应先将 α 角调节到大于 90°、接近 120°的位置，然后将负载电阻 R_d 调至最大值位置。

(3) 三相不可控整流桥的输入端可加接三相调压器，以降低逆变用直流电源的电压值。

七、实验报告

(1) 画出电路的移相特性 $U_d=f(\alpha)$。

(2) 画出触发电路的传输特性 $\alpha=f(U_{ct})$。

(3) 画出 α=30°、60°、90°、120°、150°时的整流电压 u_d 和晶闸管两端电压 u_T 的波形。

(4) 简单分析模拟故障现象。

八、预习要求

(1) 阅读有关三相桥式全控整流电路的内容，弄清三相桥式全控整流电路带大电感负载时的工作原理。

(2) 阅读有关有源逆变电路的内容，掌握实现有源逆变的基本条件。

(3) 学习有关集成触发电路的内容，掌握该触发电路的工作原理。

九、思考题

(1) 如何解决主电路和触发电路的同步问题？在本实验中，主电路三相电源的相序能任意确定吗？

(2) 在本实验中，在整流向逆变切换时，对 α 角有什么要求？为什么？

实验5 直流斩波电路实验

一、实验目的

(1) 加深理解斩波器电路的工作原理。

(2) 掌握斩波器主电路、触发电路的调试步骤和方法。

(3) 熟悉斩波器各点的电压波形。

二、实验内容

(1) 直流斩波器触发电路调试。

(2) 直流斩波器接电阻性负载。

(3) 直流斩波器接电阻电感性负载。

(4) 直流斩波器接直流电动机负载。

三、实验设备

(1) 主控制屏 DK01。

(2) 直流电动机—直流发电机—测速发电机机组。

(3) DK02 挂箱。

(4) DK10 组件挂箱。

(5) 双臂滑线电阻器。

(6) 双踪示波器。

(7) 万用表。

四、实验线路及原理

本实验采用脉宽可调的晶闸管斩波器，主电路如附图 8 所示。

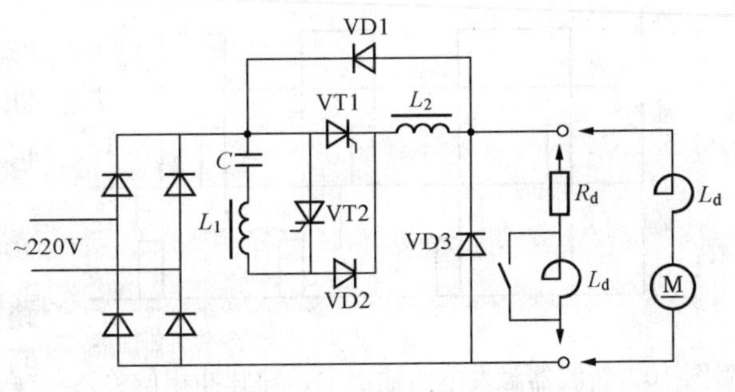

附图 8 直流斩波实验电路图

图中，VT1 为主晶闸管，当 VT1 导通后，电源电压就通过该晶闸管加在负载上。VT2 为辅助晶闸管，由它控制输出电压的脉宽。C 和 L_1 构成振荡电路，它们与 VD2、VD1、L_2 组成 VT1 的换流关断电路。接通电源时，C 经 VD2、负载充电至 $+U_{d0}$，VT1 导通，电源加到负载上，过一段时间后，使 VT2 导通，C 和 L_1 产生串联振荡，C 上的电压由 $+U_{d0}$ 变为 $-U_{d0}$，C 经 VD2 和 VT1 反向放电，使 VT1 和 VT2 关断。

从以上斩波器工作过程可知，控制 VT2 脉冲出现的时刻即可调节输出电压的脉宽，从而达到调节输出直流电压的目的。VT1、VT2 的触发脉冲间隔由触发电路确定。斩波器触发电路如附图 9 所示。

五、实验方法

1. 斩波器触发电路调试

(1) 调节电位器 RP1，观察“2”端的锯齿波波形，使锯齿波幅值为 +15V 左右，锯齿波底部电位为 2V 左右。

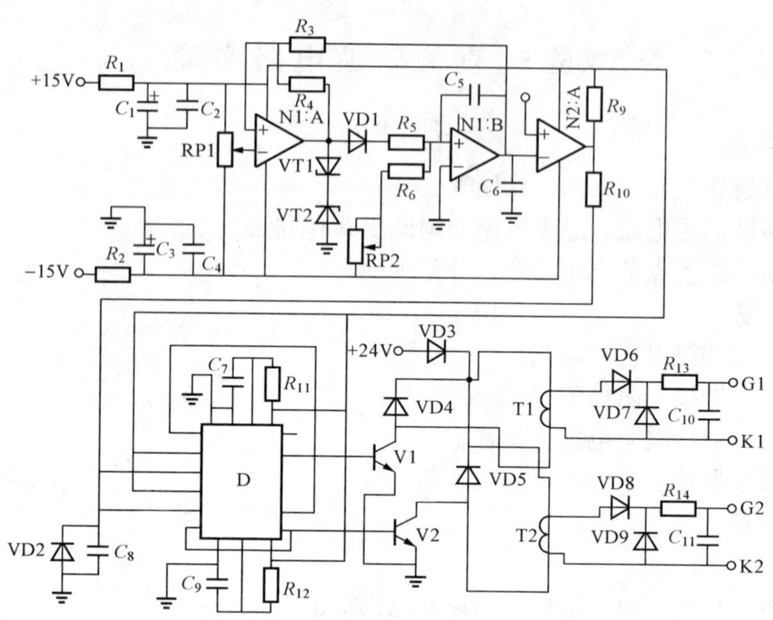

附图 9 斩波器触发电路（脉宽调节器）原理图

（2）调节电位器 RP2，观察“4”端波形，使方波频率为 300Hz 左右。

（3）调节电位器 RP3（本电位器为 DK02 给定电压电路电压调节旋钮，注意在本实验中，接线方式为给定电压输出端连至斩波器比较放大器同相输入比较信号端，即“3”脚）。

（4）观察“4”端方波能否由 $0.1T$ 连续调至 $0.9T$（T 为斩波器触发电路的周期）。用示波器观察“5”、“6”端的脉冲波形，判断是否符合附图 10 所示的相位关系。

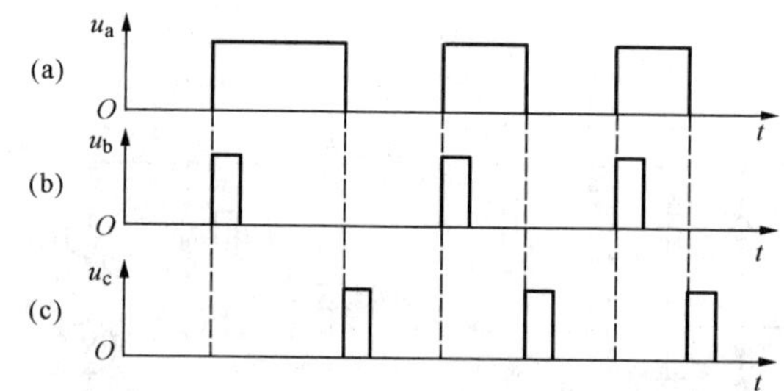

附图 10 斩波器触发电路输出主、辅脉冲相位关系

（a）单稳电路输入波形；（b）主晶闸管触发电路输出波形；（c）辅助晶闸管触发电路输出波形

2. 斩波器带电阻性负载

（1）按附图 8 实验线路接好斩波器主电路并接上电阻负载，将触发电路（见附图 9）的输出“G1”、“K1”、“G2”、“K2”分别接至 VT1、VT2 的门极和阴极。

（2）用示波器观察并记录触发电路的“1”、“2”、“4”、“5”、“6”端及 u_{g1}、u_{g2} 的波形；同时观察并记录输出电压 u_d。电容电压 u_C 及晶闸管两端电压 u_{T1} 的波形。注意各波形间的相位关系。

（3）调节 RP3，观察在不同 τ 值（即 U_{g1} 和 U_{g2} 脉冲的间隔时间）时的 u_d 波形，并记录 U_d 和 τ 的数值，填入附表 7 中，从而画出 $U_d=f(\tau/T)$ 的关系曲线，其中，τ/T 为占空比。

附表 7 实验结果记录表

t					
U_d					

3. 斩波器带电阻电感性负载

关断主电源后，将负载改接成电阻电感性负载，重复上面电阻性负载时的实验步骤。

4. 斩波器带反电动势（直流电动机）负载

改接直流电动机负载，进行斩波器带直流电动机负载实验，观察并记录 u_d 波形。调节 RP3，观察不同 τ 值时电动机转速 n 的变化，记录 n、τ 的数值，填入附表 8 中。

附表 8　　实验结果记录表

t					
n（r/min）					

六、实验报告

(1) 整理并画出实验中记录下的各点波形，画出各种负载下 $U_d = f(\tau/T)$ 的关系曲线。

(2) 画出直流电动机负载下电动机转速 $n = f(\tau)$ 的特性曲线。

(3) 讨论、分析实验中出现的各种现象。

七、预习要求

学习有关斩波器及其触发电路的内容，掌握斩波器及其触发电路的工作原理及调试方法。

八、思考题

(1) 直流斩波器有哪几种调制方式？本实验中的斩波器为何种调制方式？

(2) 本实验采用的斩波器中电容 C 起什么作用？

实验 6　单相交流调压电路实验

一、实验目的

(1) 加深理解单相交流调压电路的工作原理。

(2) 加深理解单相交流调压电路带电感性负载对脉冲及移相范围的要求。

(3) 了解 KC05 晶闸管移相触发器的原理和应用。

二、实验内容

(1) KC05 集成移相触发电路的调试。

(2) 单相交流调压器带电阻性负载。

(3) 单相交流调压器带电阻电感性负载。

三、实验设备

(1) 主控制屏 DK01。

(2) DK12 组件挂箱。

(3) 双臂滑线电阻器。

(4) 双踪示波器。

(5) 万用表。

四、实验线路及原理

本实验采用了 KC05 晶闸管移相触发器。该触发器适用于双向晶闸管或两个反并联晶闸管电路的交流相位控制，具有锯齿波线性好、移相范围宽、控制方式简单、易于集中控制、有失交保护、输出电流大等优点。

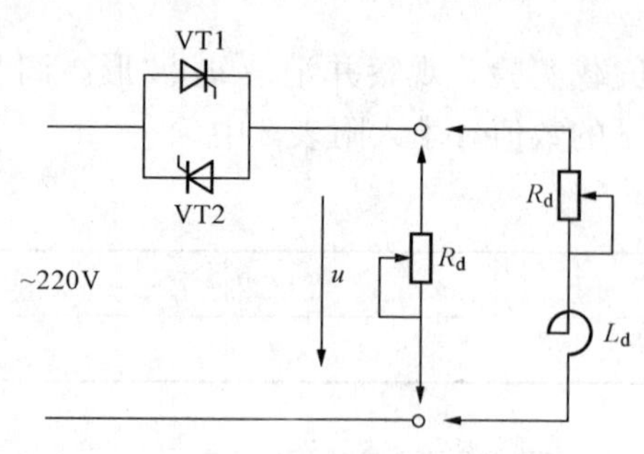

附图 11　单相交流调压器主电路原理图

单相晶闸管交流调压器的主电路由两个反向并联的晶闸管组成，如附图 11 所示。

五、实验方法

1. KC05 集成晶闸管移相触发器调试

(1) 将触发器的同步变压器一次侧绕组接 220V 交流电压，将右上角的＋15V 直流电压开关拨向“开”。

(2) 用示波器观察“1”～“5”端及 u_{g1}、u_{g2} 的波形。调节电位器 RP1，观察锯齿波斜率能否变化。

(3) 调节 RP2，观察输出脉冲的移相范围如何变化，移相能否达到 180°。记录上述过程中观察到的各点电压波形。

2. 单相交流调压器带电阻性负载

(1) 将 DK01 面板上的两个晶闸管反并联，构成交流调压器。

(2) 将单相交流调压触发电路的输出脉冲端“G1”和“K1”、“G2”和“K2”分别接至主电路相应晶闸管（VT）的门极和阴极。

(3) 接上电阻性负载，用示波器观察负载电压 u_d、晶闸管两端电压 u_T 的波形。

(4) 调节电位器 RP2，观察不同 α 角时各点波形的变化，并记录 $\alpha=60°$、90°、120°时的波形。

3. 单向交流调压器接电阻电感性负载

将负载换为电阻电感性负载，重复上面的实验。

六、实验报告

(1) 整理并画出实验中记录下的波形，作出 $U=f(\alpha)$ 曲线。

(2) 讨论、分析实验中出现的各种问题。

七、预习要求

(1) 阅读有关交流调压器的内容，掌握交流调压器的工作原理。

(2) 了解如何使三相可控整流电路的触发电路适用于三相交流调压电路。

(3) 学习了解 KC05 晶闸管触发芯片的工作原理及在单相交流调压电路中的应用。

八、思考题

(1) 交流调压器在带电感性负载时可能会出现什么现象？为什么？如何解决？

(2) 交流调压器有哪些控制方式？

(3) 交流调压器的应用场合有哪些？

参 考 文 献

[1] 张润和. 电力电子技术及应用. 北京：北京大学出版社，2008.
[2] 洪乃刚. 电力电子技术基础. 北京：清华大学出版社，2008.
[3] 刘立平. 电力电子技术. 北京：中国电力出版社，2007.
[4] 黄家善. 电力电子技术 . 北京：机械工业出版社，2002.
[5] 张友汉. 电力电子技术. 北京：高等教育出版社，2002.
[6] 张涛. 电力电子技术. 北京：电子工业出版社，2003.
[7] 李雅轩，杨秀敏，李艳萍. 电力电子技术. 北京：中国电力出版社，2004.
[8] 张一工，肖湘宁. 现代电力电子技术原理与应用. 北京：科学出版社，1999.
[9] 莫正康. 半导体变流技术. 2 版. 北京：机械工业出版社，2001.
[10] 黄俊，王兆安. 电力电子变流技术. 3 版. 北京：机械工业出版社，1999.
[11] 王兆安，黄俊. 电力电子技术. 4 版. 北京：机械工业出版社，2000.
[12] 杨威，张金栋. 电力电子技术. 重庆：重庆大学出版社，1995.
[13] 王云亮. 电力电子技术. 北京：电子工业出版社，2004.
[14] 赵良柄. 现代电力电子技术基础. 北京：清华大学出版社，1995.
[15] 徐以荣，冷增祥. 电力电子技术基础. 南京：东南大学出版社，1999.
[16] 浣喜明，姚为正. 电力电子技术. 北京：高等教育出版社，2003.
[17] 郑琼林，耿文学. 电力电子电路精选. 北京：电子工业出版社，1996.
[18] 徐本钊. 电动机及其控制电路. 北京：人民邮电出版社，2000.